U0257138

BLUE BOOK

智 库 成 果 出 版 与 传 播 平 台

湖南蓝皮书
BLUE BOOK OF HUNAN

2023年湖南生态文明建设报告

REPORT ON HUNAN ECOLOGICAL CIVILIZATION CONSTRUCTION (2023)

湖南省社会科学院（湖南省人民政府发展研究中心）
主　编／钟　君
副主编／侯喜保　蔡建河

社会科学文献出版社
SOCIAL SCIENCES ACADEMIC PRESS (CHINA)

图书在版编目（CIP）数据

2023年湖南生态文明建设报告/钟君主编；侯喜保，
蔡建河副主编.--北京：社会科学文献出版社，2023.10
（湖南蓝皮书）
ISBN 978-7-5228-2057-6

Ⅰ.①2…　Ⅱ.①钟…②侯…③蔡…　Ⅲ.①生态环
境建设-研究报告-湖南-2023　Ⅳ.①X321.264

中国国家版本馆CIP数据核字（2023）第121139号

湖南蓝皮书
2023年湖南生态文明建设报告

主　　编／钟　君
副 主 编／侯喜保　蔡建河

出 版 人／冀祥德
责任编辑／薛铭洁
责任印制／王京美

出　　版／社会科学文献出版社·皮书出版分社（010）59367127
　　　　　地址：北京市北三环中路甲29号院华龙大厦　邮编：100029
　　　　　网址：www.ssap.com.cn
发　　行／社会科学文献出版社（010）59367028
印　　装／天津千鹤文化传播有限公司

规　　格／开　本：787mm×1092mm　1/16
　　　　　印　张：25　字　数：374千字
版　　次／2023年10月第1版　2023年10月第1次印刷
书　　号／ISBN 978-7-5228-2057-6
定　　价／168.00元

读者服务电话：4008918866

主要编撰者简介

钟 君 湖南省社会科学院（湖南省人民政府发展研究中心）党组书记、院长（主任），十三届省政协常委，研究员、博士生导师。国家"万人计划"青年拔尖人才、文化名家暨"四个一批"人才、国家"万人计划"哲学社会科学领军人才，享受国务院政府特殊津贴专家。曾担任中国社会科学院办公厅副主任、中国社会科学杂志社副总编辑、中国历史研究院副院长和中共永州市委常委、宣传部长，曾挂职担任内蒙古自治区党委宣传部副部长。主要研究领域为马克思主义大众化、中国特色社会主义、公共服务等。出版学术专著多部，在各类报刊发表论文、研究报告多篇，先后主持省部级课题多项，多次获省部级优秀科研成果奖励，曾获中国社会科学院优秀对策信息对策研究类特等奖。代表作为《马克思靠谱》《读懂中国优势》《中国特色社会主义政治价值研究》《社会之霾——当代中国社会风险的逻辑与现实》《公共服务蓝皮书》等，参与编写中组部干部学习教材。

侯喜保 湖南省社会科学院（湖南省人民政府发展研究中心）党组成员、副院长（副主任），在职研究生。历任岳阳市委政研室副主任、市政府研究室副主任、市委政研室主任，湖南省委政研室机关党委专职副书记、党群处处长，宁夏党建研究会专职秘书长（副厅级，挂职），湖南省第十一次党代会代表。主要研究领域为宏观政策、区域发展、产业经济等，先后主持"三大世界级产业集群建设研究""促进市场主体高质量发展""数字湖南建设"等重大课题研究，多篇文稿在《求是》《人民日报》《中国党政干部论坛》《红旗文稿》《中国组织人事报》《新湘评论》《湖南日报》等央省级刊物发表。

蔡建河 湖南省社会科学院（湖南省人民政府发展研究中心）二级巡视员。长期从事政策咨询研究工作，主要研究领域为宏观经济、产业经济与区域发展战略等。

摘　要

　　本书是由湖南省社会科学院（湖南省人民政府发展研究中心）组织编写的年度性报告。围绕湖南生态文明建设，全面回顾分析了2022年的工作进展，深入探讨了2023年改革建设的方向、思路、重难点问题及政策举措。本书包括主题报告、总报告、分报告、地区报告和专题报告五个部分。主题报告是省领导关于湖南生态文明建设的重要论述，提出湖南要践行"绿水青山就是金山银山"理念，推进绿色低碳循环发展。总报告是湖南省社会科学院（湖南省人民政府发展研究中心）课题组对2022~2023年湖南生态文明建设情况的分析和展望。分报告是湖南省相关职能部门围绕工业、农业、林业、交通、矿业等方面，特别是侧重绿色发展、污染防治、生态修复和环境保护等重点领域开展的深度研究。地区报告是湖南省各市州生态文明建设的成效、经验及未来工作思路。专题报告是专家学者围绕习近平生态文明思想和习近平总书记对湖南"守护好一江碧水"的殷殷嘱托，从不同侧面对湖南生态文明建设热点、难点问题的解读与思考。

Abstract

The book is the annual report compiled by the Hunan Academy of Social Sciences (Development Research Center of Hunan Provincial People's Government). Focusing on Ecological Civilization Construction of Hunan Province, the book overall analyzed the progress of 2022, and discussed the orientations, ideas, focuses, difficulties and policy suggestions in 2023. The book consists of five sections, including Keynote Report, General Report, Divisional Reports, Regional Reports and Special Reports. The Keynote Report is about the important exposition of Ecological Civilization Construction by leaders of Hunan Province, presents that Hunan should practice the idea of lucid waters and lush mountains are invaluable assets and promote green, low-carbon and circular development. The General Report is about the current situation analysis and prospect of Hunan Ecological Civilization Construction in 2022 – 2023 by the research group of Hunan Academy of Social Sciences (Development Research Center of Hunan Provincial People's Government) . The Divisional Reports are about the thorough research of Hunan Province's green development, pollution prevention, ecological restoration and conservation especially in the field of industry, agriculture, forest, transportation and mining industry. The Regional Reports are about the achievements, experiences and future plans of Ecological Civilization Construction of cities, autonomous prefecture in Hunan. The Special Reports are the interpretation and thinking on hot issues and difficulties of Hunan Ecological Civilization Construction by experts and scholars, with focus on the implementation of Xi jinping's ecological civilization thought.

目 录 ↖↘

Ⅰ 主题报告

Ⅱ 总报告

Ⅲ 分报告

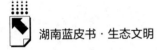

Ⅳ 地区报告

V 专题报告

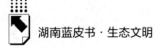
皮书数据库阅读**使用指南**

CONTENTS ↘

I Keynote Report

II General Report

III Divisional Reports

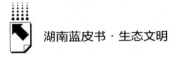
Ⅳ   Regional Reports

CONTENTS

V Special Reports

主题报告
Keynote Report

B.1

践行绿水青山就是金山银山理念
推进绿色低碳高质量发展

李建中*

摘　要： 近年来，湖南省委、省政府坚持以习近平新时代中国特色社会主义思想为指导，坚决贯彻落实习近平生态文明思想和习近平总书记关于湖南工作的重要讲话和指示批示精神，全面贯彻落实党中央、国务院生态文明建设决策部署，坚决扛牢"守护好一江碧水"政治责任，牢固树立和践行"绿水青山就是金山银山"理念，"两山"理论伟力不断彰显，污染防治攻坚成效不断巩固，绿色发展步履更加坚实，治理体系更加完善。湖南将立足生态文明建设和生态环境保护工作基础性、结构性压力总体上尚未根本缓解这一实际，认真贯彻党的二十大和全国生态环境保护大会精神，扛牢生态环境保护政治责任，持续深入打好污染防治攻坚战，加快推动发展方式绿色低碳转型，全面提升生态环境治理能

---

* 李建中，湖南省人民政府副省长。

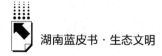

力，引导全民参与美丽湖南建设，着力谱写绿色低碳发展新篇章。

关键词： "两山"理论 湖南 绿色低碳 高质量发展

近年来，湖南省委、省政府坚持以习近平新时代中国特色社会主义思想为指导，坚决贯彻落实习近平生态文明思想和习近平总书记关于湖南工作的重要讲话和指示批示精神，全面贯彻落实党中央、国务院生态文明建设决策部署，坚决扛牢"守护好一江碧水"政治责任，牢固树立和践行"绿水青山就是金山银山"理念，深入打好污染防治攻坚战，加快推进发展方式绿色转型，全面提升生态环境治理能力，推进全省绿色低碳高质量发展。

一 践行"两山"理念，绿色低碳发展成效显著

湖南牢记"守护好一江碧水"的殷殷嘱托，以前所未有的力度抓生态文明建设，全省生态环境发生历史性、转折性、全局性变化，筑牢了"一江一湖三山四水"生态屏障。

（一）"两山"理论伟力彰显

一是思想引领不断强化。全面落实"三高四新"美好蓝图，出台《关于坚持生态优先绿色发展 深入实施长江经济带发展战略 大力推动湖南高质量发展的决议》《关于全面加强生态环境保护 坚决打好污染防治攻坚战的实施意见》《关于深入打好污染防治攻坚战的实施意见》，发展思路从建设生态强省，到建设全域美丽大花园，再到美丽湖南（"绿色生态美、绿色产业美、绿色文化美、绿色制度美"），保持力度、延伸深度、拓宽广度，以高水平保护推动高质量发展、创造高品质生活，努力建设人与自然和谐共生的美丽湖南。

二是责任意识不断提升。出台《湖南省环境保护工作责任规定》《湖南省重大环境问题（事件）责任追究办法》，构建党委领导、政府主导、企业主体、社会公众共同参与的生态环境保护大格局。以生态环境保护督察为抓手，压紧、压实各级党委政府责任。坚持铁腕治污，始终保持高压态势，建立常态化的省级生态环保督察机制、民主监督机制、"洞庭清波"监督机制，建立省、市两级生态环境问题线索举报奖励机制，发动全社会广泛监督。

三是生态文明共识有效凝聚。印发《湖南省绿色低碳全民行动实施方案》，深入开展绿色低碳全民教育。有力推进绿色宣传实践活动，"河小青"志愿活动、"绿色卫士下三湘"系列活动吸引大批环保志愿者和社会公众积极参与，"绿色卫士下三湘"被生态环境部评为2021年十佳公众参与案例。累计获评国家生态文明建设示范区21个，"两山"基地7个，创建数量居全国第9。

（二）污染防治深入推进

湖南连续六年发起污染防治攻坚战"夏季攻势"，将中央交办督办、对生态环境质量影响明显、人民群众反映强烈的突出问题纳入任务清单，采取项目化、工程化方式组织攻坚，到2022年底，共完成10183项任务。

一是深入打好碧水保卫战，水环境质量大幅改善。持续推进长江保护修复攻坚战，湘江保护和治理第三个"三年行动计划"圆满收官，流域水质明显改善。2022年，洞庭湖总磷浓度下降为0.06毫克/升，比2017年下降17.8%，西洞庭湖水质连续2年达到Ⅲ类，南洞庭湖突破性达到Ⅲ类。落实最严格水资源管理制度，全省用水总量控制在350亿立方米以内。2022年，全省国考断面水质优良率提升至98.6%，比2017年提升10.3个百分点，2021年、2022年均排名全国前列、中部第1；湘、资、沅、澧四水及长江干流湖南段131个考核断面水质连续3年全部达到或优于Ⅱ类；永州市、张家界市、邵阳市、怀化市4个城市的国家地表水考核断面水环境质量状况排名进入国家前30位。

二是深入打好净土保卫战，湘江重污染区域旧貌换新颜。强化锰三角、三十六湾、锡矿山等重点工矿区历史遗留污染治理，累计退出涉重金属企业1200余家；强化有色、化工等重点行业企业管控，严格重点建设用地安全利用监管，推动土壤污染源头管控，完成851块用途变更为"一住两公"用地调查；突出抓好湘江流域铊专项整治、资江流域锑专项整治；重点建设用地土壤污染风险有效管控。

三是深入打好蓝天保卫战，PM$_{2.5}$创历史新低。长株潭及传输通道城市联防联控，紧盯PM$_{2.5}$、优良天数比例、重污染天数等关键因子，聚焦重污染天气消除、臭氧污染防治、柴油货车污染治理标志性战役，突出重点领域，深化工业污染治理。2022年全省优良天数比例为87.6%；PM$_{2.5}$平均浓度下降为34微克/立方米，同比下降2.9%，为历史最低；无严重污染天数。湘西自治州、张家界市、郴州市、怀化市、永州市、岳阳市、邵阳市和衡阳市8个城市的环境空气质量达到国家二级标准，比2017年增加7个。

四是强化系统综合治理，生态保护修复迈上新台阶。全省部署实施六大重点生态修复工程，推动实施洞庭湖区域山水林田湖草沙一体化保护和修复工程，2022年度完成生态保护修复总面积18235公顷。开展农村千人以上集中式饮用水水源环境整治。全省森林覆盖率达59.98%；湿地保护率达70.54%；多年未见的长江鲟、鳡鱼再现洞庭湖；洞庭湖越冬水鸟达37.83万只，较2015年明显增多。

（三）绿色发展步履坚实

一是优化生态空间格局。坚持规划引领，发布全国首个省级"十四五"生态保护修复规划，印发《湖南省国土空间生态修复规划（2021－2035年）》。划定生态保护面积4.19万平方千米，占全省国土面积的19.78%，构建"一江一湖三山四水"生态安全格局。以"三线一单"分区管控为核心，完善生态环境准入机制，率先在全国构建"1+4+14+860"生态环境准入清单体系。优化产业结构。完成湘潭市竹埠港、株洲市清水塘等重点污染区域搬迁改造；实施沿江化工企业搬迁改造，消除56家沿江化工企业对

"一江一湖四水"的环境污染风险。截至 2022 年底，累计退出落后产能企业 2724 家，完成整治"散乱污"企业 3675 家。优化生产方式。资源利用效率不断提高，2022 年，全省能源消费强度较 2021 年降低 3.6%；万元国内生产总值用水量和万元工业增加值用水量分别较 2020 年下降 10.69% 和 32.54%。

（四）治理体系不断完善

坚决落实"用最严格制度、最严密法治保护生态环境"的要求，不断推进生态文明法治建设，创新生态文明管理体制机制，夯实生态文明制度保障。

完善地方法规标准体系。相继制修订、出台《湖南省环境保护条例》《湖南省大气污染防治条例》《湖南省湘江保护条例》等 13 部省级地方性法规和一批地级市（州）地方性法规。在全国率先发布《水产养殖尾水污染物排放标准》《工业废水铊污染物排放标准》等 21 项地方生态环境标准。

完善市场激励机制。深化环境信用评价制度建设，全国首创产业园区环保信用评价体系。深化排污权有偿使用和交易改革试点，累计征收有偿使用费 11 亿元，市场交易金额累计达 11.8 亿元，开展重金属指标交易试点。截至 2022 年末，全省绿色贷款余额 6759.1 亿元，同比增长 56.3%，高于全国平均水平 17.8 个百分点。

严厉打击环境违法。深化全国生态环境损害赔偿制度改革试点，启动办理生态环境损害赔偿案 2500 余件，涉案金额 3 亿多元。夯实"两法衔接"机制，保持打击环境违法行为的高压态势。2022 年，全省共办理环境违法案件 3127 起，处罚金额 1.86 亿元；公安机关侦破生态环境领域刑事案件 2790 起，移送起诉 4462 人。

提升生态环境治理能力。加强生态环境监测能力建设，完善空气质量预警预报，在重点涉铊、锑区域增设铊、锑在线监测系统，强化洞庭湖区遥感监测；加强生态环境执法能力建设，推进机构规范化建设，全省 5246 名生态环境综合行政执法人员统一着装，打造智慧执法平台。加强生态环境信息化建设，建成湖南省生态环境大数据资源中心。

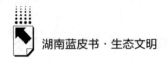
二　践行"两山"理论，推进绿色低碳发展任重道远

当前，湖南生态文明建设和生态环境保护工作基础性、结构性压力总体上尚未根本缓解，生态环境保护仍处于压力叠加、负重前行的关键期。

一是历史遗留环保问题整治任务重。湖南作为有色金属之乡，历史累积的生态环境问题比较突出，中央环保督察、长江经济带警示片多次指出湖南一些地方涉矿问题突出、重金属污染比较严重，历史遗留废渣等累积性污染问题尚未根本解决。

二是生态环境质量改善压力较大。湖南省环境质量总体呈波动性改善趋势，但生态环境稳中向好的基础还不稳固，尤其是部分时段空气环境质量问题反弹明显。局部区域水污染治理任务依然繁重。洞庭湖水质全面改善还有差距。一些区域土壤环境安全形势依然严峻。

三是绿色发展存在短板。以重化工为主的产业结构、以煤为主的能源结构、以公路货运为主的运输结构没有根本改变。能源刚性需求大，能源资源禀赋有限，能源转型压力大。可用财力有限与生态环保资金需求的矛盾凸显，生态产品价值实现机制尚未健全。

四是治理能力有待加强。科技支撑能力亟待加强。具有自主产权、原创性的技术不多，电解锰渣无害化处置、砷碱渣处理、重污染天气源解析、废弃矿山矿涌水污染治理还缺乏关键适用性技术。新污染物治理工作处于起步阶段，存在工作基础薄弱、资源配备不足、治理能力严重不足等缺陷。生态环境风险应急能力亟待加强。

三　践行"两山"理论，着力谱写绿色低碳发展新篇章

党的二十大报告强调，要"统筹产业结构调整、污染治理、生态保护、应对气候变化，协同推进降碳、减污、扩绿、增长，推进生态优先、节约集约、绿色低碳发展。"习近平总书记 2023 年 7 月 17 日在全国生态环境保护

大会上强调，"要深入贯彻新时代中国特色社会主义生态文明思想，坚持以人民为中心，牢固树立和践行绿水青山就是金山银山的理念，把建设美丽中国摆在强国建设、民族复兴的突出位置"。我们要认真贯彻党的二十大和全国生态环境保护大会精神，在生态文明建设上展现新作为，彰显湖南绿色生态之美、绿色产业之美、绿色制度之美、绿色文化之美，为建设美丽中国贡献湖南力量、展现湖南作为。

（一）坚持"四个强化"，扛牢生态环境保护政治责任

强化思想引领。深刻领悟"两个确立"的决定性意义，增强"四个意识"、坚定"四个自信"、做到"两个维护"，深入学习贯彻习近平生态文明思想，自觉把思想和行动统一到习近平总书记重要讲话和指示批示精神，统一到 2023 年全国生态环境保护大会精神上来。强化责任意识。扛牢抓实生态环境保护政治责任，建立覆盖全面、权责一致、奖惩分明、环环相扣的责任体系，不断完善涵盖生态指标考核的评价机制和奖惩办法，督促落实生态环境保护"党政同责"和"一岗双责"，推动美丽中国建设各项决策部署落地见效。强化忧患意识。保持"时时放心不下"的忧患意识，不折不扣加快完成中央生态环境保护督察、长江经济带生态环境警示片等交办问题整改，保持深入打好污染防治攻坚战的战略定力，补短板强弱项。强化协同意识。统筹产业结构调整、污染治理、生态保护，协同推进降碳、减污、扩绿、增长，以高品质生态环境支撑高质量发展。

（二）聚焦"四个注重"，持续深入打好污染防治攻坚战

锚定污染防治攻坚战考核"提效达标、提档进位"目标，坚持精准治污、科学治污、依法治污，从严、从实打好重污染天气消除攻坚战、城市黑臭水体治理攻坚战、农业农村污染治理攻坚战等八大标志性战役，持续推进"春风行动""夏季攻势""利剑行动""守护蓝天"等四项行动。注重重点突破，突出黑臭水体整治，深入推进洞庭湖总磷污染控制与削减；紧盯 $PM_{2.5}$、空气优良率、重污染天数等关键因子，提升大气环境预警预报能力，

加强长株潭等城市重污染天气联防联控，加强重污染天气应急响应；加强重点建设用地安全管控等薄弱环节，深入推进花垣县"锰三角"矿业综合整治。注重精准施策，加大技术、政策、管理创新力度，深入研究重点区域和领域污染的成因、结构和特征，采取"一园一策""一企一策""一矿一策"等方式，靶向施策、精准发力，做到精准决策、精准监管、精准治理。注重系统治理，坚持治标和治本相结合，统筹推进山水林田湖草沙一体化保护和系统治理，持续开展"绿盾"自然保护地强化监督，加强生物多样性保护，提升生态系统多样性、稳定性和可持续性。注重严控风险，针对尾矿库、废弃矿山、重金属重点行业企业、危险化工品企业等领域，持续开展防范化解重大生态环境风险隐患"利剑"行动，完善风险常态化防控体系。完善环境应急管理体系，加强应急预案、应急指挥平台、应急物资库建设，强化应急培训与应急演练，提升协同处置能力。

（三）突出"四个着力"，加快推动发展方式绿色低碳转型

着力优化用地结构，统筹长株潭、洞庭湖、湘南、大湘西区域协调发展和重点区域低碳转型，推动集约节约用地，提高土地利用率。着力优化产业结构，积极推动传统产业向高端化、智能化、绿色化方向发展，大力发展新能源、电子信息等新兴产业，提升绿色产业比重，推进"散乱污"企业综合治理，严格新建扩建高耗能、高排放项目准入管理。着力优化能源结构，加快燃煤锅炉整治，大力推动重点行业绿色化改造，加大"绿电入湘"力度，推进"气化湖南"工程。严格二氧化碳排放强度和总量"双控"，抓好低碳城市、低碳工业园区、气候适应型城市试点。着力优化交通运输结构，聚焦"车、油、路"三大要素、三个领域遏制机动车污染问题，加大新能源汽车推广力度，加快完善铁水、公水、公铁等多式联运体系。

（四）推进"三个深化"，全面提升生态环境治理能力

深化生态文明体制改革，建立健全系统集成、协调稳定的生态文明制度体系，促进制度优势向管理效能转化，完善多元参与、良性互动、执行有

力、激励有效、现代高效的环境治理新体系。完善企业环境信用评价及结果发布机制，推进"失信名单"管理制度改革。依法实行排污许可管理制度，建立健全"污染者付费+第三方治理"等机制。深化多元共治责任体系建设。全面落实《湖南省生态环境保护工作责任规定》，将美丽湖南建设成效纳入政府绩效评价和政绩考核，强化污染防治攻坚战考核结果运用，发挥湖南省生态环境保护委员会牵头抓总、统筹协调作用，落实企业环境保护主体责任，形成齐抓共管、各负其责的大生态环保格局。深化基础能力和保障建设。完善生态环境地方性法规及地方标准，组织开展生态环境地方性法规及地方环境质量、污染物排放等标准制、修订工作。充分运用科技手段，不断提升环境监测和执法信息化、规范化和精准化水平。强化大气、水、土壤等数据资源综合开发利用，构建精准感知、智慧管控的协同治理体系。加强生态环境保护监测、执法监督、人才队伍建设。

（五）推动"三个创新"，引导全民参与美丽湖南建设

创新宣传方式。积极推动以生态文化宣传教育为主题的公共文化建设，深入推进"美丽中国，我是行动者"和"绿色卫士下三湘"系列主题实践活动，用好"互联网+"、新闻融合媒体等手段，为推动全民参与美丽湖南建设营造良好社会氛围。创新示范创建。以"六·五"世界环境日、生物多样性日、全国低碳日等纪念日为契机，结合湖南旅游发展大会等特色活动，广泛开展节约型机关、绿色家庭、绿色学校、绿色社区、绿色出行创建行动，发挥环境教育示范带动作用。创新激励机制。落实生态环境信息公开和有奖举报制度；统筹推进碳排放权、用能权、电力交易等交易市场建设，加强不同市场机制间的衔接。健全环境治理信用体系，健全生态产品保护补偿机制，完善重点生态功能区转移支付资金分配机制。完善总量减排考核体系，健全污染减排激励约束机制。

总 报 告

General Report

B.2

2022~2023年湖南生态文明建设情况与展望

湖南省社会科学院（湖南省人民政府发展研究中心）调研组 *

摘 要： 2022年，湖南省委、省政府深入贯彻落实习近平生态文明思想，完整、准确、全面贯彻新发展理念，持续推进生态文明建设取得明显成绩，但也面临诸多挑战。2023年，湖南将始终坚持以高水平保护促进高质量发展，坚持山水林田湖草沙一体化保护和系统治理，统筹推进发展方式绿色转型、污染治理、生态保护修复、应对气候变化，奋力推进中国式现代化新湖南建设。

关键词： 生态文明 污染防治 生态修复 碳达峰 碳中和

---

* 调研组组长：钟君，湖南省社会科学院（湖南省人民政府发展研究中心）党组书记、院长（主任）；副组长：侯喜保，院（中心）党组成员、副院长（副主任）；调研组成员：唐文玉、龙花兰、周亚兰、罗会逸，均为院（中心）宏观经济研究部研究人员，执笔人周亚兰。

2022 年是党的二十大胜利召开之年，湖南省委、省政府坚持以习近平新时代中国特色社会主义思想为指引，认真学习贯彻党的二十大精神，全面贯彻落实习近平生态文明思想和习近平总书记关于湖南工作的重要讲话和指示批示精神，围绕湖南省第十二次党代会提出的建设"全域美丽大花园"目标，坚持生态优先、绿色发展，推动全省生态环境质量持续改善、绿色发展水平稳步提升。2023 年，湖南坚持站在人与自然和谐共生的高度谋划发展，协同推进发展方式绿色转型、深化环境污染治理和生态保护修复、稳妥推进碳达峰行动，为实现"三高四新"美好蓝图奠定生态根基。

一 2022年湖南生态文明建设总体情况

（一）打好污染防治攻坚战，持续改善环境质量

一是抓好大气污染防治。加强工业污染、移动源和面源污染治理，做好重点区域大气污染联防联控，全省空气质量持续好转。2022 年，全省 14 个地级城市环境空气质量平均优良天数比例为 87.6%，无严重污染天数；PM2.5 平均浓度 34 微克/米^3，同比下降 2.9%；8 个城市的环境空气质量达到国家二级标准。二是统筹"一江一湖四水"系统治理。抓好湘江保护和治理第三个"三年行动计划"收官，扎实推进入河排污口排查整治、洞庭湖总磷污染控制和削减攻坚、重金属污染治理等重大治污行动，推动水环境持续改善。2022 年，全省 147 个国考断面水质优良率 98.6%；534 个省考断面水质优良率为 97.4%；长江干流湖南段和"湘资沅澧"四水干流评价考核断面水质均达到或优于 II 类，洞庭湖湖区总磷平均浓度下降为 0.060 毫克/升；4 个市（州）水环境质量进入全国前 30 名。三是管控土壤环境风险。加强土壤污染源排查整治，深入开展企业用地第二轮调查，强化重点建设用地污染地块管理，确保全省土壤污染风险得到基本管控。

（二）抓好突出问题整治，切实守住环境安全底线

一是狠抓中央交办的突出环境问题整改。将中央环保督察反馈问题整治列入污染防治攻坚战"夏季攻势"，开展集中攻坚整改。2023 年 2 月 24 日，中共湖南省委、湖南省人民政府公开第二轮中央生态环境保护督察整改情况，截至 2022 年 12 月底，督察组反馈的 53 个问题完成整改 25 个、达到序时进度 26 个、未达到序时进度 2 个；交办的 3321 件信访件已办结 3177 件，阶段办结 121 件，正在整改 23 件，办结率 95.7%。其中 2022 年底前应完成整改 26 个，已完成整改 25 个。花垣县"锰三角"矿业污染综合整治取得有效进展，常德市石板滩石煤矿区污染、株洲南郊垃圾填埋场污染等一批"老大难"问题得到有效解决，城乡生活污水、生活垃圾处置水平明显提升，尾矿库、矿涌水、重金属等历史遗留问题治理取得阶段成效。① 二是开展生态环境风险隐患排查整治。2022 年 4 月，湖南省启动生态环境风险隐患排查整治"利剑"行动，瞄准重点领域、重点行业、重点部位、重点时段，对区域、流域重金属污染、饮用水水源地、农用地、矿山、生活垃圾填埋场、自然保护地、危险废物、核与辐射、工业企业等重点领域环境风险开展地毯式排查，实现全省生态环境领域安全形势稳中向好。

（三）加强生态保护修复，逐步恢复生态系统功能

一是持续推进湘江流域和洞庭湖生态保护修复工程试点。2022 年，湖南成功申报了洞庭湖区域山水林田湖草沙一体化保护和修复工程、湘桂岩溶地资江、沅江上游历史遗留矿山生态修复示范工程，总预算 75.6 亿元。推进矿业转型绿色发展，开展"洗洞"盗采等专项整治，2305 处废弃矿井（硐）全部封堵；启动新一轮战略性矿产找矿行动，新建绿色矿山 210 家，位居全国前列。二是完善自然生态系统。2022 年，湖南完成营造林面积 38.30 万公顷，为年度计划的 147%；全省森林覆盖率达 59.98%，同比增长 0.01 个百分点；

---

① 中共湖南省委、湖南省人民政府：《湖南省公开第二轮中央生态环境保护督察整改情况》，http：//www.hunan.gov.cn/hnszf/xxgk/tzgg/swszf/202302/t20230224_ 29255558.html，最后检索时间：2023 年 4 月 17 日。

森林蓄积量达 6.64 亿立方米,同比增长 2300 万立方米;湿地保护率稳定在 70.54%。整合优化自然保护地体系,南山国家公园正式纳入国务院批复的《国家公园空间布局方案》候选区,新增毛里湖、春陵两处国际重要湿地,壶瓶山、八大公山国家级自然保护区入选世界自然保护联盟绿色名录。加强生物多样性保护,调整了湖南省地方重点保护野生动物、植物名录,在全国率先开展县域生态多样性资源调查监测,江豚频现益阳南洞庭湖和湘江长沙段。

(四)加快发展方式低碳转型,不断厚植绿色发展动力

一是推进工业绿色转型。引导石化产业集聚,破解"化工围江"难题。2022 年,湖南省共有 18 家企业完成搬迁改造,超额完成目标任务,彻底消除了沿江化工企业对"一江一湖四水"的环境污染风险。加强绿色制造体系建设,2022 年全省获批国家级绿色工厂 36 家、绿色园区 3 家、绿色设计产品 39 个、绿色供应链管理示范企业 8 个,分别位居全国第 7、1、4、4 位。深入推进节能降耗,2022 年全省单位规模工业增加值能耗同比下降 7.8%,超额完成了全年下降 3% 的目标任务。二是发展生态低碳农业。大力推广早专晚优(专用型早稻和高档优质晚稻)、稻油轮作、综合种养等绿色种养模式,继续在 22 个县市区开展绿色种养循环农业试点。2022 年,全省共发展稻渔综合种养面积 534 万亩、同比增长 5.34%,稻渔水产养殖产量 53.38 万吨、同比增长 7.53%。全面推进农药化肥减量,2022 年全省农作物病虫害统防统治面积近 3000 万亩,专业化统防统治覆盖率达到 45.1%,较 2021 年提升 1.8 个百分点,2022 年共完成测土配方施肥推广面积 1.18 亿亩次。持续推进畜禽养殖粪污、水产养殖尾水治理,2022 年全省畜禽粪污综合利用率达到 83%、规模养殖场粪污处理设施装备配套率达到 99.6%;以全省集中连片精养池塘为重点,在澧县、华容县等 10 个水产养殖大县开展养殖池塘标准化改造和尾水治理试点示范。三是完善城乡环境基础设施。2022 年,全省建成县以上城市生活垃圾治理项目 41 个,全省城市生活垃圾焚烧能力占比达 80.1%(实际焚烧处理占比 73.6%),相比 2021 年提高 11.8%;建成通水 242 个建制镇污水处理设施,实现建制镇污水处理设施基

本覆盖。稳步推进美丽乡村建设，2022 年，全省新改建户厕 54 万座，农村卫生厕所普及率达 93%，农村生活污水治理率提高 5.5 个百分点。

（五）推进基础能力建设，稳步提升生态环境治理能力

一是健全生态环境监管长效机制。严格落实生态环境保护责任制，加强生态文明建设目标评价考核和责任追究；正式启动三区三线①成果，建立健全自然资源资产产权、生态补偿、国土空间开发保护等监管体系，省、市、县空间规划基本实现"一张图"监管；加快建立排污权交易市场体系，出台《湖南省主要污染物排污权有偿使用和交易管理办法》；加强园区环保信用评价，将全省 143 家省级及以上产业园区全部纳入环保信用评价范围，成为"五好园区"评价内容之一。持续开展以打击危险废物环境违法犯罪和重点排污单位自动监测数据弄虚作假违法犯罪为重点的专项行动。截至 2022 年 11 月底，全省共办理环境违法案件 2426 起，罚款 1.51 亿元，适用 4 个配套办法②办理案件 373 起，其中移送公安行政拘留 227 起，移送刑事犯罪 46 起。二是碳达峰碳中和工作机制基本形成。成立由湖南省委书记、省长任双组长的省碳达峰碳中和工作领导小组；组建了由院士牵头的高水平专家咨询委员会和能源、工业、交通等 8 个专业委员会，印发《中共湖南省委 湖南省人民政府关于完整准确全面贯彻新发展理念 做好碳达峰碳中和工作的实施意见》《湖南省碳达峰实施方案》，启动编制 27 项分行业分领域碳达峰行动方案，为全省落实碳达峰碳中和行动奠定了坚实基础。2022 年 8 月，湘潭市入选全国首批气候投融资试点城市。三是生态文明创建成果丰硕。2022 年，全省有 17 个县市区被评为国家级生态文明建设示范县区，4 个县市区被评为国家"绿水青山就是金山银山"实践创新基地。

---

① "三区"是指城镇空间、农业空间、生态空间三种类型的国土空间；"三线"分别对应在城镇空间、农业空间、生态空间划定的城镇开发边界、永久基本农田、生态保护红线三条控制线。

② 4 个配套办法分别为《环境保护主管部门实施按日连续处罚办法》《环境保护主管部门实施查封、扣押办法》《环境保护主管部门实施限制生产、停产整治办法》《企业事业单位环境信息公开办法》。

二 湖南推进生态文明建设中存在的主要问题和困难

（一）自然生态环境质量改善不稳定

一是环境质量不够稳定。环境空气质量波动起伏。从2018～2022年全省空气质量平均优良天数比例（2018～2022年分别为85.4%、83.7%、91.7%、91%、87.6%）来看，全省环境空气质量总体呈波动起伏状态。2022年，全省环境空气质量平均优良天数比例为87.6%，同比下降了3.4个百分点；PM2.5浓度虽为历史低值，但仍比全国平均值高出5微克/米^3。部分水体环境质量改善不足。部分支流水质未稳定达标，部分整治的黑臭水体存在"返黑返臭"现象，饮用水水源重金属污染、季节性微污染或突发性污染等问题时有发生。土壤重金属污染问题依然存在。由于历史遗留问题较多，缺乏成熟的治理技术，全省土壤重金属污染治理修复任重道远。二是自然生态系统功能有待提升。湖南省乔木林亩均蓄积量仅为全国平均值的65%，森林质量有待提升。自然保护地边界不清、产权不明，缺乏协调管理机制，保护与发展的矛盾突出。

（二）部分领域生态环境安全隐患仍然存在

一是历史遗留矿山生态修复任务艰巨。郴州三十六湾、娄底锡矿山等重点区域历史遗留矿山污染治理形势严峻，遗留废渣、矿井涌水污染尚未得到全面彻底解决。二是环境基础设施建设运维存在短板。城市雨污分流不到位，管网收集系统不健全，雨季管网溢流直排问题突出，污水处理厂进水污染物浓度普遍偏低。生活垃圾填埋场容量不足，农村生活垃圾回城处理的成本高，并且容易造成二次污染。三是农业面源污染防治压力大。化肥农药持续减量压力大，畜禽养殖粪污资源化利用不足，农作物秸秆、农膜等农业废弃物的回收利用体系不健全，农村改厕与生活污水治理协同性不够。

（三）治理体系和治理能力有待提升

一是治理体制存在制约。生态文明建设涉及生态环境、自然资源、水利、住房和城乡建设、农业农村、林业、城市管理等部门的职责。由于缺乏有效的衔接协调机制，环境治理存在监管主体多元、职责交叉重叠、治理标准不统一等问题。基层生态环境监管力量薄弱，执法人员和装备不足，存在"小马拉大车"现象。二是资金短缺问题突出。生态环境治理修复项目公益性强，以政府投资为主，社会资本参与生态修复项目的积极性不高；地方财力有限，资金配套压力大。三是科技支撑不够。信息化监测网络体系有待全面构建，距离"空天地"一体化生态环境监测网络的要求还有较大差距；在重金属废渣废液的资源化无害化利用、矿涌水污染治理、农业面源污染防治等重点领域污染治理技术亟待攻关。

三　2023年湖南推进生态文明建设的政策建议

（一）以减污治污为主线，持续污染防治攻坚

1.深入打好"蓝天、碧水、净土"保卫战

一是抓好大气污染防治。以氮氧化物和挥发性有机化合物协同减排为关键，深化PM2.5和臭氧协同治理。持续推进柴油货车污染、大气面源污染治理。实施长株潭及大气传输通道城市空气质量达标攻坚行动，强化重点因子、重点领域、重点行业大气污染防治。加强大气污染联防联控和预警预报，基本消除重污染天气。二是坚持"一江一湖四水"系统治理。统筹水资源、水环境、水生态治理，持续打好长江保护修复攻坚战，巩固湘江重金属污染治理成效，推动洞庭湖总磷浓度持续削减，全面整治水质不达标断面；加强饮用水水源地保护，推进饮用水水源与末梢水终端的污染防控，协同地下水污染防治。三是推进土壤污染整治。以粮食主产区和重金属污染较为突出的长株潭地区为重点，加强重金属污染源头防治，推进

农业农地土壤分类管理和安全利用，加强建设用地风险管控和治理修复。加快"锰三角"矿业污染综合整治。四是加强固体废物及新污染物治理。有序推进长沙、张家界国家级"无废城市"建设，积极谋划省级"无废城市"建设试点。根据国家新污染物治理清单，以持久性有机污染物、内分泌干扰素、抗生素和微塑料等为重点，开展重点行业、重点化学物质基本信息调查监测，逐步摸清全省重点掌控新污染物环境底数，建立健全新污染物防控治理体系。

2. 加快补齐农业农村污染治理短板

一是尽快摸清农业面源污染底数。健全调查统计与监测评估机制，结合农业环境调查和污染源普查，整合农业面源污染和关联性污染测算体系，将化肥农药使用及减量规模、化肥农药利用率、畜禽粪污资源化利用率、地膜残留和重金属残留率、农田氮磷流失率等指标纳入农业面源污染监测指标体系，完善农村环境监测网络，实现污染物追踪溯源。二是持续推进化肥农药减量化。结合种植结构、播种面积、作物茬数和流域特征等因素，分析氮磷等养分排放（流失）规律，科学合理确定减量目标。加快建设一批农作物病虫害监测预警标准化区域站。健全基层供销社体系，创新经营服务模式，引导扩大"统配统施""统防统治"等服务覆盖面。三是分类开展有机废弃物综合利用。优化畜禽养殖粪污处理方式，探索种养结合、沼气工程、有机肥加工等资源化利用模式。健全秸秆、农膜、农药包装等废弃物收集、利用、处理体系。支持垃圾焚烧厂下沉县域，缓解垃圾填埋厂容量不足问题；布局建设区域性堆肥厂，支持将垃圾分拣中心、集镇厨余垃圾处理站等设施建设列入省、市一级政府补助范畴，推动畜禽粪便、厕所粪污、厨余垃圾、园林绿化垃圾等有机废弃物就近就农资源化利用。四是因地制宜推进农村生活污水治理。分类梯次推进农村生活污水治理，以人口集中村镇和水源保护区周边村庄为重点，统筹推进农村改厕和生活污水协同处理，开展农村厕所、畜禽养殖粪污与生活污水集中治理试点。探索推广农村免水冲、微水冲生态厕所等改厕模式，实现污水一体化处理利用。

（二）以降碳增长为目标，积极稳妥推进"双碳"行动

1. 深化能源革命，推进能源结构调整

坚持"先立后破"，在确保能源安全稳定供应的基础上，实现能源绿色低碳转型。一是加快能源结构调整，科学合理控制煤炭消费，因地制宜加大省内风电、光伏项目建设，提升新能源发电占比，加大清洁能源引入力度，拓展外电入湘通道。二是积极发展储能产业，支持发展"新能源+储能""源网荷储（电源、电网、负荷、储能）"一体化模式，支持分布式新能源合理配置储能系统，加强抽水蓄能电站以及化学储能电站、空气储能电站等新型储能建设。

2. 加强重点行业和领域节能降耗

一是加快产业转型升级。坚决遏制"两高"项目盲目上马，加快推进煤炭、冶金、化工、建材等传统产业转型升级，培育壮大新能源汽车、电子信息、环保装备、绿色建筑等绿色节能战略性新兴产业，支持优质环保企业上市。扩大绿色有机农产品种植、养殖面积，创建更多绿色农业品牌。二是深入实施绿色制造，推动绿色低碳技术攻关和改造升级，持续开展园区循环化改造。三是推动绿色建筑、近零碳建筑规模化发展，推广节能产品和新建住宅全装修交付。四是挖掘"公转铁、公转水"潜力，不断调整优化运输结构，推动公共服务车辆电动化替代。五是实施全民绿色低碳行动，推进绿色产品认证和标识体系建设，建立居民绿色消费奖励机制。六是探索差异化气候投融资发展模式，支持湘潭市气候投融资试点，打造气候投融资模式的"湘潭样板"。

3. 健全减污降碳协同增效管理机制

一是强化"三线一单"[①]管控措施硬约束。将碳达峰碳中和目标和要求纳入"三线一单"分区管控体系，落实到环境管控单元。统筹水、大气、土壤、固体废弃物、温室气体等领域污染协同控制，推动污染防治与碳减排

---

① "三线一单"是指生态保护红线、环境质量底线、资源利用上线和生态环境准入清单。

协同增效。二是健全碳排放权市场交易机制，建立碳排放统计核算体系，逐步完善碳排放相关的核算核查、评价、技术、管理服务等标准和计量体系，制定修订重点品种能耗限额标准，探索研究工程机械、轨道交通、电子信息等行业产品的碳排放和低碳标准体系。对接并融入全国碳市场建设，推动区域排污权、碳排放权交易融合。

（三）以增绿扩绿为抓手，稳步提升生态系统功能

1.完善自然保护地体系建设

一是理顺自然保护地管理体制机制，构建以国家公园为主体、自然保护区为基础的自然保护地体系。综合考量自然资源基础，打破行政区划约束，推动自然保护地科学分区管控，着力解决一批遗留问题。二是分批启动国家公园创建，加强长株潭城市群生态绿心保护，推进绿心中央公园建设；做好南山国家公园正式设立的基础性工作，推进南山国家公园早日设立批复；尽快启动张家界、井冈山国家公园（湖南部分）创建可行性研究。三是拓展自然保护地生态价值。支持发展生态友好型特色产业，依托自然资源禀赋，大力发展"生态+旅游""生态+康养"等生态行业，扩大绿色有机农产品种植、养殖面积，创建更多绿色农业品牌。全面总结 GEF（全球环境基金会）项目建设成效，组织指导国家级自然保护区参与联合国教科文组织"人与生物圈计划"。

2.实施重要生态系统保护修复工程

一是做实林长制、河（湖）长制。深入开展国土绿化行动，加强生态廊道建设，加快推进洞庭湖生态疏浚、山水林田湖草沙一体化保护修复。严格落实长江十年禁渔，确保"三年强基础"各项任务顺利收官。二是推进历史遗留废弃矿山修复和绿色矿山建设。以国家级历史遗留废弃矿山生态修复示范工程、国家级绿色矿业发展示范区建设为引领，加快形成和推广一批矿山修复和绿色矿山建设的有益经验；健全绿色矿山建设评价指标体系，探索绿色矿山建设合同管理，强化绿色矿山名录动态管理，持续巩固和扩大绿色矿山建设成效。三是加强水土流失和石漠化综合整治。以大湘西与湘南地

区为重点，推进重要江河源头区、重要水源地和水土流失重点防治区水土流失治理，加强湘西武陵山片区、湘中衡邵盆地、湘南郴州永州区域石漠化治理。四是深入实施生物多样性保护工程。完善生物多样性保护监测体系，加强珍稀濒危物种全生活史保护，规范增殖放流和资源调查监测活动。加强生物安全管理，严厉打击非法引入外来物种行为，实施重大危害入侵物种防控攻坚行动，加强"异宠"交易与放生规范管理。

（四）以体制机制为保障，提升生态环境治理能力

1.健全组织领导机制

一是构建齐抓共管格局。严格落实生态环境保护党政同责、"一岗双责"制度，健全以排污许可制为核心的固定污染源监管制度体系，推进企业环境信息披露制度改革，压实压紧企业生态环境保护主体责任。完善生态环境治理市场体系，开展园区环境污染第三方治理。健全环境信用评价、排污权交易、碳排放市场、绿色价格等机制，推动生态产品价值实现。二是坚持系统协同治理。统筹生态文明建设领域各项规划，推动各项任务目标、举措、项目等衔接协调。支持长沙市启动开展生态环境分区管控与国土空间规划衔接试点。加强招商引资规划与"三线一单"管控措施的有效衔接，提前高标准对接招商引资项目。聚焦生态环境保护督察反馈问题整改、长江经济带警示片披露问题整改、污染防治攻坚战重点任务、自然资源资产审计和领导干部离任审计指出问题整改、生态文明体制改革等重点工作落实情况，加强问题整改，切实防范化解生态环境风险。三是深化文明示范创建和巩固。深入推进郴州国家可持续发展议程创新示范区、岳阳长江经济带绿色发展示范区建设，积极开展国家"生态文明建设示范区""'绿水青山就是金山银山'实践创新基地""无废城市"等示范创建。加大生态文明建设宣传力度，利用"世界野生动植物日""国际生物多样性日""世界环境日"等重要节点，打造更多体现湖湘文化特色的生态文明建设宣传窗口。

2.强化信息科技支撑

一是推进"天空地网"一体化监测体系建设。创新行业科技管理机制，

加快构建"天空地网"综合监测体系。推广应用遥感、云计算、物联网等新一代信息技术，组建湖南调查监测技术联盟，加强关键技术突破与创新，提升生态环境监测信息化、自动化、智能化水平，如积极探索卫星遥感等大尺度、高精度检测手段的应用，支持开展大气温室气体浓度反演排放量模式等研究。二是推进数据、平台、业务等衔接共享。加强生态环境大数据资源中心运营管理，推进大数据成果在生态文明建设领域的推广与应用。加强自然资源、林业、水利、生态环境、农业农村等部门监测数据集成共享，推动部门信息化监管平台与"湘易办"平台深度对接，实现各层级、各部门间数据互联互通与共享应用。三是推进生态环境治理技术攻坚。引导企业与高校、科研院所等开展联合科技攻关，着力在矿山修复和治理、土壤重金属污染治理、大气协同治理等领域科技创新取得新突破，形成一批可推广复制的环境治理新思路、新技术和新模式。

3. 创新资金投入机制

一是健全绿色金融服务体系。研究设立湖南省低碳转型基金，将绿色信贷纳入宏观审慎评估框架，引导金融机构为绿色低碳项目提供支持。完善政府绿色采购标准，加大绿色低碳产品采购力度，落实环保税收优惠政策。积极争取国家生态环境导向的开发（EOD）模式试点项目，争取国家绿色发展基金直接投资或在湖南设立绿色发展子基金。二是完善生态产品价值实现机制。建立多元补偿机制，实施直接补偿和间接补偿相结合的补偿模式，稳步增加补偿资金额度，积极探索建立大气环境质量生态补偿机制。健全生态环境损害赔偿协同推进机制，深入开展环境污染强制责任保险试点。推进排污权、用能权、碳排放权、水权等资源环境权益交易市场建设，完善市场化环境权益定价机制。推广以工代赈等方式完善农村生态环境基础设施。

分 报 告

Divisional Reports

B.3

加强生态文明建设
促进工业绿色低碳发展

湖南省工业和信息化厅

摘 要： 近年来，湖南省坚持以习近平生态文明思想为指导，贯彻落实碳达峰碳中和目标要求，全面落实"三高四新"战略定位和使命任务，坚持以推动工业高质量发展为主线，以碳达峰碳中和目标为引领，以减污降碳协同增效为抓手，深入开展工业绿色制造体系建设，大力推进工业节能降碳，全面提高资源综合利用效率，积极促进生态文明建设，推行清洁生产改造，促进环境治理技术及应用产业链发展，取得积极成效。2023 年，湖南省要以深入贯彻落实《湖南省工业绿色"十四五"发展规划》和《湖南省工业领域碳达峰实施方案》为着力点，积极稳妥开展工业领域碳达峰行动，大力推进工业节能降耗、资源高效循环利用，深入实施绿色制造、清洁生产，积极培育壮大绿色低碳新兴产业，奋力推进湖南工业绿色低碳循环高质量发展。

关键词： 绿色制造　节能降耗　低碳发展

一　2022年湖南践行工业绿色发展的主要工作及成效

一年来，湖南省工业和信息化厅深入贯彻落实习近平生态文明思想，完整、准确、全面贯彻新发展理念，按照湖南省委、省政府决策部署，全面落实"三高四新"战略定位和使命任务，扎实推进工业领域绿色制造、节能降耗、资源综合利用、环境治理和环境保护等重点工作，各项工作均取得了新成绩。

（一）扎实推进绿色制造体系建设

一是推动绿色制造顶层设计。编制并印发了《湖南省工业绿色"十四五"发展规划》，发布了《湖南省制造业绿色低碳转型行动方案（2022—2025年）》，为坚定不移走生态优先、绿色低碳的高质量发展道路谋篇布局。二是绿色制造体系建设再上新台阶。2022年，湖南省获批国家级绿色工厂36家[①]，数量居全国第7位；国家级绿色园区3家，居全国第1位；国家级绿色产品39个，居全国第4位；绿色供应链管理示范企业8个，居全国第4位。至此湖南省已经累计培育国家级绿色工厂136家，绿色园区13家，绿色设计产品122个，绿色供应链管理示范企业16家。同时，已累计创建省级绿色工厂358家、绿色园区43家、绿色供应链管理示范企业19家、绿色设计产品108个。湖南省绿色发展工作完成了年度创建目标任务，以绿色工厂、绿色园区、绿色设计产品为框架的绿色制造体系得到进一步巩固。三是丰富了绿色标准体系。编制完成了《烟气余热回收利用设备技术规范》等5个节能地方标准；共有164个标准列入绿色设计产品评价标准出台计划，80个团

[①]　资料来源：能耗资料来源于湖南省统计局，其他资料来自湖南省工业和信息化厅根据实际情况统计。

体标准纳入标准清单。向省财政厅推荐了 94 个绿色设计产品纳入政府首购目录。四是积极推进自愿性清洁生产审核。积极推进工业领域清洁生产工作，公布了 350 家自愿性清洁生产企业审核计划，从全省各市州的清洁生产审核结果来看，全年全省完成了 200 家企业自愿性清洁生产审核工作。获评工信部工业产品绿色设计示范企业 11 家，居全国第 2 位。湖南柯林翰特环保等一批企业的技术入选国家首批 22 项《国家清洁生产先进技术目录（2022）》。五是开展绿色制造宣贯。邀请工信部领导和行业专家宣贯和解读绿色发展政策，赴市州开展绿色制造体系培训；利用节能宣传周等活动和电视、报刊、网络等平台，展示工业绿色制造成果，积极宣贯绿色发展理念。

（二）积极开展碳达峰碳中和工作

一是编制并出台了《湖南省工业领域碳达峰实施方案》。编制了《湖南省工业领域碳达峰研究分析报告》，2022 年 12 月印发了《湖南省工业领域碳达峰实施方案》，明确了推进湖南省工业领域碳达峰工作的指导思想、工作原则和总体目标，部署 6 项重点任务，开展 2 项重大行动。二是建立"双碳"工作"六库"。成立了由黄伯云院士领衔的"湖南省工业领域碳达峰专家咨询委员会"，建立了"双碳"专家库。建立了有 192 个重大碳达峰碳中和项目的"双碳"项目库，有钢铁、建材等行业 411 项技术清单的"双碳"技术库，重点行业 85 项问题清单的"双碳"问题库，汇总了 50 余个国家级、省级出台的"双碳"政策库，以及正在推进建立"双碳"数据库。

（三）持续推进工业节能降耗工作

一是依法利用能耗标准推进落后产能退出。在全省公布了年耗能 1 万吨标准煤以上的 274 家重点用能企业名单，发挥节能监察监督保障作用，依据强制性节能标准，推动重点行业阶梯电价政策的实行和落后产能的退出。二是全面推进节能监察。对全省钢铁、水泥等用能行业实现了节能监察全覆盖，共完成工业节能监察任务 207 家，圆满完成国家节能监察任务。三是积极推进节能诊断。对 42 家自愿接受节能诊断的企业开展服务，撰写了诊断报告，累计提出节能改造措施建议 152 条。四是推广节能"三新"项目。征集并认定节能节水"新技术、新装备、新产品"推广目录 74 项。推荐的远大锅炉低品位烟气余热深度回收技术、湘潭电机永磁同步电动机等 11 项技术装备和产品分别纳入工信部工业节能技术、信息化领域节能技术和高效节能装备和产品目录。五是开展工业节水减排工作。对湖南省重点监控用水单位名录的企业，开展了节水调研，分析节水潜力，指导企业推进节水技术改造、废水资源化利用，评选出 71 家省级节水型企业。2022 年，全省单位规模工业增加值能耗下降 7.8%，超额完成了全年下降 3% 的目标任务，为全省工业经济高质量发展增添绿色底色的好成绩。

（四）不断推进固废资源综合利用

发布了《湖南省工业固体废物资源综合利用示范单位创建管理暂行办法》，实施省级工业固废综合利用示范创建。正在培育建设的郴州、耒阳、湘乡 3 个国家级资源综合利用基地通过了省级验收；已经创建有汨罗高新区等 5 家省级资源综合利用示范园区、湖南安福环保等 12 家示范企业、邦普循环"废旧动力电池循环利用产业化扩建项目"等 14 个示范项目。累计有 31 个园区、企业及项目获评省级工业固废综合利用示范标杆。已初步构建形成了"示范基地+示范企业+示范项目"的省级工业资源综合利用示范体系。新能源汽车动力电池回收利用的试点，已经形成了"以第三方共享回收平台为枢纽的回收网络体系+梯次利用+再生利用+标准规范"的全产业链系统模式，为全行业健康规范发展和全国新能源汽车动力电池回收利用试点提供了有益借鉴。

（五）协调推进环境治理产业工作

2022 年，全产业链规模以上工业企业实现主营业务收入超过 1980 亿元，同比增长约 10%，正逐步成长为推动碳达峰碳中和与工业环境治理的强大助力。一是积极推进环境治理等低碳产业发展。出台了《湖南省环境治理技术及应用产业"十四五"发展规划》，明确了产业链 4 个发展重点、

9 项主要任务、5 条保障措施，推动构建以高端装备制造业为主导、环境治理服务为支撑、创新要素协同推进的新型环境治理产业发展体系。二是促进提升企业技术创新水平。搭建产业链企业与高等院校、行业协会、科研机构、服务平台和产业联盟交流合作平台，鼓励和支持盈峰环境、航天凯天环保、力合科技等龙头企业与大数据、5G、人工智能等高新技术企业加快融合，攻关一批技术瓶颈。长沙工研院环保有限公司顺利成为湖南省环境治理产业链首家省级制造业创新中心。三是提升龙头企业的竞争力水平。积极协助华时捷、艾布鲁环保等 6 家企业顺利通过工信部《环保装备制造行业规范条件》名单。全省累计已有 17 家企业符合《环保装备制造行业规范条件》，对推进节能环保产业发展，为双碳工作提供绿色动力创造更好基础条件。

（六）切实推进环境保护工作

2022 年，湖南省大力推进生态文明建设，打好工业领域污染防治攻坚战。一是切实履行工业领域生态环境保护工作职责。落实全省生态环境保护工作要点，发布了《关于印发 2022 年工业通信业污染防治工作任务分工方案的通知》，对全年的环境保护工作任务进行了分工，落实了工作责任，确保任务顺利完成。积极推进产业结构调整，充分利用综合标准依法依规推动落后产能淘汰。二是牵头组织开展了湖南省中央生态环境保护督察工作。督查组向湖南省反馈的第二轮中央生态环境保护督察报告需要整改的 56 个问题涉及湖南省的共有 6 个，其中主体责任问题 2 个、牵头督导问题 1 个、配合督导问题 3 个。截至 2022 年底，湖南省负责牵头整改和督导整改的 3 个问题已完成整改 1 个，达到时序 2 个。参与涉铊、涉锑企业调研，配合开展涉重金属污染企业搬迁及整合工作。三是扎实做好河长制相关工作。会同省委统战部组织开展省级河长巡河，认真落实湖南省常委、统战部部长隋忠诚关于深入推进渌水样板河建设的部署要求，组织召开了渌水样板河创建工作专题会议，专题研究了《渌水省级样板河创建实施方案（2022—2025）》；全面完成了渌水河妨碍河道行洪突出问题和省总河长制会议河湖长制暗访问题的整改任务。渌水水质稳定在Ⅱ类，饮用水水源水质达标率达到 100%。四是全面推进塑料污染治理。制定了塑料绿色产品标准，明确禁止违规塑料制品生产，推动塑料规范企业创建，将全省一批重点废塑料循环利用项目纳入优先支持名单。

二　湖南促进工业绿色发展过程中存在的问题和建议

（一）主要问题

1. 企业绿色转型动力不足

一是部分工业企业的管理层绿色发展理念相对滞后，加之绿色制造成本较高，企业主动性不强，尚未将绿色制造列入企业发展战略。企业优化生产工艺，购置先进节能、节水、污染处理设施，短期成本投入相对较大、收益期相对较长，导致企业主动实现绿色化改进提升的意愿不强。二是绿色技术装备保障不足。在绿色工艺及节能环保技术装备等领域，我国依然缺乏核心技术，导致绿色技术装备保障不足。三是绿色制造技术规范、标准体系不完善，难以满足制造业绿色发展需求。

2. 地区差异性较大

湖南省绿色制造体系建设分布极不平衡，长株潭及周边地区绿色制造示范创建较多，大湘西地区绿色制造示范创建较少，存在较为明显的地区差异，离广泛推广的要求仍有一定差距。

3. 技术、人才与市场等要素支撑力不强

湖南省部分工业企业缺乏自主创新能力，在工业产品绿色示范创建方面比较滞后；绿色制造领域高技能人才和领军人才紧缺；绿色产品尚未形成竞争优势。

（二）有关建议

1. 补齐支撑绿色制造体系建设的技术短板

加快绿色核心技术攻关，包括清洁生产、资源综合利用等共性技术研

发和减碳、零碳和负碳技术综合性示范。重点是补齐与生产工艺及节能环保装备相关的技术创新的短板。以工业高端化、智能化支撑绿色化，以工业绿色化引领高端化、智能化，加大对绿色技术研发投入，着力培育绿色制造系统解决方案供应商企业，通过绿色技术驱动工业经济规模化、系统化转型。

2. 补齐支撑绿色制造体系建设的能力短板

培育发展工业绿色低碳研究评价第三方机构，支撑其更好地开展绿色服务。鼓励湖南省高校、科研院所探索推进绿色相关专业学科与产业学院建设，加强工业绿色制造相关人才体系建设力度，尤其是加强跨领域复合型人才培养，如在工业绿色制造、工业绿色营销、工业绿色物流、工业绿色管理等相关领域开展深度合作，夯实人才基础，逐步建立绿色制造的人才培养长效机制。

3. 补齐支撑工业绿色制造体系建设的市场需求短板

加大宣传力度，提高全社会对工业绿色发展的认可度。推行低碳主义、节俭主义，塑造和引导绿色消费新风尚，推动形成绿色发展方式和生活方式，不断完善与绿色采购、绿色消费等相关的激励性措施，引导社会优先采用绿色产品，从需求侧逐步拓宽绿色产品的市场空间。

三 2023年湖南促进工业绿色发展工作重点

2023年，湖南省将按照省委十二届三次全会、省委经济工作会议和省政府工作报告的部署要求，全面落实"三高四新"战略定位和使命任务，打好打赢"发展六仗"，巩固"老三样"、建设"新三样"、培育新兴产业，推动制造业高端化、智能化、绿色化发展。以深入贯彻落实《湖南省工业绿色"十四五"发展规划》和《湖南省工业领域碳达峰实施方案》为着力点，积极稳妥开展工业领域碳达峰行动，大力推进工业节能降耗、资源高效循环利用，深入实施绿色制造、清洁生产，积极培育壮大绿色低碳新兴产业，奋力推进湖南工业绿色低碳循环高质量发展，确保2023年全省单位规模工业增加值能耗下降3%的目标任务如期实现，为全面建设社会主义现代化新湖南起好步。2023年将重点推进开展以下工作。

（一）稳妥推进工业领域碳达峰工作，协同推进"降碳"

一是牵头抓好工业领域碳达峰工作，制定实施任务分工计划，及时总结经验，扎实推进各项具体工作落实。二是落实工业领域以及钢铁、有色、石化化工、建材等重点行业碳达峰实施方案，鼓励企业因地制宜积极研究低碳发展路线，加大技术改造力度，分业施策、持续推进，全力推进工业领域实现碳达峰。三是加快节能降碳技术工艺装备创新，继续积极培育和推广应用好"新技术、新装备、新产品"，积极实施节能降碳改造升级，打造一批能效、水效"领跑者"示范企业。四是推进重大低碳技术、工艺、装备创新突破和改造应用，以技术工艺革新、生产流程再造促进工业减碳去碳。五是深入推进新一代信息技术与制造业深度融合，推动建立数字化碳管理体系，全面推动制造业数字化赋能工业绿色化。六是强化节能监督管理和节能诊断"双轮驱动"，聚集重点企业、重点用能设备，加强节能监督检查执法和节能诊断成果运用。七是认定推广一批碳减排示范企业。通过碳减排示范企业的培育，鼓励企业自主研究和实践碳达峰实施路径。

（二）打好工业领域污染防治攻坚战，全力配合"减污"

一是积极推进工业领域自愿性清洁生产工作，继续大力培育绿色设计示范企业，引导企业少用或避免使用有害原材料，"一行一策"推动工业企业实施节能、节水、节材、减污、降碳等系统性清洁生产改造。二是积极推进废旧再生资源回收利用，实施行业规范管理，延伸精深加工产业链条，做强做优再生资源加工利用重点基地，打造再生资源产业集群。三是贯彻落实《湖南省工业固体废物资源综合利用示范单位创建管理暂行办法》，培育认定一批工业固废示范基地、示范企业和示范项目，探索建立区域固废物资源化协同处理长效机制。四是贯彻落实省政府《支持有色金属资源综合循环

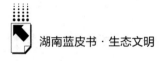

利用产业延链强链的若干政策措施》，积极推进湖南省有色金属产业链高质量发展。

（三）全面推进绿色制造体系建设，积极实施"扩绿"

一是加快绿色标准制定和实施，探索建立工业产品碳足迹计算和碳标签认证体系，加快能耗限额、产品设备能效等节能地方标准的制修订。二是统筹推进绿色制造体系建设，持续开展绿色工厂、绿色园区、绿色供应链、绿色供应商认定和绿色产品创建。三是积极促进中小企业全面绿色低碳发展，重点在节能环保领域培育一批专精特新"小巨人"企业、制造业单项冠军企业和产品，为工业降碳提供产业支撑。四是充分发挥绿色低碳产品和装备在推进碳达峰碳中和工作中的核心支撑作用，加大绿色产品的培育力度，开展绿色低碳产品供给提升行动，促进工业领域全面绿色低碳转型。

（四）大力培育工业绿色低碳产业，助推低碳"增长"

一是加快推进产业绿色低碳转型，聚焦"3+3+2"产业领域，加大22条优势产业龙头企业的绿色升级，巩固提升"老三样"先进集群国际先进地位，培育壮大电子信息、新材料、新能源汽车、现代石化、生物医药、通用航空等新兴产业，加快先进储能材料、智能网联汽车、节能环保、新能源及电力装备等绿色低碳产业发展和布局。二是积极推动产业低碳协同示范，鼓励企业开展协同降碳行动，探索减污降碳协同增效有效模式，建设一批"产业协同""以化固碳"示范项目。三是大力推进节能环保新能源产业发展，落实《湖南省新能源与节能产业"十四五"发展规划》《湖南省环境治理技术及应用产业"十四五"发展规划》，积极打造新能源与节能产业集群，推动构建以高端装备制造业为主导、环境治理服务为支撑、创新要素协同推进的新型环境治理产业发展体系。四是推广应用一批绿色、节能、环保产品装备，助推产业绿色低碳发展。

2023年，湖南省工信厅将全面贯彻党的二十大精神和习近平总书记对湖南重要讲话重要指示批示精神，认真落实和推动制造业高端化、智能化、绿色化的要求，守正创新，积极推进湖南省工业绿色低碳发展，提升产业企业综合竞争力，在积极推进中国式现代化的伟大征程中，取得新突破，贡献新力量。

B.4
推动山水林田湖草沙系统治理
迈出生态文明建设新步伐

湖南省自然资源厅

摘　要： 湖南省坚持以习近平新时代中国特色社会主义思想为指导，深入践行习近平生态文明思想，牢固树立绿水青山就是金山银山理念，统筹推进国土空间规划、耕地保护和土地节约集约利用、自然资源调查监测、自然资源资产产权、生态保护修复、矿业转型绿色发展、生态环境突出问题督导整改等相关工作，坚持山水林田湖草沙一体化保护和系统治理，全面筑牢自然资源领域生态文明建设基底，认真落实生态文明建设重点任务，迈出了自然资源领域生态文明建设新步伐，提出 2023 年重点推进层层传导空间规划引领与管控、久久为功打好耕地保护持久战、全过程推动自然资源节约高效利用、加快推进矿业绿色高质量发展、高标准实施生态修复工程、持续推进突出生态环境问题整改等工作。

关键词： 国土空间　生态修复　生态文明建设

　　党的二十大报告指出："大自然是人类赖以生存发展的基本条件。尊重自然、顺应自然、保护自然，是全面建设社会主义现代化国家的内在要求。必须牢固树立和践行绿水青山就是金山银山的理念，站在人与自然和谐共生的高度谋划发展。"同时强调："我们要推进美丽中国建设，坚持山水林田湖草沙一体化保护和系统治理。"2022 年，湖南省自然资源厅深入践行习近平生态文明思想，牢固树立绿水青山就是金山银山发展理念，站在人与自然和谐共生的高度谋划发展，坚持山水林田湖草沙一体化保护和系统治理，迈出了湖南省自然资源领域生态文明建设新步伐。

一　2022年湖南自然资源系统生态文明建设工作情况

（一）全面筑牢自然资源领域生态文明建设基底

一是积极推动国土空间规划体系建设。统筹划定全省"三区三线"。按照耕地和永久基本农田、生态保护红线、城镇开发边界的顺序，较高质量完成"三区三线"划定并正式启用成果，将其作为调整经济结构、规划产业发展、推进城镇化不可逾越的红线。规划到2035年，全省耕地保护任务5373.96万亩、永久基本农田保护任务4804.65万亩、生态保护红线418.89万公顷（占全省面积的19.77%）、城镇开发边界65.1万公顷。编制完成省级国土空间规划并上报国务院。将"共抓大保护、不搞大开发"理念贯彻省市县三级国土空间规划编制始终，突出生态优先、绿色发展。持续对接全国国土空间规划纲要、省级层面行业专项规划，编制形成省级国土空间规划，已通过省人大常委会审议，并上报国务院；强化主体功能区战略，在"双评价"基础上，结合"三线一单"管控，提出县级主体功能区优化调整方案，纳入省级国土空间规划一并上报国务院。整合现有各级各类国土空间规划，基本建成全省国土空间规划"一张图"，坚持国土空间的唯一性，在国土空间规划"一张图"上协调各类矛盾冲突，实现"多规合一"，做到"数、线、图"一致。系统推进专项规划编制。会同湖南省发展和改革委员会制定32项省级国土空间专项规划目录清单和65项市县国土空间专项规划目录建议清单，印发《湖南省省级国土空间专项规划编制审批通则（试行）》。系统推进长株潭都市圈、洞庭湖生态经济区、耕地保护、生态修复、矿产资源等省级国土空间专项规划编制。全面推进"多规合一"实用性村庄规划工作，要求各地严格按照城郊融合、农业发展、生态保护、特色保护、集聚提升等五项功能分类推进村庄规划，用规划导向落实生态保护要求。

二是扎实推进耕地全程一体化保护。采取"长牙齿"的硬措施，坚决落实最严格的耕地保护制度。全面推行田长制。湖南省委、省政府于2022年8月30日印发《关于全面推行田长制严格耕地保护的意见》，并召开全省田长制新闻发布会。起草田长制成员单位责任分工方案、田长制工作制度并征求了相关部门意见。加快建立田长体系，打通耕地保护"最后一公里"。下发划分田长网格的通知，指导县市区划好网格，落实网格田长；组建田长办工作保障专班。全省14个市州和122个县市区均出台实施意见，已有1983个乡镇、27335个村建立田长制，设立网格田长225388个。全省田长制"一平台三终端"已投入试运行。进一步压实耕地保护责任。将耕地保护纳入市州绩效考核评估范围，作为真抓实干督查激励事项。在全省自然资源工作会议上带位置将5431.71万亩的耕地保护底线目标下达乡镇、村组。在湖南省政府全会上分解下达2022年5431.71万亩耕地保护目标、4812万亩永久基本农田保护目标和50万亩年度恢复耕地计划。召开湖南省落实耕地保护责任确保粮食安全视频会，湖南省委常委、副省长张迎春出席会议并讲话。7位厅领导带队赴全省14个市州开展耕地保护专项督导。严格规范耕地占补平衡管理。研究新要求下的全省新增耕地全过程管理文件，将新增耕地后期管护纳入卫星监测，对于"非农化""非粮化"的，下发市县整改或剔除。加大对自然资源部移出占补平衡库补充耕地项目整改攻坚力度，加强对各地的指导督导并通报。全力服务稳经济大盘，2022年保障新新高速、大唐华银、犬木塘水库等14个项目建设补充耕地数量15677.025亩、水田规模11171.85亩、粮食产能829.08万公斤，其中省级保障重大项目和农民建房数量指标6375.87亩、水田规模4864.07亩、粮食产能289.62万公斤。开展长沙机场改扩建工程占用耕地耕作层剥离再利用，建设方共安排7000余万元，对43万立方米耕作层实施剥离，转运至浏阳市对1700亩耕地进行提质改造。全面实施耕地进出平衡。印发《湖南省自然资源厅关于严格落实耕地进出平衡的通知》（湘自资发〔2022〕15号），严控耕地转为林地、草地、园地及其他农业设施用地，并在全国率先建立耕地进出平衡制度和监管系统。加大耕地恢复力度，各地上报完成恢复耕地施工 57.86 万亩，为年度计划的 115.72%。湖南省耕地进出平衡管理工作被自然资源部通报肯定。

三是深化应用调查监测成果。经过层层汇交、审核，第三次国土调查省级成果对外公布，湖南省 14 个市州、122 个县市区完成公布，查清了全省 2067 万个图斑的国土利用现状，形成了全省统一的底图底数。与铁塔公司签订战略协议，部署开展铁塔视频监测，推进长株潭绿心地区和 20 个先行县铁塔视频安装和应用。截至 2022 年 12 月底，全省已安装摄像头约 4200 个，攻克了智能发现抓取违法违规问题、智能定位、智能预警等相关技术，实现了常态化应用。更大力度统筹多源影像数据，实现 1 米分辨率影像季度覆盖、0.5 米分辨率影像年度覆盖、重点区域视频监测覆盖。"1+N"监测应用从耕地保护、违法行为发现等领域，向河湖长制、粮食种植、绿心保护拓展深化，为生态文明建设提供基础保障。

四是稳定推进重点区域自然资源统一确权登记。印发《湖南省自然资源厅关于做好湘资沅澧"四水"干流自然资源统一确权登记的函》，组织实施省本级"四水"干流自然资源确权登记。组织开展《湖南省自然资源确权登记技术规范（自然保护地）》《湘资沅澧"四水"干流自然资源确权登记登记单元划分规则》等相关技术规范的研究。

五是持续深化自然资源资产制度改革。编制完成全民所有自然资源资产所有权委托代理机制试点实施方案和资源清单，下发试点地区实行；编制完成试点中期评估报告并报自然资源部。完成常德试点地区全民所有自然资源资产实物量清查和价格体系建设工作，组织开展全省全民所有自然资源资产清查及常德试点地区全民所有自然资源资产平衡表编制试点工作。

（二）认真落实生态文明建设重点任务

一是扎实推进国土空间生态保护修复。坚持做好生态保护修复规划顶层设计。坚持规划导向、目标导向，全面推进山水林田湖草沙一体化保护和系统治理，站在人与自然和谐共生的高度谋划发展。经省人民政府同意，2022

年编制印发《湖南省国土空间生态修复规划（2021—2035年）》，系统提出规划期内全省生态保护修复目标任务、空间布局、重大工程和政策措施，努力构建全省生态保护修复工作的一盘棋和路线图。积极推进重点项目申报实施。全力推进"十四五"期间第二批山水林田湖草沙一体化保护和修复工程项目申报和实施。提前谋划，积极协调省财政、生态环境、水利、住建、农业农村、林业部门和岳阳、常德、益阳三市，构建"7+3"统筹机制，牵头组织编制实施方案。先后5次提请省政府专题研究项目申报；2022年4月26日，精心组织参加国家竞争性评审，湖南长江经济带重点生态区洞庭湖区域山水林田湖草沙一体化保护和修复工程成功申报并获中央财政20亿元资金支持。2022年7月27日，提请湖南省委常委、副省长张迎春组织召开推进部署电视电话会。积极履行指挥部办公室职责，加强制度建设，推动建立由各级指挥部及部门专项小组组成的项目实施组织体系。2022年9月，以7个厅局名义印发《湖南长江经济带重点生态区洞庭湖区域山水林田湖草沙一体化保护和修复工程项目实施指导意见》。有序推进湘桂岩溶地资江、沅江上游历史遗留矿山生态修复示范工程项目申报和实施。认真组织研究申报区域、实施范围、特色亮点，指导实施方案编制。三次组织对项目陈述答辩词、PPT进行修改完善。2022年6月9日，组织参加国家竞争性评审，成功获得中央财政3亿元资金支持。联合湖南省财政厅批复项目实施方案，召开部署推进会，积极推动项目实施。持续做好湘江流域和洞庭湖生态保护修复工程试点后续工作。分批次对五大矿区7个县市开展省级验收整改情况现场督导和技术指导，督促五大矿区相关市县加快完成整改。下达五大矿区验收批复，积极做好资金监测监管工作，确保中央资金执行率达到100%。深入抓好矿山生态保护和修复。全面完成全省历史遗留矿山核查工作。全省核查数据质量排名全国第六，全省历史遗留矿山未治理面积达10917公顷。编制《湖南省历史遗留矿山生态修复实施方案（2022—2025年）》。明确"十四五"期末全省完成7000公顷历史遗留矿山生态修复任务。协调省级财政安排1.86亿元实施省级历史遗留矿山生态修复项目。督促完成1242公顷历史遗留矿山生态修复任务，并纳入全省2022年深入打好污染防治攻坚战考核范围。截至 2022 年 11 月底，14 个市州 116 个县市区全部完成验收销号。组织开展 2023 年省级历史遗留矿山生态修复项目储备。2022 年 7~9 月，会同湖南省财政厅审查确定 25 个项目纳入 2023 年省级财政支持范围。召开推进视频会，要求 2022 年 12 月 9 日前完成勘察设计、财政评审，以财评结果为基数下达启动补助资金，抢抓施工黄金期。持续推进关闭矿山和生产矿山生态修复。2022 年底前，要求各市州完成有责任主体废弃矿山 40% 以上面积的生态修复任务。截至 2022 年 12 月 10 日，14 个市州全部完成任务。组织开展矿山生态修复"双随机、一公开"监管抽查，推动做好矿山生态修复年度验收和分期验收。创新矿山市场化生态修复机制。印发《湖南省探索利用市场化方式推进历史遗留矿山生态修复实施办法》，制定土地资源使用权、特许经营权、指标流转收益权、废弃土石料合理利用等激励政策，积极吸引社会资金投入，缓解历史遗留矿山修复任务重、财政资金投入不足的压力。大力推广桂阳县市场化运作、科学化治理的矿山生态修复新模式，实现经济效益、社会效益和生态效益的有机统一。

二是加快推进矿业发展向绿色高质量转型。严格落实矿业转型发展制度体系要求，加快推进全省矿业发展向绿色高质量转型。优化矿业开发布局。强化源头管控，同步编制省市县三级矿规，省级矿规已经省人民政府同意，准备正式发布实施，14 个市级矿规全部完成省级审查，已批复县级砂石土矿专项规划 95 个。调整开发结构，鼓励开发国家战略资源以及产业发展、民生所需等重点矿种；限制煤、铁、钒、石膏、硫铁矿开采，逐步退出砖瓦用黏土矿；禁止开采可耕地砖瓦用黏土矿，全面退出石煤和汞矿。巩固重点专项整治成效。加强"三个清单"管理，推进"三个到位"，持续巩固砂石土矿专项整治成效。截至 2022 年 12 月底，全省关闭砂石土矿 2607 个，总数减少至 997 个，关闭矿山做到矿权注销到位、采矿设施拆除到位、生态修复到位（或落实自然恢复为主的政策，编制生态修复方案，明确责任主体和期限）。扎实推进绿色矿山建设。绿色矿山建设写入省第十二次党代会报告和省十三届人大五次会议政府工作报告。截至 2022 年 12 月底，湖南省共建成绿色矿山 449 家。新设采矿权在出让合同中明确严格按照湖南省绿色矿山标准要求进行规划、设计、建设和运营管理，经验收合格后方可投入生产。为保证全省绿色矿山建设质量，从2022年2月开始，开展绿色矿山"回头看"工作，对照绿色矿山标准，对已建成的绿色矿山进行全覆盖实地检查。针对检查发现的问题，提出整改措施，要求限时整改；对问题较严重的矿山，暂时移出绿色矿山名录，问题整改到位后，重新评估合格后再予入库。强化矿产资源监管。持续开展月清"三地两矿"工作，通过卫星监测、日常巡查、群众举报等多种方式加强对生产矿山的监管，严厉整治无证开采、持过期采矿许可证开采、越界开采等非法采矿行为。2022年以来，省级对审核中发现存在疑问的84个矿山图斑进行了实地核查，发现违法图斑24个，其中越界开采13个，无证开采11个。配合做好花垣县"锰三角"矿业污染综合整治。每月调度工作进展，3次实地调研，4次专题研究，组织湖南省地质院30名专业技术人员历时10个月完成花垣县"锰三角"3类地质调查并出具初步成果报告。按照《花垣县"锰三角"矿业污染综合整治规划（2022—2025年）》《花垣县"锰三角"矿业污染综合整治实施方案（2022—2025年）》要求，完成年度整改目标。

三是深入开展生态环境损害赔偿和生态环境突出问题整改。持续推进生态环境损害赔偿工作。印发《关于做好2022年全省自然资源领域生态环境损害赔偿案件线索筛查和相关工作的通知》，组织开展线索筛查，交办4批案件线索，将自然资源领域生态环境损害赔偿纳入常态化管理。截至2022年12月底，湖南自然资源系统筛查案件线索201条，办结案件149件，案涉赔偿金额1907.95万元，恢复耕地232亩，修复林草地732亩。扎实开展生态环境突出问题整改。对牵头督导整改的生态环境问题先后开展20次现场督导，报送整改进展22次，完成娄底市砂石土矿超采、张家界采砂制砂、溆浦县硅砂矿、新化县中环公司破坏环境等5个生态环境问题的督导整改并报送销号。完成22个长江经济带生态环境"举一反三"自查问题的整改销号。高质量完成了牵头督导生态环境问题整改、长江经济带生态环境突出问题整改省级督察、防范和化解重大生态环境风险隐患"利剑"行动省级专项督察、污染防治攻坚战"夏季攻势"专项督导、"洞庭清波"专项行动等系列专项督导工作，同时针对问题推进整改进展缓慢的市，下发督办函和提示函，有效保障了整改成效和进展。

二　2023年湖南自然资源系统重点工作

2023年，将进一步深入学习贯彻党的二十大精神，坚持用党的二十大精神指导推动工作，踔厉奋发，笃行不怠，努力推进自然资源领域生态文明建设，积极服务全省高质量发展。

（一）层层传导空间规划引领与管控

一是共同维护空间规划权威。推动各地落实党政责任，加强部门协调配合，落实"统一底图、统一标准、统一规划、统一平台"要求，防止规划各行其是，共同维护空间规划体系权威。二是持续优化国土空间格局。统筹落实区域协调发展战略、区域重大战略、主体功能区战略、新型城镇化战略，推动形成承载多种功能、优势互补、区域协同的主体功能综合布局。全面实施《湖南省国土空间规划（2021—2035年）》。全面完成市县级国土空间总体规划编审和乡镇国土空间规划编审，村庄规划应编尽编。编制实施长株潭都市圈、洞庭湖生态经济区等重点区域空间规划。发挥省级协调机制作用，推动实施绿心中央公园和湘江科学城规划，启动38个重点项目，重点推进奥体中心、花博园、神农百草园和湘江科学城核心区片区规划建设，长株潭三市和湘江新区落实主体责任、强化大局观念，一盘棋推动规划传导落地，努力打造一批示范工程。三是强化空间规划实施监督。严格落实"三区三线"控制指标和空间管控要求，将其作为不可逾越的红线。完善空间规划"一张图"实施监督系统，将各级空间规划和专项规划成果及时上图入库。改革和完善详细规划编制实施管理制度，加强省对市县规划实施监管，规范规划许可，强化对县域规划的引领约束和风貌管控，促进县乡村基础设施和公共服务统筹衔接。探索开展空间规划专项督察。

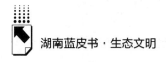

（二）久久为功打好耕地保护持久战

一是以田长制为抓手落实党政同责。全面推进田长制各项制度落地见效，实行六级田长一码管地，支持各地探索建立基层田长、林长、河湖长经济补偿统筹机制。推动建立党政同责、刚性考核、一票否决、终身追责的考核奖惩机制，推动耕地保护与粮食安全责任书层层签订、统筹落实。二是全面落实"两平衡一冻结"。各类建设要不占或少占耕地，确需占用的，必须落实占补平衡，确保补充耕地数量相等、质量相当、产能不降。完善补充耕地全过程管理机制，坚持质量第一、熟地入库、带作物验收。探索国省重大项目耕地占补平衡指标省级统筹机制。严格控制耕地转为其他农用地，确需使用耕地的，必须落实进出平衡，实行"总量平衡、以进定出、清单管控、一月一清"，不局限于年底算总账。违法占用耕地先冻结耕地指标，并限期整改、补充到位。三是坚决落实"良田粮用"大原则。2023年6月底前，省市县要编制实施耕地保护专项规划，优化耕地布局，坚持"米袋子"优先、"菜篮子"调优、林果业上山，使各类农业生产各得其所。树立大食物观，落实耕地利用优先序，永久基本农田重点用于粮食生产，一般耕地优先用于粮棉油糖蔬等农产品生产。科学规划恢复耕地空间，留出过渡期，推动"三调"查清的"可恢复耕地"逐步复耕。四是深入推进违法用地"双零"行动。全面开展耕地"非农化""非粮化"专项整治，坚持依法依规、分类施策、疏堵结合、上下联动、合力推进、持续发力，推动各类问题按时限要求有计划整治恢复。

（三）全过程推动自然资源节约高效利用

严格建设项目用地审查，核减功能分区设置不合理、指标适用条件不规范的用地申请。单位GDP建设用地使用面积同比下降4%。推动不同产业用地类型合理转换，增加混合产业用地供给，促进城镇低效用地再开发，鼓励立体开发，用"地下"换"地上"。完善"增存挂钩"机制，全省批而未供、闲置土地处置率分别达到30%、55%以上，土地供应增量和存量各按50%控制。深化节约集约示范县创建，推广一批节地典型。提高矿产资源利用效率，严格执行新建、扩建矿山最低开采规模设计标准。推进共伴生矿产综合开发利用，实现有用组分梯级回收。鼓励矿山尾矿和废石资源化利用，生产矿山综合利用尾矿、废石资源要有偿处置到位。建立矿产资源开发利用常态化调查评价制度。

（四）加快推进矿业绿色高质量发展

提请湖南省政府出台推进矿业绿色高质量发展的意见。抓好省市县三级第四轮矿产资源规划实施管理。实施战略性矿产找矿突破五年行动，开展金、锂、钴、锑、锰等战略性矿种以及铅锌、玻璃用石英、重晶石等优势矿种勘查，公开出让一批商业性探矿权，支持已有矿山深部找矿。深化"矿产保供"行动，新投放矿业权50个以上，科学管控涉锂矿权投放。完善"招拍挂"出让办法，强化"净矿"出让。严格新设采矿范围实地核查，从源头上保护生态环境、防范安全隐患。按照"政府主导、企业主建、标准引领、全面推进"原则，加快推进绿色矿山建设。新建矿山必须严格执行绿色矿山标准，对标第二轮中央生态环境保护督察要求开展绿色矿山再"回头看"。督促市县加强绿色矿山日常监管，确保绿色矿山标准不降低，发现问题及时整改到位。压实矿山企业生态修复主体责任，全面实行矿山生态保护修复年度评估。

（五）高标准实施生态修复工程

加快实施洞庭湖山水项目和邵怀矿山生态修复国家项目，督促各级政府和各相关部门切实抓好落实，加强资金筹措，强化项目周期监管，确保实施进度、工程质量和资金安全。推动将历史遗留废弃矿山生态修复纳入污染防治攻坚战考核，确保有责任主体废弃矿山生态修复任务完成85%以上。督促各级政府抓实生态保护修复规划监督实施，制定具体方案。因地制宜打造一批带动作用强、群众受益广、经得起历史检验的样板项目。

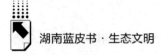

（六）持续推进突出生态环境问题整改

持续做好第二轮中央环保督察反馈的 1 个牵头主责和 4 个牵头督导整改问题以及长江经济带生态环境警示片披露的 5 个牵头督导整改问题的整改督导任务。配合做好"洞庭清波""利剑行动"和"锰三角"矿业污染问题整改。继续开展自然资源领域生态环境损害赔偿工作。

B.5

深入推进人与自然和谐共生中国式现代化
推动全省生态环境保护工作迈上新台阶

——2022年湖南生态环境保护工作情况及展望

湖南省生态环境厅

摘　要： 本文综述了2022年湖南省生态环境保护工作的主要成效，总结了"八个始终坚持"的实践经验，指出了存在历史欠账较多、生态环境质量还不够稳定、生态环境问题比较突出等不足。为推进2023年湖南省生态环境保护工作迈上新台阶，提出了全面加强党的建设、推进绿色低碳发展、深入打好污染防治攻坚战、推进突出生态环境问题整改、服务推动高质量发展、加强生态保护修复、加强生态环境监管执法、防范化解生态环境风险、加强生态环境监测、提升生态环境治理水平等重点举措。

关键词： 生态环境保护　污染防治攻坚战　减污降碳　绿色发展　低碳发展

2022年是党和国家历史上极为重要、极不平凡的一年。党的二十大胜利召开，擘画了全面建成社会主义现代化强国、以中国式现代化全面推进中华民族伟大复兴的宏伟蓝图，全党全国人民团结一致，满怀信心，更加振奋。一年来，在湖南省委、省政府正确领导下，湖南省生态环境厅深入学习贯彻党的二十大精神，全面落实"疫情要防住、经济要稳住、发展要安全"

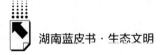

要求,发扬"闯"的精神、"创"的劲头、"干"的作风,顶住压力、奋勇拼搏,各项任务顺利推进,重点工作成效明显。

一 2022年湖南生态环境保护工作
主要成效及经验

(一)党的建设全面加强

坚持党建引领,落实厅党组"第一议题"制度,认真抓好党的二十大精神学习贯彻,开展"生态文明大讲堂"和青年干部理论学习活动。落实意识形态责任制。建立调度、督办、考核等机制,推动中央巡视反馈问题整改到位,确保湖南省委、省政府领导批示指示落实到位。制定清廉环保建设、清廉文化建设工作方案、考核细则,开展"违规收送红包礼金"等专项整治,组织两轮政治巡察及"回头看",开展"一支部一品牌"创建。

(二)污染防治攻坚有力

湖南省委、省政府制定出台《关于深入打好污染防治攻坚战的实施意见》,部署八大标志性战役。连续六年发动"夏季攻势",全省3649项任务全部完成。开展洞庭湖总磷污染控制与削减攻坚,完成324个年度重点项目治理、民生实事1000个农村饮用水水源地环境问题整治。深化工业污染治理、移动源污染整治,加强特护期大气污染治理,建立"五个一"调度推进机制。推进农用地土壤镉等重金属污染源防治行动,开展耕地土壤污染成因排查和受污染耕地安全利用。完成全省640个关闭矿山矿涌水污染现状调查及评估、617个建制村农村生活污水和70条农村黑臭水体治理任务。强力推进花垣"锰三角"矿业污染综合整治,加强资江流域锑污染治理、新污染物治理、重金属污染防控,污染防治攻坚战向纵深推进。

（三）问题整改成效明显

加强督察机构队伍建设。统筹推进各类突出生态环境问题整改，严格落实整改销号制度，建立"联片包干""精准画像"工作机制，拍摄制作《2022 年湖南省生态环境警示片》，落实交办、督办等"六步"工作法，较真碰硬抓整改。中央交办 244 个问题完成整改 202 个，益阳市下塞湖整治案例入选党的二十大"奋进新时代"主题成就展中央综合展区。常德市石板滩石煤矿污染整治、洞庭湖生态环境综合整治被中央督察办选为督察整改正面典型，《人民日报》和中央电视台等媒体相继刊播。

（四）服务发展积极有为

围绕"三大支撑八项重点"，制定出台稳经济一揽子措施。推进产业园区调扩区规划环评，主动服务省重点项目建设，开展百名专家下基层帮扶活动。落实"金芙蓉"跃升行动，新增环保上市企业 3 家。建立正面清单制度，1163 家企业纳入清单，探索"轻处罚"机制，实施"不打扰"监管。修订固体（危险）废物审批事项程序规定，开展危险废物"点对点"定向利用经营许可豁免管理试点。强化争资立项，争取中央环保专项资金 31.87 亿元，土壤、水污染治理资金争取位于全国第 1、第 2 位。落实湖南省委"办会兴城"部署，与张家界、郴州开展厅市共建，助力打通"两山"转换通道。

（五）环境安全有效保障

开展"利剑"行动，全省 7040 个风险隐患完成整改或实现风险降级；组织"利剑"行动专项督察，在华南及西北片区突发环境事件风险隐患排查整治工作会上做典型发言。出台重点企业污染防治工作方案，对全省 981 家医疗机构废水处置进行排查整治。推进危废专项整治三年行动，7097 个问题完成整改销号。持续推进固定污染源、环境质量监控、电力监控、视频监控建设，完善"四位一体"监控体系。有效应对长沙比亚迪废气排放舆

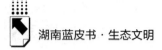

情事件，积极应对处置蓝藻水华问题。加强核与辐射监管，确保全省核与辐射环境安全，守住了环境安全底线。

（六）生态创建成果丰硕

会同有关部门成功申报第三批山水林田湖草沙项目。湖南新增国家生态文明建设示范区、"两山理论"实践创新基地位居全国前列。持续巩固省级"绿盾"自然保护地生态环境监管长效协调机制，在全国自然生态保护工作会议上做典型发言。湖南省委、省政府出台《关于进一步加强生物多样性保护的实施意见》，推动提升生态系统多样性、稳定性、持续性。

（七）减污降碳协同增效

湖南省生态环境厅联合7个省直部门出台《湖南省减污降碳协同增效实施方案》。湖南成功举办2022年亚太绿色低碳发展高峰论坛，湘潭市成功争取全国首批气候投融资试点。对全省拟建、在建、已建的20个"两高"项目进行清单管理，遏制"两高一低"项目盲目上马。积极推动生态环境导向开发（EOD）模式试点项目开展。在全国碳市场建设工作会议上做经验交流。完成四项主要污染物年度减排任务。

（八）特色工作亮点纷呈

推动生态环境损害赔偿制度改革，全省共启动办理案件1508件，涉及赔偿金额1.4亿元。湖南省环科院获1项国家自然科学基金项目，2项技术获得全国有色金属工业科学一、二等奖。湖南省"三线一单"、入河排污口整治、成立首个省级生态文学分会等工作得到生态环境部的高度肯定和推荐。开展最美基层环保铁军人物评选，涌现了全国"五一劳动奖章"获得者邱帅、全国青年岗位能手刘妍妍、"全国最美基层环保人"黄斌等先进典型。

2022年以来，通过各级各方面的共同努力，全省生态环境质量持续改善。全省水环境质量取得重大突破：147个国考断面水质优良率达98.6%，位居中部第一；洞庭湖总磷浓度下降到0.06毫克/升，西洞庭湖水质连续两年达到Ⅲ类，南洞庭湖首次达到Ⅲ类；全省 32 个市级饮用水水源水质达标率为 100%，这是 2016 年国考以来首次全达标；永州、张家界、怀化、邵阳 4 个市水环境质量进入全国前 30 名。全省空气质量有新进步：PM2.5 平均浓度下降到 34 微克/米^3，优于国家下达的 36.3 微克/米^3 指标；重污染天气比例 0.2%，同比下降 60%；8 个城市环境空气质量达到国家二级标准，其中湘西达到国家一级标准；全省六项污染物浓度均值连续三年稳定达标。

2022 年的工作实践，进一步深化了对生态环保工作的规律性认识，积累了一些经验。一要始终坚持深学笃用习近平生态文明思想。湖南省始终把习近平生态文明思想和习近平总书记对湖南重要指示批示精神作为根本遵循，在习近平生态文明思想中找方法、找答案。二要始终坚持党建引领。湖南省通过不断擦亮"党建红"引领"生态绿"品牌，确保了生态环境保护正确方向。三要始终坚持人民至上。湖南省通过把解决群众身边环境问题摆上重要位置，赢得了人民群众的认可、支持和参与，为生态环境保护工作提供了无穷动力。四要始终坚持问题导向。湖南省通过坚持有什么问题解决什么问题，什么问题重要优先解决什么问题，补短板、强弱项、打基础，推动工作整体提升。五要始终坚持系统观念。湖南省通过主动把环境保护工作融入经济社会发展全局，以减污降碳协同增效为抓手，强化源头防控，推动绿色发展。六要始终坚持构建大环保格局。湖南省通过建立健全省生环委、省督察和整改工作领导小组等高位统筹推进机制，有力推动了各级党委、政府和职能部门齐抓共管、奋力攻坚。七要始终坚持团结奋斗。全省一盘棋，心往一处想，劲往一处使，齐心协力、共同奋斗、携手并进，凝聚了打赢污染防治攻坚战合力。八要始终坚持能力支撑。湖南省以"四严四基"为抓手，通过建立健全督察整改、生态补偿、生态损害赔偿等制度机制，为打赢污染防治攻坚战提供了能力支撑。

二　湖南生态环境保护工作存在的问题与不足

一是生态环境历史欠账较多。湖南是有色金属大省、传统农业大省，重化工产业比重较高，农业面源污染比较重，重金属污染治理、尾矿库治理、土壤和矿山修复等仍然是突出任务。二是生态环境质量还不够稳定。2022 年，全省空气优良率低于国家考核目标 1.7 个百分点，2023 年 1 月以来，受多重不利因素影响，重污染天数、PM2.5 平均浓度大幅上升，优良天数比例大幅下降。大通湖、珊珀湖等内湖水质还超过 Ⅲ 类，其中大通湖总磷超标 0.88 倍，水质为 Ⅳ 类，华容河、黄盖湖、蒸水、武水等水体水质还不稳定。三是生态环境问题比较突出。2021 年度中央污染防治攻坚战考核结果，反映出全省存在自然保护地问题整改不到位、重点建设用地违规开发等问题；2022 年长江经济带警示片披露湖南 11 个问题，反映出个别地方仍然存在思想认识不到位、责任压得不够实、工作标准不够高等问题。

三 2023年湖南生态环境保护工作计划

（一）全面加强党的建设

湖南省生态环境厅把学习宣传贯彻党的二十大精神作为首要政治任务，落实全国生态环境保护大会会议精神，召开全省生态环境保护大会，推动党的二十大精神在全省生态环境系统落地生根、见行见效。以党的政治建设为统领，牢固树立政治机关意识，组织开展政治巡察，增强"四个意识"，坚定"四个自信"，忠诚拥护"两个确立"，坚决做到"两个维护"，不断提高政治判断力、政治领悟力、政治执行力。全面落实意识形态工作责任制。建设模范政治机关。严格落实中央八项规定及其实施细则，抓好清廉考核督导、清廉文化建设，建设清廉环保。抓实"三表率一模范"机关创建，推进"四强"党支部建设。严肃党内政治生活，发挥好党建带群团组织功能。树立选人用人正确导向，选拔忠诚干净担当的高素质专业化干部；加强干部调研考核，畅通干部交流渠道，探索推动干部常态化交流，加大年轻干部培养选拔力度。

（二）推进绿色低碳发展

推进美丽湖南建设，启动美丽湖南建设规划纲要编制，组织美丽湖南建设市县先行试点，开展"十四五"规划中期评估。落实《湖南省减污降碳协同增效实施方案》，积极稳妥推进碳达峰行动。完成"三线一单"动态更新和落地应用，推进生态环境分区管控实施情况跟踪评估机制等配套措施建设。推动危险废物优先资源化利用，持续推进塑料污染治理，推广绿色低碳技术，倡导绿色低碳生活，加强资源节约利用。组织落实"十四五"应对气候变化重点任务，做好全国碳市场第二个履约周期管控工作，指导开展气候投融资试点。

（三）深入打好污染防治攻坚战

深入打好蓝天保卫战，组织开展重污染天气消除、臭氧污染防治、柴油货车污染治理等标志性战役；落实《湖南省大气污染防治攻坚行动工作方案》《长株潭及传输通道城市环境空气质量达标攻坚行动计划》，开展"守护蓝天"行动。深入打好碧水保卫战，以"一江一湖四水"为主战场，扎实推进长江保护修复、洞庭湖总磷、城市黑臭水体治理等标志性战役；继续推进"千人以上"饮用水水源地问题整治，开展入河排污口整治，加强枯水期水生态环境管理，做好重点湖库蓝藻水华防控。深入打好净土保卫战，推进农用地土壤镉等重金属污染源头防治行动，开展重点县市受污染耕地土壤重金属成因排查，加强重点建设用地安全利用监管，强化建设用地准入管理，推进土壤污染防治先行区、地下水污染防治试验区建设。打好农业农村污染防治攻坚战，完成 700 个农村生活污水和 93 条黑臭水体治理任务。推进长沙、张家界"无废城市"建设，推进危险废物监管和利用处置能力改革，落实重点重金属排污许可制，加强花垣"锰三角"矿业污染综合治理，开展新污染物环境信息调查，加强矿涌水污染管控治理。持续发起"夏季攻势"，集中力量补短板、强弱项。

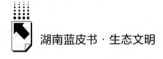

（四）推进突出生态环境问题整改

统筹推进中央生态环境保护督察、长江经济带生态环境警示片指出问题；全国人大和湖南省人大常委会执法检查反馈问题；全国政协和省政协长江生态环境保护民主监督反馈问题；中央巡视湖南"回头看"、国务院大督查、审计发现问题；湖南省生态环境保护督察、省生态环境警示片指出问题；以及中央和省领导批示问题整改，加强调度督办，严格落实整改销号制度，确保按时保质完成年度整改任务，严防整改不力、虚假整改和问题反弹回潮而影响污染防治攻坚战考核。启动对市州党委、政府的第二轮省生态环境保护例行督察，对湖南省属重点企业探索开展例行督察，拍摄2023年湖南省生态环境警示片。推动出台督察整改工作实施办法等系列文件，进一步健全完善督察整改长效机制。

（五）服务推动高质量发展

组织开展"春风行动"，落实推动经济高质量发展的十条措施，组织湖南省厅市会商、百名专家下基层、对企开放接待日等活动。持续推进"五好"园区建设，推进园区环境污染第三方治理工作，开展产业园区规划环评和跟踪评价，加快园区环境基础设施建设，积极创建国家生态工业园区。深化环评"放管服"改革，落实环评审批"三本台账"和重大项目环评要素保障机制，探索审批权限动态管理。加强环保上市后备企业指导帮扶，鼓励企业与高校科研院所合作开展技术攻关，推介企业先进生态环境污染治理技术，加大政银企合作力度。积极增资立项，开展中央生态环境资金预储备项目清单编制试点，稳步推进生态环保金融支持项目储备库建设。

（六）加强生态保护修复

组织实施好与生态环境系统相关的洞庭湖区域山水林田湖草沙一体化保护和修复工程项目，强化资金监管。加强自然保护地和生态保护红线监管，对2017年以来纳入"绿盾"工作台账的问题开展复核，制定湖南省整改销号实施细则。推动修订全省生物多样性保护与战略行动计划，推进生物多样性保护优先区域调查评估，加强生物多样性保护工作宣传力度。配合做好第二、第三批国家生态文明建设示范区复核，以及第七批国家生态文明建设示范区、"两山"实践创新基地遴选，开展第五批湖南省生态文明建设示范区评选与命名，以及第一批省生态文明建设示范区复核。

（七）加强生态环境监管执法

开展枯水期、特护期等专项执法行动，推进排污许可清单式执法，组织开展第三方环保服务机构弄虚作假问题专项整治行动。强化"两法"衔接，严厉打击涉危险废物、自动监控数据造假、涉重金属污染等环境违法犯罪行为。加强基层执法能力建设，推进全省生态环境保护综合行政执法队伍机构规范化建设，开展执法大练兵、大比武活动。加大举报奖励实施力度。

（八）防范化解生态环境风险

持续开展"利剑"行动，对湖南省重点领域、重点行业、重点区域全面开展生态环境风险隐患排查，消除安全隐患。建立健全流域水污染事件应急体系，形成重点河流环境应急"一河一策一图"等工作成果。开展危险废物专项治理行动，持续开展危险废物规范化环境管理评估；扎实开展尾矿库污染治理"回头看"和历史遗留渣堆污染问题整治。严格核与辐射安全措施，顺畅运行核安全协调机制，加强重点核技术利用单位的辐射安全监管，加强核与辐射的执法、监测和应急能力建设。

（九）加强生态环境监测

持续推进湖南省级生态环境监测能力提升项目建设实施，加快推动智慧监测试点应用落地。加强监测数据收集运用和分析研判，强化环境风险预测与预警，组织环境质量会商。加强生态环境监测质量监督检查工作，确保数据"真准全"。重点加强县级生态环境监测能力建设，推动县级生态环境监测能力地方标准编制，按规定逐步补充人员力量及仪器装备。

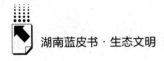
（十）提升生态环境治理水平

推动水污染防治条例等地方立法、地表水非饮用水源地锑环境质量等地方标准制定，加强生态环境保护法律法规宣传普及。做好例行新闻发布工作，办好 2023 年"六五环境日"主场活动。继续推进环保设施向公众开放，组织指导环保自愿服务活动，发挥好湖南省作家协会生态文学分会作用，组织"绿色卫士下三湘"等系列活动。持续做好生态环境大数据资源中心运营，推动部省共建生态环境信息化试点省暨数字政府智慧生态环境项目实施。加强环境应急指挥信息化建设，开展环境应急演练。完成排污许可限期整改"清零"，深化排污权有偿使用和交易，组织 2023 年度排污许可质量核查。深化湖南省以下生态环境机构监测监察执法垂直管理制度改革。持续推进生态环境损害赔偿制度、企业环境信息依法披露制度改革和环境污染强制责任保险试点，完善生态环境补偿等制度。深入开展长江驻点研究"二期"工作，组织污染治理技术攻关。

B.6
助力打好打赢污染防治攻坚战
推进生态文明建设迈上新台阶

摘　要： 湖南省住房和城乡建设厅贯彻落实习近平生态文明思想，坚决扛起"守护好一江碧水"的政治责任，按照湖南省委、省政府工作部署要求，以城乡环境基础设施建设为重点，坚持聚焦重点、统筹谋划、协同推进，在生活污水治理、生活垃圾治理、黑臭水体整治、垃圾填埋场整改、建筑垃圾资源化利用、绿色建造等方面持续用力，住建领域污染防治成效显著。为推动生态环境质量持续向好，提出2023年将进一步加强生态环境突出问题整改、生活污水治理、生活垃圾治理、城市黑臭水体治理、绿色建造和建筑垃圾资源化利用等工作。

关键词： 生态文明建设　城乡环境基础设施　污染防治攻坚战

　　近年来，湖南省住房和城乡建设厅高度重视污染防治工作，将其作为一项重要的政治责任来抓，坚决贯彻落实习近平生态文明思想，按照省委、省政府的决策部署，坚持精准、科学、依法治污，在"洞庭清波"行动的强势推动下，采取了一系列卓有成效的措施，完成了一批有质量、有实效的重大项目，解决了一批长期难以解决的突出环境问题，全面完成污染防治攻坚战阶段性任务，推进生态文明建设迈上了新台阶。

一　湖南污染防治攻坚战的主要工作举措

（一）严格落实部门监管责任

一是坚持高位推动。湖南省住房和城乡建设厅主要领导多次研究部署污水垃圾治理、黑臭水体治理、突出问题整改和住建领域"洞庭清波"专项监督等工作，集中传达学习了全国"两会"、党的二十大关于生态文明建设的决策部署，要求全厅干部职工进一步提高政治站位，牢固树立绿色发展理念，扎实抓好住建领域污染防治工作，切实守护好一江碧水。2022年1月，成立了以厅长任组长的突出环境问题整改工作领导小组，统筹协调推进突出问题整改，形成了强大的工作合力。

二是强化政策引领。2022年以来，先后出台"十四五"污水垃圾处理设施建设行动计划、城市污水管网建设改造攻坚行动、城市黑臭水体治理攻坚战、垃圾分类工作实施意见、加强农村生活垃圾收转运处置体系建设等文件，着眼长远谋划部署污染防治工作。出台县以上城市生活污水处理厂、生活垃圾处理设施运行管理评价管理办法，以评促改，着力提升城市生活污水垃圾处理设施运营管理水平。印发《打造绿色建造"湖南样板"工作方案》《推进高品质绿色建造项目建设管理的通知（试行）》，将绿色建筑、装配式建筑、超低能耗建筑、建筑垃圾减量和资源化利用等绿色发展要求融合到高品质绿色建造项目全过程。

三是多方筹措资金。2022年在市县财政普遍面临较大压力情况下，湖南省住建厅通过积极努力，共争取中央财政资金11.3亿元（山水林田湖草沙一体化工程住建领域项目1.3亿元，株洲市获取国家系统化全域推进海绵城市建设示范城市补助资金10亿元），用于支持城乡污水垃圾治理；下达乡镇污水处理设施建设省级专项奖补资金5.8亿元；会同国家开发银行省分行印发推进开发性金融支持县域生活垃圾污水处理设施建设的通知，国家开发银行湖南省分行全年共支持污水治理项目8个，授信金额35.92亿元，发放贷款 40.56 亿元，全力保障各地城乡生活污水垃圾治理工作。

四是压实工作责任。印发了 2022 年住建领域重要目标任务清单及城市建设管理、村镇建设、建筑垃圾管理和资源化利用工作要点，将污染防治工作纳入年度重点工作，将具体任务压实到岗到人。加大考核和督导力度，将城市污水管网建设、污水集中收集率、垃圾分类、垃圾填埋场整治、垃圾焚烧发电和餐厨垃圾处理设施建设纳入对市州的绩效考核，将黑臭水体整治、乡镇污水处理设施建设纳入河湖长制考核；高频次开展住建领域污染防治工作调研督导，全年共开展调研督导 28 次，交办问题 22 次，并将住建领域污染防治重点工作纳入湖南省纪委监委"洞庭清波"专项监督，倒逼地方主体责任落实。

（二）扎实抓好突出问题整改

高度重视，始终将住建领域生态环境突出问题整改工作作为一项重要政治任务抓紧抓实，制定"问题清单、责任清单、销号清单"，对中央环保督察、长江经济带警示片等反馈的突出问题实行台账管理，逐项明确整改措施、整改时限、责任单位。持续开展厅领导联点督导和第三方技术服务督导，高质量推进现有问题整改，严防已整改问题反弹。严把问题整改销号关，对未达到销号要求的坚决不予销号。通过加强统筹、协调推进、综合治理，推动突出问题整改工作取得了明显成效。截至 2022 年底，针对突出环境问题整改，5 个长江经济带警示片披露问题如期销号，"洞庭清波"专项监督 31 个问题完成整改，纳入"夏季攻势"的 70 个洞庭湖总磷污染控制项目顺利完工，25 座生活垃圾填埋场完成年度整改任务。

（三）强力推进污染防治攻坚

2022 年湖南省深入打好污染防治攻坚战，大力推进绿色建造、城市生活污水垃圾治理、施工扬尘控制、县级城市黑臭水体治理、乡镇污水处理设施建设、建筑垃圾管理和资源化利用等工作。

一是创新推进绿色建造。坚持产品思维导向，创新"EPC+装配式"建筑模式，以高校学生公寓项目为突破口，分类推进高品质绿色建造，建筑工业化加速推进。截至 2022 年底，湖南省城镇新开工装配式建筑面积 2132.36 万平方米，占新建建筑面积比例为 36.47%。

二是持续狠抓城市生活垃圾治理。在生活垃圾分类方面，湖南印发了多个文件规范，进一步明确目标、任务、措施和分工，召开会议、组织培训、开展督导，委托第三方进行垃圾分类工作第三季度工作评估。到 2022 年底，全省各市州生活垃圾分类工作均已达到 2022 年考核要求。在垃圾填埋场整改方面，按照"一场一策"要求制定了专项整治方案，将 25 座填埋场整改纳入污染防治攻坚战"夏季攻势"，高压督促全部完成整改，对前期基本完成整改的 48 座生活垃圾填埋场开展"回头看"，并进行填埋场等级评价，以评促管，各填埋场整改达到年度时序要求。2022 年全年，建成县以上城市生活垃圾治理项目 41 个，其中新建成垃圾焚烧发电项目 5 个，新增处理能力 3600 吨/日，全省城市生活垃圾焚烧能力占比达 80.1%（实际焚烧处理占比 73.6%），相比 2021 年提高了 11.8%。

三是全面强化城市生活污水治理。紧盯市政污水管网设施短板，大力实施县以上城市污水管网建设改造攻坚行动，2022 年全年，全省城乡生活污水垃圾治理工程共完成投资 185.45 亿元（污水完成投资 104 亿元）。县以上城市完成新建 4 座污水处理厂，扩建 12 座污水处理厂，新增处理规模 80.15 万吨/日，新建改造污水管网超 1493 千米，超额完成年度任务。城市生活污水集中收集率达 66.06%，相比 2021 年提高了 1.96%，完成年度目标任务。

四是全面加强施工扬尘控制。城市规划区内严格执行施工过程"六个百分之百"要求，制定年度督查抽查方案，定期开展层级监督检查，对抽查发现的问题，及时交办属地主管部门，对情节严重的下发执法建议书并予以通报，从督查情况看，各市州抽查符合率均在 80% 以上。截至 2023 年 2 月 23 日，全省房屋市政工程项目共 5474 个，正常施工项目约 2236 个，均按要求落实了施工扬尘防治"六个百分之百"要求。

五是深入推进县级城市黑臭水体治理。按照国家统一部署要求，联合印发《湖南省城市黑臭水体治理攻坚战实施方案》《"十四五"城市黑臭水体整治环境保护行动方案》，指导县级城市对建成区黑臭水体开展全面排查，委托第三方机构开展了技术服务督导，会同湖南省生态环境厅开展了现场核查督导，压实各地整治责任，取得了积极成效。2022 年 6 月底，全省县级城市建成区共排查出黑臭水体 48 个，均已制定整治方案并完成公示公布工作；7 月，湖南省住建厅按照要求将黑臭水体清单上报住建部；12 月底已完成整治达标 23 个，消除比例达到 47.9%，超过国家任务目标 7.9 个百分点。

六是全面推进乡镇污水处理设施建设。完善配套政策，出台涵盖项目审批绿色通道及指南、污水处理收费、财政奖补办法、污水排放标准等 20 多个政策和技术文件，贯穿项目规划、建设、运行全过程。全省乡镇污水处理设施建设中，采取多种建设模式，45% 采取 PPP（政府和社会资本合作）模式，21% 采用 EPC（工程总承包模式之一）模式，34% 采用政府自建模式。按照"建设全过程、资金全链条、厂网全方位、乡镇全覆盖"的要求，建立湖南省乡镇污水治理信息平台，全面实施智慧水务管理。2022 年，建成通水 242 个建制镇污水处理设施，实现建制镇污水处理设施基本覆盖。全省所有乡镇污水处理设施项目已全部入网，约 78% 的建制镇污水处理设施已明确专业运营维护单位。

七是大力开展建筑垃圾管理和资源化利用。坚持以产品思维为导向，以模数化、标准化设计为核心，健全政策体系，推行 EMPC（设计、生产、采购、施工全流程服务）建造模式，培育设计施工一体化集成生产商，引进智能绿色建造保险机制，促进建筑垃圾减量化、资源化利用。全年建筑垃圾资源化综合利用率达到 40% 以上。据不完全统计，2022 年全省建筑垃圾产生量约为 1.26 亿吨，建筑垃圾资源化综合利用量约为 5485 万吨，资源化综合利用率约为 43.5%。

（四）切实提高资金使用效益

坚持目标导向和结果导向，组织开展专项资金使用绩效评价，确保资金发挥应有的经济效益、社会效益和生态效益。2022 年 3 月，湖南省住建厅委托第三方机构对 2021 年中央城市管网及污水处理补助资金（污水处理提质增效中央专项转移支付资金约 1.85 亿元，城市黑臭水体治理示范补助资金 2 亿元）开展了绩效评价，针对评价发现的问题，及时印发了通知，督促进行整改。2022 年 6 月，配合湖南省财政厅开展了乡镇污水处理设施建设四年行动政策绩效评价，从政策制定、管理、产出和效益方面，对《湖南省乡镇污水处理设施建设四年行动实施方案（2019—2022 年）》及相关政策进行绩效评价，评价等级为良好。据初步统计，2010 年以来，全省乡镇污水处理设施建设累计完成各类投资 277 亿元。截至 2023 年 2 月底，全省累计有 1156 个乡镇具备污水收集处理能力，污水处理设计总规模达到每天 132.4 万吨，建成配套管网总里程 6829 千米，建制镇污水处理设施覆盖率达 99% 以上，人居环境进一步改善，社会满意度较高，政策的阶段性目标基本实现。

二　湖南污染防治攻坚战2023年工作思路

2023 年，湖南省住建厅将继续贯彻落实习近平生态文明思想，按照省委、省政府部署要求，全力抓好污水垃圾治理、黑臭水体整治、绿色建造等污染防治工作，推动生态环境质量持续向好。

（一）进一步加强生态环境突出问题整改

严格落实问题清单、责任清单、销号清单"三个清单"管理制度，对照整改方案，强化月调度机制，将工程进度、存在问题、调研督导等情况全部纳入月调度内容，建立全链条、全过程问题整改台账，确保各项整改措施落实到位。加强厅领导联点督导和第三方技术服务督导，对进度滞后、问题突出的下发督办函，对拖延、敷衍、拒不整改的城市，提请湖南省生环委约谈地方党委政府负责人。严把问题整改销号关，对未达到销号要求的坚决不予销号。

（二）进一步加强生活污水治理

大力实施县以上城市污水管网建设改造攻坚行动，加快补齐管网短板，"十四五"期间，全省县以上城市完成污水管网新建改造4000千米，到2025年底全省城市生活污水集中收集率力争达到70%以上。拓展延伸乡镇污水收集管网，规范设施运行，确保全省1000余个乡镇污水处理设施建得起、用得好。

（三）进一步加强生活垃圾治理

着力提升城市生活垃圾治理水平，加快推进生活垃圾填埋场整治，并建立动态管控机制，发现问题，及时交办整改；因地制宜，科学推进生活垃圾焚烧发电设施建设，到2025年全省垃圾焚烧处理能力占比达到80%以上；有序推进厨余垃圾处理设施建设，提升餐厨（厨余）垃圾处置效能。建设美丽宜居乡村，完善农村垃圾收转运处置体系建设，实现农村垃圾收转运基本覆盖并稳定运行。

（四）进一步加强城市黑臭水体治理

持续巩固城市黑臭水体治理成效，建立防止返黑返臭的长效机制。全面推进县级城市建成区黑臭水体治理，到2023年、2024年、2025年，全省县级城市黑臭水体平均消除比例分别达到60%、80%、90%。

（五）进一步加强绿色建造和建筑垃圾资源化利用工作

贯彻落实《湖南省绿色建筑发展条例》，推广星级绿色建筑，以高校学生宿舍为重点，分类推进装配式建筑，打造绿色建造政策、管理等八大创新体系。全面推进建筑垃圾资源化利用工作，力争2023年全省建筑垃圾资源化综合利用率达到45%。加大对违反扬尘污染防治相关规定行为的处罚力度，采取约谈和认定不良行为等方式，推动工地扬尘防治监管制度化、规范化。

B.7
湖南省交通运输行业生态文明建设报告

湖南省交通运输厅

摘　要： 湖南省作为全国首批交通强国建设示范省，其交通运输行业严格落实节能减排、绿色发展等相关政策，运输组织方式及运行效率持续优化，运输装备清洁化进程加快，交通基础设施建设"全过程绿色化"水平显著提升，绿色出行观念深入人心，为交通强省建设奠定了坚实基础。湖南省交通运输绿色发展工作进入"十四五"承上启下的关键阶段，发展面临新的形势和新的要求，需积极承载新任务，构建新交通运输体系，全力推动湖南交通运输高质量发展，提出2023年重点推进运输工具装备低碳转型、加大交通运输领域绿色低碳产品供给、推动交通领域碳排放达峰行动等工作。

关键词： 绿色发展　低碳发展　绿色出行　交通强国

一　2022年湖南省交通运输行业生态文明建设情况

（一）工作成效

1. 推动交通动力低碳替代和工具装备全面升级

（1）推进交通用能低碳多元发展。推动城市公交、出租汽车、城市物流配送车辆电气化替代。结合国家公交都市创建、城市绿色货运配送示范创建、绿色出行创建行动等工作，引导和督促地方政府综合采取政府引导、激励性补贴、市场化运营模式等措施手段，加大运营、通行、停车、充电等政策支持。2022 年，湖南省新增加和更换的城市公交车辆均为新能源车，新增或更新的新能源出租汽车呈上升趋势，新能源城市物流配送车辆正逐步推广。推动新能源、清洁能源技术在船舶中的应用，积极推进船舶靠港使用岸电。强化新能源、清洁能源船舶应用水平，结合实际宜电则电、宜气则气，采取政府引导等措施手段。协同推进船舶和港口岸电设施匹配改造，强化岸电建设使用监管，不断提高岸电使用量。2022 年完成"一湖三水"（洞庭湖、资水、沅水、澧水）码头渡口专项整治工作，加快千吨级及以上港口岸电设施全覆盖，完成 45 套港口岸电新建和改建任务，完成岳阳云溪区 LNG 加注站码头工程项目建设，完成 533 艘船舶受电设施改造。

（2）持续提升运输工具能源利用效率。督导提高燃油车船能效标准。加快老旧运输工具更新改造，提升交通运输装备能源利用水平。进一步完善排放检测与维护制度（I/M 制度），积极推进 M 站建设，制定湖南省 M 站建设标准，搭建湖南省汽车电子健康档案系统 I/M 制度 M 站服务子系统平台，加快推进在机动车排放检验信息系统和汽车维修电子档案系统的联网对接。督导大力提高燃油经济性。全面实施汽车国六排放标准和非道路移动柴油机械国四排放标准，基本淘汰国三及以下排放标准汽车。深入实施清洁柴油机行动，鼓励重型柴油货车更新替代。加强对机动车维修行业的监管，建立报废机动车价值回收"联动"机制，鼓励老旧燃油车全面置换国六及以上燃油车或新能源车。实施激励和约束等政策，普及充换电基础设施，持续力推新能源车。加快老旧船舶更新改造，积极推进绿色智能船舶应用。引导高能耗高排放老旧运输船舶加快淘汰，持续推进内河船舶标准化。鼓励引导高能耗船舶进行节能附体、高效螺旋桨等节能技术改造升级。为推进运力结构调整，发展新能源船舶，2022 年农村水路客运涨价补贴统筹资金中对新建的 42 艘新建电力推进客船安排补助资金 312 万元。

2. 加快形成低碳交通运输结构

（1）促进大宗货物和集装箱中长距离运输"公转铁""公转水"。精准补齐港口集疏运铁路、物流园区铁路专用线短板。以内河主要港口、地区重要港口的进港铁路建设为重点，推进铁水联运无缝对接。推进岳阳松阳湖港区、长沙港霞凝港区进港铁路工程，加快建设岳阳铁水集运煤炭储备项目铁路专用线工程，加速启动长沙港铜官港区进港铁路、岳阳港华容港区洪山头作业区铁路专用线工程等，研究推动岳阳港湘阴虞公港区铁路专用线等工程。

（2）推广高效运输组织模式。加强现代绿色物流体系建设，提升综合交通运输网络效率。优化物流大通道和综合货运枢纽布局，畅通物流大通道与城市配送网络交通线网连接，提高干支衔接能力和转运分拨效率。推广跨方式快速换装转运标准化设施设备。提高大宗货物和集装箱共享共用水平，加快应用集装箱多式联运电子化统一单证。加强多式联运装备标准的研究与应用，创新运单互认标准与规范，强化公铁水联运标准和规则衔接。加快城乡物流配送体系建设。深入开展城市绿色货运配送示范工程创建工作，有序推进岳阳、怀化、衡阳、湘潭绿色货运配送示范工程验收工作。完善城市配送节点网络，推动优化车辆便利通行政策，加快推进城市货运配送绿色化、集约化转型。优化县域共配设施建设，推动客货邮融合发展。

（3）积极引导城市绿色低碳出行。全面推进国家公交都市建设。深入实施城市公共交通优先发展战略，倡导以公共交通为导向的城市发展模式，构建适应城市特点的公共交通出行服务体系。继续推进岳阳、永州国家"公交都市"创建工作。积极开展绿色出行创建行动。大力提升公共交通服务品质，优化慢行系统，增加绿色出行吸引力。大力实施绿色出行发展战略。联合湖南省发展改革委印发《湖南省绿色出行创建行动方案》。培育绿色出行文化，开展绿色出行和公交出行等主题宣传活动，完善公众参与机制，建设形成布局合理、生态友好、清洁低碳、集约高效的绿色出行服务体系。

3. 强化基础设施和科技创新对低碳支撑

（1）强化交通网络设施对低碳发展有效支撑。督导开展"绿色公路"项目建设。将生态优先、绿色低碳理念贯穿交通路网、枢纽等基础设施规划、设计、建设、管理、运营和维护全过程。全面推进以低碳为特征的绿色公路、绿色港口和绿色航道建设。优化路网结构，提升公路通行效率。进一步拓展完善以"七纵七横"高速公路为骨架的公路运输网，提升普通国省道服务能力，进一步改善农村交通出行环境，促进公路成线成网，有效衔接铁路、机场、港口、园区、景区等重要节点。督导加快内河高等级航道网和专业化、规模化内河港口建设。加强集装箱、煤炭等专业化码头合理集中布局，推进内河港口"老、小、散"码头资源整合和改建升级，实现规模化发展。督导推进公路沿线充电基础设施建设。加快新能源交通配套设施建设，推进充（换）电设施、配套电网、加气站、加氢站等基础设施建设，力争高速公路、普通国省道服务区充（换）电设施全覆盖。截至 2022 年底，全省完成 37 对服务区提质改造，完成率为年度目标的 123%，完成116.5 对服务区（含停车区）充电桩建设，建成充电车位 968 个，完成率为年度目标任务的 233%。

（2）强化科技创新对低碳交通支撑。开展低碳交通科技攻关。推动交通运输领域应用新能源、清洁能源、可再生合成燃料等低碳前沿技术攻关。发挥交通运输科技创新平台等作用，加强交通运输领域节能低碳技术创新宣传、交流、培训及创新成果转化应用。

（二）经验及问题

尽管湖南省交通运输行业生态文明建设取得了一定成绩，但与全面建设"新时代中国特色社会主义"、"交通强国"和"富饶美丽幸福新湖南"的更高要求相比，还存在一定的差距与不足，主要体现在以下几个方面。

1. 绿色低碳交通发展水平不充分、不均衡与湖南省经济、社会高质量发展需要的矛盾仍较为突出

（1）新能源新技术使用率偏低，发展进程缓慢。虽然 2022 年及之前湖南省清洁能源和新能源车辆数量增长较快，但其占车辆总数的比例仍较低，并且基于高速公路服务区的充电桩配置仍较低，严重制约了电动车的行驶范围；而水路运输方面，湖南省干流航道的液化天然气（LNG）加注站的数量较少，全省船舶受电设施改造进展缓慢；港口作业装备油改电、油改气技术也仅得到有限应用；而在道路基础设施建设和运营领域，隧道应用光伏对灯光照明系统进行供电的案例较少。因此，2022 年及之前湖南省交通运输行业的能源清洁化和电力化进展缓慢。

（2）各运输方式发展不均衡，有效连接性不足。2022 年及之前湖南省道路、水路交通运输基础设施得到长足的发展；运输组织结构方面，客运交通呈现铁路和水路运输占比均上涨的趋势，但货运交通仍呈道路交通一股独大的局面，并且优势仍在扩大。湖南省交通运输活动对道路运输仍然存在过度依赖的现象，运输结构单一，未充分发挥水路运输低成本优势和轨道交通绿色低碳优势。这一现象说明全省各种交通运输基础设施都得到了较大的发展，但是各种运输方式之间的衔接协调上还存在一些连通和管理的障碍，缺乏一个服务于整个交通运输行业的信息平台，多式联运等现代化运输手段还没得到充分应用，运力紧张和运输设备闲置现象时有发生，因此难以满足未来经济、社会发展对安全、绿色、便捷、经济和高效的综合交通运输的需求。

2. 行业污染防治问题依然存在，生态环境保护需全面落实

交通基础设施建设及运营过程中的污染防治压力大，营运车辆、船舶尾气污染问题，船舶水污染问题，线性工程对基本农田、保护区及生态保护红线占用问题等依然没有彻底解决。

3. 交通运输绿色低碳发展工作体系仍不完善

根据《交通运输强国建设纲要》，"绿色"是"交通运输强国"五大特征之一。但是从 2022 年及之前交通运输绿色低碳发展的工作过程和结果来看，湖南省交通运输绿色低碳发展工作的"组织体系、法规标准体系、技术体系、评价体系、考核体系和保障体系"还不完善，短板较多。

4. 绿色低碳可持续市场机制尚未完全形成

湖南省交通运输行业绿色低碳发展相关工作的开展基本依靠政府行政推进和财政补助，合同能源管理、碳排放权定价和交易等市场化的绿色低碳发展机制尚未建立，真正市场行为的交通运输行业绿色低碳发展需求尚未形

成，一些具有良好节能减排效果的技术仅有一次性的示范价值，而不能通过市场形成可持续的升级换代，以更好地服务于行业的绿色低碳发展。

二 2023年湖南省交通运输行业生态文明建设思路、重点及建议

（一）继续大力推动运输工具装备低碳转型

持续推动城市公共服务车辆实现电动化替代。加快推广电动汽车、氢能汽车等新能源运输工具，组织实施高效清洁运输装备推广工程，逐步降低传统燃油汽车在新车产销和汽车保有量中的占比。"十四五"期间，新增公交车辆全部采用新能源及清洁能源，到2030年，当年新增非化石能源动力交通工具比例达到40%，营运交通工具单位换算周转量碳排放强度比2020年下降9.5%左右，陆路交通运输石油消费力争2030年前达到峰值。

持续督导推动中重型卡车清洁化。引导和督促地方政府制定新能源中重型货车便利通行政策、因地制宜设置城市低排放区或高污染机动车限行区。提高纯电动、氢燃料、可再生合成燃料中重型货车的应用比例。到2025年，全省新增的营运车辆中新能源车辆占比达0.6%以上。全面推进货运车辆标准化、厢式化、轻量化，促进燃油客货运交通智能化，降低空载率和不合理客货运周转量，提升能源利用效率。

积极推进LNG动力、电池动力等绿色智能船舶示范应用。强化清洁能源推广应用，引导老旧运输船舶市场淘汰，鼓励LNG、电动新能源船舶发展。推进省内绿色高效内河及江海直达标准船型研究，开展农村客船绿色船型研究。实施LNG动力船舶优先过闸政策。2025年底前，鼓励企业在安全可控前提下开展液化天然气、电池动力船舶等新型动力船舶试点应用。

加强水运项目建设，推进多式联运，实施"绿色配送"项目建设。实施港口岸电改造工程，加快1000吨级及以上泊位岸电设施配套建设。加快淘汰低效率、高能耗的老旧船舶，适当发展集装箱专用船和大型散装多用船

舶，开展液化天然气动力船舶、电动船舶等绿色智能船舶示范应用。深入推进岳阳港、长沙港、重点航线、重点船舶靠港使用岸电。2025 年前，以靠泊 2 小时以上的船舶为重点，实施已建码头岸电改造，新建港口码头及船舶全部配备岸电设施，实现全省 1000 吨级以上泊位的全部配备岸电设施（油气化工码头除外），推动船舶靠港使用岸电常态化（液货船以及使用新能源、清洁能源的船舶除外）。加快推进船舶受电设施改造，2023 年底前基本完成内河集装箱船、滚装船、1200 总吨及以上干散货船和多用途船，以及海进江船受电设施的改造工作。2025 年底前，推进 600~1200 载重吨内河干散货船舶和多用途船舶受电设施改造工作。

（二）加大交通运输领域绿色低碳产品供给

推广应用节能环保材料。积极推动废旧路面、沥青等材料再生利用，扩大煤矸石、矿渣、废旧轮胎等工业废料和疏浚土、建筑垃圾等综合利用。推动公路隧道等场所照明采用节能灯具，推广应用通风照明智能控制技术。到 2025 年，全省高速公路、普通国省道废旧路面材料循环利用率达到 100%。到 2030 年，交通基础设施建设领域全面采用节能环保低碳材料和工艺。

推动分区域分领域研究交通路网沿线光伏发电设施铺设标准，积极建设公路充换电基础设施。组织开展全省地方标准《高速公路服务区快充站建设标准规范》编制工作，规范高速公路服务区快充站建设，推动新能源汽车替代。开展能源网与交通网融合发展研究，配合相关部门研究光伏发电设施铺设标准，推动全省公路沿线服务区充（换）电设施建设，因地制宜推进公路沿线适宜区域合理布局光伏发电设施。到 2025 年，在具备条件的情况下，全省高速公路服务区配建充电车位比例不得低于 30%；国省干线沿线充电基础设施点位平均间距 50 千米左右，快充站覆盖率达到 100%。

督导实施交通枢纽场站绿色化改造。推动长沙港、岳阳港等构建"分布式光伏+储能+微电网"的交通能源系统，新建港口码头、物流枢纽等按照"能设尽设"的原则增建光伏设施，因地制宜利用地热能等可再生能源供热制冷。落实非道路移动机械污染防治技术政策，鼓励港口企业加快淘汰高排放港作车辆，鼓励在以大宗货物短距离运输为主的港区建设应用廊道及管道等设施或应用新能源车辆。到 2025 年，力争建成 4 个 LNG 加注码头，港区新能源和清洁能源集卡占比达到 60%。到 2030 年，力争建成 9 个 LNG 加注码头，具备条件的港区、物流园区等内部车辆装备和场内作业机械等总体完成新能源、清洁能源动力更新替代。

（三）推动交通领域碳排放达峰行动

交通领域"低碳、零碳技术"突破行动。围绕基础设施、交通装备、运输服务等交通领域要素和智慧、安全、绿色等交通发展要求，积极布局低碳交通运输技术创新，推广绿色标准化建造及智能交通。大力拓展"智慧交通与智能网络汽车"等低碳交通技术应用场景，促进交通领域技术创新低碳化迭代。到 2030 年，支撑构建安全、高效、绿色、便捷的现代综合交通运输体系。研发交通基础设施绿色建造与智能运维、路域环境与景观低碳绿色建造与养护、绿色智慧公共出行、多模式交通协同、出行即服务（MaaS）、交通生态环境保护与修复、交通污染综合防治、工程废料资源化再利用等技术。

"低碳、零碳技术"成果转化示范行动。加快绿色低碳先进适用技术推广应用。适时转化电能替代、低碳智能交通等重点领域绿色低碳先进适用技术。推进氢能、CCUS（碳捕获、利用与封存技术）、负排放等在交通等领域的示范与规模化应用，塑造绿色交通应用场景。加快推进低碳技术、工艺、装备等规模应用。

"碳达峰、碳中和"创新项目、平台、人才协同增效行动。推动交通运输领域绿色技术创新平台建设，培育绿色低碳领域创新人才，加强对全民碳达峰碳中和科学知识的普及和宣传。印发《湖南省公路水路行业绿色低碳发展行动方案》，并制定方案实施细则，督导相关单位分工抓好落实。成立厅双碳工作领导小组，完善双碳工作组织领导架构，有力推动厅双碳工作开展。制定省交通专业委员会工作规则，充分发挥专家在推动双碳工作中的智囊作用。发挥交通运输科技创新平台等作用，加强交通运输领域节能低碳技术创新宣传、交流、培训及创新成果转化应用。

B.8
2022年湖南水利系统生态文明建设的成效、经验和工作计划

湖南省水利厅

摘　要： 在湖南省委、省政府的坚强领导下，湖南省水利厅深入贯彻习近平生态文明思想和习近平总书记"节水优先、空间均衡、系统治理、两手发力"治水思路，牢记"守护好一江碧水"殷殷嘱托，扛实长江大保护的政治责任，推动"一江一湖四水"系统联治，加快构建与经济社会发展和生态文明建设要求相适应的水生态、水安全体系，持续提升水安全保障能力，全力守护好一江碧水，提出2023年要推进洞庭湖保护与治理、加强水系连通及水美乡村建设、提高水资源集约节约高效安全利用水平、全面推动小水电落实生态流量等重点工作。

关键词： 推进流域防洪调度　洞庭湖保护与治理　水资源保护　水美乡村建设　河湖长制

一　工作成效

（一）扎实做好流域防洪和水工程调度

始终把防汛抗旱作为头等大事和首要职责，统筹推进流域防洪调度，累计调度大中型水库300余次，其中调度五强溪、双牌、欧阳海等省调骨干大型水库97座次，累计拦蓄洪量近73.8亿立方米，极大减免了洪水致灾损失。

为最大限度地减轻极端干旱造成的影响和损失，保障人民群众生活用水、重要生产及生态用水安全，编制印发《湖南省极端干旱取用水工作方案（2022年11月-2023年2月）》。统筹流域上下游、干支流，做好供需水量分析，算清水账，以水定供，滚动分析江河湖库供需平衡和供水能力，科学有序安排用水，精准精细实施水量调度和电水联调，2022年7月上旬，精准调度各类水库多蓄水近29亿立方米，截至2022年底调度大中型水库累计为下游补水95亿立方米，有效保障了2100多万人生活用水和1800多万亩中晚稻灌溉用水需求。

（二）全力推进洞庭湖保护与治理

以洞庭湖区重大水利工程建设为抓手，不断完善洞庭湖防洪排涝抗旱体系，提高防灾抗灾减灾能力，把水利建设作为稳增长、补短板、防风险、惠民生的重要领域，全力以赴加快项目建设。截至2022年3月底，洞庭湖区完成2021年度冬春水利建设项目334个，完成投资58.77亿元。2022年汛后开工项目784个，包括水毁修复、堤防加固、渠系建设、泵站改造等，资金规模169.91亿元。重点垸堤防加固一期工程已于2022年9月开工。北部地区分片补水二期工程总体形象进度93%，29处泵站、23座水闸、3处倒虹吸、77处渠系建筑物整治已完工。钱粮湖等三大垸蓄洪安全建设一期工程主体工程于2022年完工。重点区域"十四五"排涝能力建设43个年度项目已全面开工，完成年度投资的90%以上。

（三）坚决落实最严格水资源管理制度

2022年湖南省用水总量330.99亿立方米，万元国内生产总值用水量和万元工业增加值用水量较2020年分别下降10.69%和32.54%，重要江河湖泊水功能区水质达标率为98%，为湖南水利高质量发展提供坚实水资源保障。

1.建章立制抓谋划

印发贯彻落实水利部节水制度政策工作方案和水利服务现代化新湖南建设总体方案，确定"十四五"期间各年度湖南省及各市州用水总量和强度双控目标。

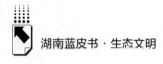
2. 过程跟踪抓监管

严格水资源论证和节水评价，完成 796 个规划和建设项目水资源论证、368 个规划和建设项目节水评价，核减水量 2.97 亿立方米。出台《强化取水许可管理十条措施》，98 个中型灌区无证取水问题全部销号，完成 618 个取用水管理问题专项整治，1.2 万张取水许可电子证照数据得到治理。

3. 提质增效抓服务

推进在线取水计量设施建设，新增 17 亿立方米许可水量在线监测能力，全省 85% 以上许可水量和 55% 以上用水总量实现在线监测。完成湖南省取用水管理平台建设，部署上线"湘水资源"微信小程序，实现取用水事前事中事后监管一网通办。

4. 凝心聚力抓保护

经湖南省政府同意印发《湖南省重点河湖生态流量保障实施方案》《湖南省县级以上城市饮用水水源地名录》，落实 44 个重点河湖控制断面生态流量保障目标和措施，规范 177 个县级以上城市集中式饮用水水源地管理。印发《湖南省"十四五"地下水资源开发利用规划》，编制《湖南省地下水超采区划定报告》。

5. 担当实干抓改革

修订并公布《湖南省取水许可和水资源费征收管理办法》，编制完成《湘江流域重点区域水资源资产评估研究报告》，提出水资源资产核算方法和水资源资产价值量模型。开展全省闲置水资源资产清查处置，核减闲置许可水量 1730.9 万立方米。指导长沙县白石洞等 4 座水库转让特许经营权引入社会资本 9.4 亿元，通过提供原水和农业灌溉供水服务获取经营收入，提升水资源使用效益。制订《关于推进用水权改革工作的实施意见》，编制完成《湖南省区域水权划定研究报告》。

（四）夯实乡村振兴水利保障基础

1. 水系连通及水美乡村建设

聚焦农村河塘萎缩、水域岸线侵占等问题，通过采取水系连通、清淤疏浚、岸坡整治、河湖管护等措施，大力开展农村水系综合整治。永顺县、资阳区、北湖区3个国家试点县建设总体进展顺利，2022年完成投资6.5亿元，治理河道50千米，塘坝54处。其中永顺县芙蓉镇王村河治理已初见成效，为打造芙蓉镇河湖风景线、产业带、幸福网，实现乡村振兴目标提供项目支撑和空间载体。

2."水美湘村"示范创建

以水为主线，以小微水体治理为重点，开展"水美湘村"示范创建。30个省级"水美湘村"主体工程基本完工，累计治理农村河道35千米，建设生态护岸25.3千米，新建改造塘坝92处，服务人口7.8万人，显著提升了沿湖沿河百姓的宜居环境和幸福指数，提高了农村水安全保障水平、农村河湖治理水平和管护能力，改善了农村生活条件和人居环境，促进了农村产业发展。

3.农村小水源供水能力恢复

继续实施农村小水源供水能力恢复三年行动，2022年完成农村小水源供水能力恢复1万余处，新增蓄水能力3000万立方米，水源保障能力和农业防灾减灾能力显著提升，有效改善了项目区人居环境。

（五）强化河湖长制工作

1.强化河长履职与考核评价

湖南省委书记、省长召开省总河长会议，组织272个市县党政一把手高规格部署全省河湖长制工作，签发第8号省总河长令部署碍洪突出问题排查整治行动。完善河湖长工作体制机制，落实河湖长述职考核制度。将河湖长制工作纳入省对市州绩效考核、省政府真抓实干督查激励事项，纳入领导干部自然资源资产离任审计，完善行刑衔接"河长+检察长"工作机制，省纪委监委持续深化"洞庭清波"政治监督，对总河长会议交办的29个问题进行调查问责，有效传导工作压力。

2.强化区域协同与部门联动

强化联防联控，全面落实长江珠江流域省级河湖长联席会议制度、流域机构与省级河长办协作机制工作部署，完善"河长办+部门"等协作机制，推进全域县级跨界河湖管护协作，与湖北、江西、广西、贵州、重庆等省市深化河长制合作，持续加强跨省河湖生态补偿和联防联控。深化顶层设计，完成新一轮省市县"一河（湖）一策（2021～2025）"编制，全力推进流域综合系统治理、协同管河治水。

3.强化巡查监管与能力建设

强化巡河巡湖，17名省级河湖长带头巡查河湖34次，解决141个河湖突出问题，引导五级河湖长年巡河湖达150万余人次，形成保护江河湖库的强大攻势。加强暗访督查，省、市、县建立常态化季度暗访督查机制，出台《省河长办交办问题整改销号细则》，进一步推动河湖长制交办问题整改销号。落实河湖管护人员7.2万余名，试点开展县域一体化巡查，奖励引导人民群众参与河湖监督及问题举报。健全"一办两员"（河长办、办事员、护河保洁员）体系，打通河湖保护"最后一公里"。

4.强化亮点打造与宣传引导

建设完成省际渌水湘赣边示范河流1条，涟水、圭塘河省级示范幸福河湖2条，结合中小河流治理建设"一县一示范"县级示范河湖141条，"一乡一亮点"乡镇样板河湖1770条；完成了51个河长制主题公园建设；完成了2条省级、14条市、县级河湖健康评价，评选出50条省级美丽河湖，建设管护2337个小微水体。深化共护共享，省河长办联合团省委完成1个省级、14个市级、110个县级"河小青"行动中心建设，充分吸引志愿者参与河湖管护，加强宣传推广。

（六）加强河湖水域岸线管控

1.巩固完善河湖划界成果

对水利普查名录内流域面积50平方千米以上的1301条河流、常年水面面积1平方千米以上的156个湖泊划界成果全面开展复核，全省累计完成10858个问题整改，共划定河湖管理范围线长11.3万千米、河湖管理范围面积1.1万平方千米。将划界成果纳入湖南省国土空间规划"一张图"平台，发挥岸线管控约束作用。出台《湖南省河湖管理范围划定成果调整办法》，规范后续河湖划界成果调整的原则、程序及技术要求。

2. 抓好河湖岸线规划编制

推进所有省、市领导担任河湖长及应编目录内剩余县级领导担任河湖长的河湖岸线保护与利用规划编制，科学划定"两线四区"，强化岸线分区管控。累计完成 226 个河湖（段）岸线规划编制与批复，全省重要河湖岸线分区管控体系基本构建完成。推进湖南省江河湖库保护利用国土空间专项规划编制。

3. 严格水域岸线空间管控

坚守底线思维，依法依权限审批涉河建设项目，省级组织协同长江委开展审查 30 余次；组织对省级批复的 51 个项目逐一开展现场检查。常态化规范化全覆盖推进河湖"四乱"问题排查整治，严格台账管理，267 个"四乱"问题全部完成整改销号。强化案例宣传引导，联合湖南日报新媒体发布典型案例 12 期。编印《湖南省历史遗留河湖"四乱"问题分类处置指引》，指导基层分类做好问题整改。

4. 推进碍洪突出问题整治

湖南省委书记、省长签发第 8 号省总河长令，示范引领碍洪问题整治；通过全省河湖管理重点工作推进会及季度河湖长制工作推进会进行密集调度；将碍洪问题排查整治列入河湖长制年度考核及省纪委监委"洞庭清波"专项监督清单，多措并举，推动全省台账内 365 个碍洪问题全部完成整改销号。在全省总河长会议上播放暗访视频片，省委书记、省长现场交办问题。

（七）加强河道采砂管理

1. 全面落实采砂管理责任

2022 年初，对全省所有河道，省市县三级水行政主管部门分级、分段落实并公告了采砂管理河长、行政主管部门责任人、现场监管责任人、行政执法责任人（长江干流落实了人民政府责任人）。省河长办组织举办《湖南省河道采砂管理条例》宣传贯彻培训班，推动落实河长挂帅、部门协同、社会监督的采砂管理责任体系。

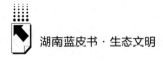

2.规范河道砂石利用管理

推进完善河道采砂规划体系，累计完成采砂规划编制174个，已批复实施146个。明确省市县专门责任人，做好采砂许可电子证照系统对接与应用。严格落实事中事后监管，规模以上可采区全面建设信息化监控平台并落实旁站式监管。推进规模化、集约化统一开采，全省累计开采5687万吨，其中5452万吨（约占95.9%）实行"政府主导、部门监管、公司经营"的政府统一开采管理模式。严格落实采运管理单制度，坚决斩断非法采砂利益链条。

3.推进非法采砂专项整治

深入推进全省河道非法采砂专项整治行动，多次会同公安、交通运输部门开展联合执法。联合湖南省交通运输厅对各市州采砂现场监管、涉砂船舶码头管理、日常巡查、联合执法等方面工作进行了督导。省河长办结合河湖长季度督查督导重点问题整改，运用行刑衔接、"河长+检察长"机制强力推动打击非法采砂。全年累计开展日常巡查2.8万次，专项打击327次，查获非法机具25台。

4.完善长效管理机制

印发《关于河道采砂管理工作的指导意见》《关于进一步加强河道采砂管理工作的通知》《清查处置全省闲置国有水利资产资源工作指导意见》，对采砂规划编制、推行电子证照、落实现场监管、开展采砂综合整治等提出具体规定，并进一步规范抗洪抢险应急采砂及疏浚砂综合利用管理要求，不断完善长效管理机制。

二 有关经验

（一）积极推进农村水系综合整治和水生态保护治理

1.加强组织保障

一是各地以不同形式成立了工作领导小组或协调议事机构，明确专人负责项目建设管理，落实了主体责任，有力地推动了项目建设进程。二是在不改变国家和省级财政补助等资金来源的基础上，多元化、多渠道、多层次筹措资金，吸进社会资本参与项目建设，特别是农村小水源供水能力恢复采取"以奖代补"的方式积极引导项目区群众投工投劳，同时加强资金监管，为项目建设提供了坚强的资金保障。

2. 强化技术支撑

一是强化顶层设计，为保障项目建设成效，湖南省水利厅制定了《农村小水源供水能力恢复三年行动工作方案》《湖南省"水美湘村"建设指南》，对项目建设的目标、措施等方面给予指导。二是设计单位多次现场踏勘，精心开展项目设计，各级水利部门层层把关，不断优化方案。积极探索技术专家和村民代表联合组队的模式，以问题为导向，协商确定村庄水系综合整治的建设内容和标准，并激励引导熟悉乡村水系情况的乡贤、能人参与到项目建设中。

3. 坚持建管并重

一是强化工程建设全过程监管，严格执行项目法人制、招标投标制、工程建设监理制、合同管理制。质量控制方面实行了事先、事中、事后"三控制"，落实质量终身责任制和安全生产责任制，确保工程质量和安全。二是项目建成后，各地建立了运行维护机制，进一步调动广大村民参与工程日常管护，详细分解管护区域，明确管护责任，签订管护"责任状"，实现管理长效化、常态化，有效保障工程长效运行。

4. 加大宣传力度

一是充分利用电视、报刊、网络、移动端等手段途径，全方位、多角度做好项目宣传工作，营造地方政府重视支持、群众欢迎的良好氛围，为项目顺利建设创造有利条件。二是项目建设以水文化为载体，结合湖湘文化及地区特有乡风民俗，充分挖掘与乡村河湖治理相关的历史事件及治水精神，突出湖南乡风民俗特色。既加强文化宣传，也增加村民集体感和归属感，唤起他们的记忆和乡愁，引导群众自觉地参与到环境的保护中，主动改善乡村水环境，为乡村经济和环境的和谐发展贡献自己的一分力量。

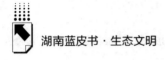

（二）着力构建小水电站科学、有序、可持续发展机制

1. 高位推进，强化落实

省委、省政府主要领导高度关注小水电清理整改工作，省委主要领导在湖南省水利厅重点调研小水电清理整改工作，并在全省性会议上提出明确要求；省政府主要领导专门强调要切实抓好小水电清理整改工作；分管省领导多次调度，在全省水利工作会议、省河长办主任会议上重点部署，要求按期保质完成37座电站限期退出任务。

2. 周密部署，细化任务

积极履责，多次召开全省性会议深入部署，压实压紧小水电清理整改工作责任，督促切实加快进展；联合湖南省发展改革委、省生态环境厅等7个省直部门转发进一步做好小水电分类整改工作意见的通知，下发《严控小水电增量巩固清理整改成果行动方案》，督促坚决按时完成限期退出类整改任务；印发专门通知，要求对前期清理整改工作成果进行自查自纠，举一反三，进一步巩固小水电清理整改工作成效。

3. 抓严考核，深化督导

将限期电站退出工作纳入省政府河湖长制真抓实干督查激励、省生态环境保护督察范围和湖南省纪委省监委开展的"洞庭清波"专项监督工作清单，以考促改，以督促改。持续深化督导检查，厅领导13次带队现场检查限期退出类进展；加大督导力度，从"一月一调度"升级到"一周一通报"，有效加快退出进展，确保按时完成限期退出类电站任务。

4. 规范销号，固化标准

严格对照国家部委销号要求，按照"县级全面验收、市级全面复核、省级全面抽查"，对8市15县市区37座限期退出类电站进行了现场检查，逐站逐项检查整改措施是否落实到位，所有发现的问题均已限期整改到位，圆满完成小水电清理整改验收销号工作。

三 2023年湖南生态环境保护工作计划

2023 年是贯彻落实党的二十大精神的开局之年，二十大报告对构建现代化基础设施体系，推进各类资源节约集约利用，统筹水资源、水环境、水生态治理，推动重要江河湖库生态保护治理提出了明确要求。湖南省水利厅将进一步深入贯彻落实党的二十大精神和习近平总书记"十六字"治水思路，切实扛牢"守护好一江碧水"的政治责任。

（一）推进洞庭湖保护与治理

1. 聚焦打牢基础

着力推进重点垸堤防加固二期工程、长江干堤湖南段堤防提升工程、民主城西垸分洪闸及安全建设工程等可研工作，加快推进重点垸堤防加固一期工程及重点区域排涝能力项目建设，加快完善防洪排涝工程体系，持续提高洞庭湖区水旱灾害防御能力。

2. 聚焦水网重大工程

结合湖南水网建设，推动洞庭湖生态修复工程总体工程论证和试点工程实施，推进洞庭湖四口水系综合整治工程立项，深化城陵矶综合枢纽论证，加快洞庭湖区域山水林田湖草沙一体化保护和修复工程水利子项目、北部地区分片补水二期工程实施，确保如期完工受益，接续推进三峡后续项目，持续增强洞庭湖区水资源统筹调配能力、供水保障能力、战略储备能力。

（二）加强水系连通及水美乡村建设

1. 继续实施农村小水源供水能力恢复

根据《湖南省水利厅等六部门关于开展小型农业水利设施建设和管护三年行动的通知》（湘水发〔2023〕2 号）要求，继续开展农村小水源供水能力恢复，预计清淤整治农村小水源工程 2.5 万处，进一步夯实农业农村现代化发展基础设施。

2.持续推进水系连通及水美乡村建设

开展水系连通及水美乡村建设项目遴选，充实项目库。加快推进北湖区、资阳区、醴陵市、芷江县水系连通及水美乡村建设，确保完成年度建设任务，不断改善农村水环境。

3.争取继续实施"水美湘村"建设

目前"水美湘村"项目尚无专项资金支持，争取继续开展"水美湘村"建设，不断改善人居环境，为乡村振兴战略提供水利支撑。

（三）提高水资源集约节约高效安全利用水平

1.强化水资源刚性约束

推动出台水资源刚性约束制度文件。在国家出台水资源刚性约束制度文件基础上，推动出台湖南省水资源刚性约束制度文件，认真做好宣贯和落实工作。严格规划和建设项目水资源论证。深入贯彻"四水四定"原则，切实推进相关行业规划、重大产业和项目布局、各类开发区和新区规划开展水资源论证，完善水资源论证区域评估和取水许可告知承诺制，切实发挥水资源在规划决策中的刚性约束作用。严把建设项目水资源论证审查和取水许可审批关，加强对水资源论证报告书编制质量的监管，对水资源论证内容明显存在重大缺陷的，不予通过水资源论证技术审查，不得批准取水许可。

2.加强节约用水工作

推动节约型社会建设。根据中央和省政府关于全面加强资源节约的意见，制定实施《湖南省水资源集约节约利用能力提升三年行动计划（2023-2025年）》，组织开展"十四五"节水型社会建设规划中期实施情况评估。持续推进国家节水行动。完成国家节水行动成效总结评估（2019~2022年），制定年度任务分工，组织召开节水联席会议，适时开展节约用水抽查检查。强化非常规水源配置利用。根据水利部《关于加强非常规水源配置利用的指导意见》，制订全面落实指导意见，研究制定贯彻落实措施，调查统计全省非常规水利用现状，扩大非常规水源利用领域和规模。推动韶山市、洪江市、岳阳县完成再生水利用配置试点年度建设任务，确保顺利通过水利部中期评估。

3. 深化水资源管理改革

完善水资源管理和节约用水法规政策。加快湖南省水资源条例立法进程，探索制定节水金融服务政策、税费优惠政策、水行政执法与检查公益诉讼协作机制，组织修订钢铁、造纸行业和重点农作物用水定额省级标准，完善各类节水载体、节水标杆单位、水效领跑者评价标准。深入推进用水权改革。持续开展闲置水资源资产清查处置工作。落实《水利部　国家发展改革委　财政部关于推进用水权改革的指导意见》，出台湖南省用水权改革实施意见，加快用水权初始分配和明晰，推动开展市县两级初始水权确权工作，鼓励有条件的地区规范开展区域水权、取水权、灌溉用水户水权等用水权交易试点，继续推进长沙县桐仁桥灌区灌溉水权交易、郴州市青山垅灌区灌溉用水权确权和莽山水库供水水权交易协议签署，加强用水权改革跟踪指导和经验总结推广。

（四）全面推动小水电落实生态流量

1. 巩固提升小水电清理整改成果

强化监督检查，开展国家级、省级自然保护区退出类电站核查，查找问题，严格整改。

2. 全面推动小水电落实生态流量

将小水电生态流量监管纳入河长制工作内容，强化考核评价。开展小水电生态流量监管提升专项行动，全面排查小水电生态流量泄放和监测设备设施，核查监测数据真实性、准确性，规范泄放和监测监控。强化调整评价名录和重点监管名录，进一步推进监督检查工作规范性、常态化。充分利用监管系统开展线上抽查，强化结果应用，推动逐站落实生态流量。

B.9
让绿色成为乡村振兴最亮的底色

——湖南省农业农村生态文明建设报告

湖南省农业农村厅

摘　要： 2022年，湖南省农业农村部门坚持以习近平生态文明思想为指导，认真学习贯彻党的二十大精神，在推进农业面源污染防治、发展绿色农业、建设生态宜居乡村、推进体制机制创新等方面取得了积极成效，但还存在思想认识上有差距、技术支撑上有短板、资金保障上有不足等问题。为更好地促进湖南农业农村推进生态文明建设，提出了2023年要加强农业面源污染防治，加快发展生态低碳农业，扎实推进宜居宜业和美乡村建设，推进体制机制创新等举措。

关键词： 农业面源污染防治　生态低碳农业　宜居宜业和美乡村

2022年，湖南省农业农村部门坚持以习近平生态文明思想为指导，认真学习贯彻党的二十大精神，践行绿水青山就是金山银山发展理念，积极履行部门职责，加大污染防治和生态保护力度，大力推进人与自然和谐共生的美丽湖南建设，全省农业农村生态环境质量持续改善，生态文明建设取得重大进展。

一　2022年湖南农业农村生态文明建设工作主要情况

（一）推进农业污染防治

持续推进长江十年禁渔、化肥减量增效、受污染耕地安全利用、畜禽粪污资源化利用整县推进、秸秆综合利用与农膜回收等重点工作。高质量完成中央生态环保督察、河湖长制、省人大执法检查、"洞庭清波"专项监督等共 17 个问题整改销号。强力推进花垣县"锰三角"矿业污染综合整治，完成年度涉农整治任务。完成洞庭湖总磷污染控制与削减 74 个项目建设。

1. 坚决打好禁捕退捕持久战

落实"三年强基础"实施方案，14 个市州和 68 个县市区完成智慧渔政平台建设。做好退捕渔民安置保障工作，沅江市湖心岛渔民新村一期工程建成并即将投入使用。全力抓好珍稀濒危动物救护，洞庭湖监测到的江豚数量由 2017 年的 110 头增加到 162 头。岳阳县、沅陵县等 24 个县市禁捕退捕工作走在前列。

2. 化肥减量增效稳步推进

印发年度工作方案，进行工作部署。据统计，2022 年共完成测土配方施肥推广面积 1.18 亿亩次；继续在 22 个县市区开展绿色种养循环农业试点，完成试点面积 224 万亩次，处理固体粪污 53 万吨、液体粪污 193 万方，减量化肥施用量 1.28 万吨（纯量）；遴选 30 个县市区开展施肥新技术、新产品、新机具"三新"配套升级版示范，共完成推广面积 180 万亩次。全省水肥一体化技术推广面积 84.6 万亩。

3. 稳步推进受污染耕地安全利用

进一步完善专家指导、工作调度、调研督导、约谈预警、考核激励五大工作机制，以"三专一制"（专题会议、专门方案、专项检查、台账管理制度）为工作标准，充分发挥厅际联席会议制度作用，推动形成了部门配合、齐抓共管的工作格局，圆满完成国家下达的年度目标任务。积极支持低镉品种科研攻关，经试验测试，新品种降镉效果较好。

4. 坚持整省推进畜禽粪污资源化利用

近年累计投资 96 亿元，先后支持 109 个县、1.4 万个规模养殖场配套完善粪污处理设施，建成第三方畜禽粪污处理机构 627 家。在 22 个县实施绿色种养循环农业试点，指导规模养殖场配套种植基地，引导种植户就近利用畜禽粪肥。

5. 加强秸秆综合利用和农膜回收

湖南省秸秆综合利用已形成发展有规划、政策有支持、工作有部署、考核有手段的工作体系。已打造出集体经济引领型、高值化利用型、种粮增收型等秸秆综合利用典型模式。按照农业农村部要求,分沃土、产业化、全量利用等三种类型,建设14个秸秆综合利用重点县。全省秸秆综合利用率达到89.8%。从事秸秆综合利用产业化市场主体1299家,其中:全省肥料化利用主体326家,饲料化利用主体702家,燃料化利用主体124家,基料化利用主体90家,原料化利用主体57家。建设收储点647个,基本建立了以县域为单位的秸秆收储运网点,同时根据市场对产业品质的要求,逐渐形成区域化秸秆收储运网络体系。在2022年5月12日全国秸秆综合利用推进会上,湖南省农业农村厅做了典型发言。进一步完善县市区农膜回收中心、乡镇回收站、村回收网点三级回收网络建设,基本实现全省乡镇一级回收站全覆盖。一些地方探索建立奖惩机制,促进农膜回收取得初步成效。在10个县市区开展省级农膜回收试点县项目建设,全省农膜回收率达到84.2%。

(二)发展绿色农业

成立湖南省农业农村领域碳达峰碳中和领导小组,组建专业委员会,制定《湖南省农业农村减排固碳实施方案》,明确了总体要求,提出了"十四五"期间的主要目标和远景目标,确定开展十大行动。

1. 全力推进高标准农田建设

高标准农田建设列入全省十大重点基础设施建设项目,纳入粮食安全责任制考核、省政府真抓实干督查激励、乡村振兴考核等重要考核内容。加强多元化筹资。着眼长效化利用,探索建后管护新路径,在2022年遭遇严重干旱情况下,大部分高标准农田管护得当,较好地发挥了保水、蓄水、节水作用。2022年全省完成高标准农田建设460万亩,同步发展高效节水灌溉18万亩。

2. 深入实施农业生产"三品一标"行动

扎实推进品种培优、品质提升、品牌打造和标准化生产。全面提升农产品品质，水稻良种覆盖率达 99.5%，双低油菜品种达 98.1%。培育做强农业品牌，打造"两茶两油两菜"（湖南红茶、安化黑茶、湖南茶油、湖南菜籽油、湘江源蔬菜、湖南辣椒）省级区域公共品牌。无人农场、智慧农业、数字大米试点全面启动。

3. 大力发展绿色、有机和地理标志农产品

湖南省绿色食品达到 3381 个、有机农产品 273 个，分别居全国第 4、第 2 位。全省现有获证（授权）企业 2643 家，其中绿色食品企业 1583 家，有机农产品企业 67 家，农产品地理标志授权企业 993 家。绿色有机获证企业中国家级龙头企业 27 家，省级以上龙头企业 213 家，市级龙头企业 397 家，同比略有增长。2237 家农业企业、7068 个品牌农产品纳入农产品"身份证"平台。

4. 发展绿色种植业

积极开展绿色高质高效行动，在全省着力推广早专晚优、稻油轮作、综合种养、特色旱杂粮、再生稻、大豆玉米带状复合种植等模式。专用型早稻、高档优质稻种植面积分别达 650 万亩、1510 万亩，同比分别增加 100 万亩以上。持续推进经济作物绿色高质高效行动。在 4 县开展蔬菜、柑橘、茶叶等经济作物绿色高质高效行动。重点推广了蜜本南瓜、香芋绿色高质高效技术模式，以及柑橘集成绿色生产技术模式、茶叶提质增效生产技术模式。在宜渔稻田区大力发展稻田综合种养，构建多品种、多模式、多层级的稻田综合种养模式，形成全省稻田综合种养技术体系，2022 年全省共发展稻渔综合种养面积 534 万亩、同比增长 5.34%，稻渔水产养殖产量 53.38 万吨、同比增长 7.53%。全面推进农药减量，据统计，2022 年全省农作物病虫害统防统治面积近 3000 万亩，专业化统防统治覆盖率达到 45.1%，较 2021 年提升了 1.8 个百分点。全省专业化统防统治服务组织达到 1991 家，登记注册 1564 家，其中农业农村部认定的应急防控飞防大队 5 个，植保无人机保有量超过 8000 台，全国统防统治百强县 13 个。

5.发展绿色畜禽养殖业

在 22 个县实施绿色种养循环农业试点，指导规模养殖场配套种植基地，引导种植户就近利用畜禽粪肥。全省畜禽粪污综合利用率达到 83%、规模养殖场场粪污处理设施装备配套率 99.6%，资源化利用水平处于全国前列。联合省生态环境厅出台《湖南省畜禽养殖污染防治规划（2021 年—2025 年）》、修订《湖南省畜禽规模养殖污染防治规定》，进一步明确部门职能职责，理顺管理机制体制。畜禽粪污资源化利用工作在全国现场会议上做典型发言。

6.发展绿色水产养殖业

积极开展各类示范创建，科学制定大中型水库和湖泊水产养殖标准，积极推动发展生态型、环保型增殖渔业。桃江县、衡阳县 2 个县和岳阳恒羽生态农业科技有限公司等 6 个水产养殖生产经营单位成功创建国家级水产健康养殖和生态养殖示范区。创建水产绿色健康养殖技术推广"五大行动"骨干基地 139 家。持续推进池塘养殖尾水治理，以全省集中连片精养池塘为重点，在澧县、华容县、鼎城区、南县、岳阳县、赫山区等 10 个水产养殖大县开展养殖池塘标准化改造和尾水治理试点示范。强化水产养殖污染防治。全面完成洞庭湖区 6.3 万亩水产养殖池塘生态化改造治理任务。

7.防治外来物种侵害

坚持"一手抓普查，一手抓防控"总要求，有序推进了农业外来入侵物种面上调查，普查工作取得了阶段性成效。重点做好《生物安全法》《外来入侵物种管理办法》的宣传。外来物种入侵总体可控。进一步强化已建成和在建原生境保护区项目的监管。联合湖南省林业局修订调整《湖南省地方重点保护野生植物名录》，明确农业农村部门管理物种。按照"放管服"和"互联网+政务"改革试点要求，加强对采集国家重点农业野生植物资源和进出口国家重点保护农业野生植物资源的行政许可审批监管，进一步规范备案机制建设。加强农业野生植物资源保护，使湖南省生物多样保护成果更加丰硕，农业绿色、生态发展的底蕴更厚实、底色更亮丽。

（三）建设生态宜居乡村

1.农村人居环境整治明显提升

制定出台《湖南省农村人居环境整治提升五年行动实施意见（2021—2025年）》，印发2022年度整治提升工作要点，明确重点任务和责任部门，形成了"上下有联动、工作有合力"的良好格局。新改建户厕54万座，农村卫生厕所普及率达93%；新增完成617个建制村生活污水治理，农村生活污水治理率提高5.5个百分点；全面提升农村生活垃圾治理水平，新建成乡镇垃圾中转站110个，全省59个小型垃圾焚烧设施全部取缔拆除并生态复绿，整改率达100%，全省约40%的村庄实施了农村垃圾治理村民付费制度；积极推进村容村貌改善提升，全力打好村庄清洁行动攻坚战，实现全省所有行政村100%覆盖。

2.稳步推进美丽乡村建设

在30个村（社区）重点打造省级美丽乡村示范创建村，省市县三级联创，带动各市州县创建美丽乡村500多个。在全国率先发布《湖南省美丽乡村建设指南》（DB43/T2269－2021）、《湖南省美丽乡村评价规范》（DB43/T2270-2021）两项地方标准。通过省级美丽乡村示范村创建，大幅改善全省全域美丽乡村创建乡镇、示范村基础设施建设水平，农村生产生活环境明显改善，群众获得感和满意度显著提升，社会效益、生态效益效果明显，示范村带动周边村庄，推动了全省美丽乡村建设水平持续提升。

（四）进行体制机制创新

1.积极开展国家绿色先行区创建

联合湖南省直7个厅局组织开展第三批国家农业绿色先行区创建申报工作。全省已有澧县、屈原管理区、浏阳市、新宁县、茶陵县、汝城县6个县市区先后入选创建名单。各地以绿色发展为导向，以加强农业资源保护利用、农业面源污染防治、农业生态保护修复和打造绿色低碳农业产业链为重点，强化科技集成创新，健全激励约束机制，探索生态价值实现路径，发挥示范引领作用，协同推进生态环境高水平保护与农业高质量发展。按要求组织了前两批先行区认定申请工作。

2.大力推进生态环境损害赔偿制度改革工作

印发工作通知，要求各市州坚持"应提尽提"原则，开展案件线索筛查。聚焦破坏渔业资源等重点领域，通过资源与环境行政处罚案件、联合执法巡查等渠道，组织对违法造成生态环境损害的线索开展筛查，形成案件线索清单。全省农业农村系统启动321个案例，办结285个，圆满完成了省生环委办下达的"各市州所辖县（市、区）至少启动1个案件"硬任务。

3.在乡村治理试点示范中推进农业农村生态文明建设

指导韶山市、津市市、石门县、零陵区、中方县、涟源市6个全国乡村治理试点县市区圆满完成试点任务。指导宁乡市大成桥镇等10个全国乡村治理示范乡镇、浏阳市沿溪镇沙龙村等99个全国乡村治理示范村加强示范引领，提升治理水平。继续开展省级乡村治理示范村镇创建工作；同时，指导各市县开展乡村治理示范创建工作，分级打造乡村治理基层典型。在乡村治理试点示范中充分调动基层和群众的积极性，充分发挥广大农民主体作用，以主人翁精神开展生态文明建设。推荐耒阳市"湾村明白人"、零陵区"五基六自"治理模式入选全国第四批乡村治理典型案例，湖南省乡村治理经验模式累积12次作为典型案例在全国推介、7次在全国会议上做典型发言，典型案例、典型发言次数居全国第一位。总结新化县油溪桥村"村级事务积分制管理"经验，由腾讯公司制成教学片段，被农业农村部在全国各地乡村治理培训中广泛使用，油溪桥村成为继浙江枫桥后，又一个乡村治理的"全国样板"。

二 湖南农业农村推进生态文明建设
存在的困难和问题

（一）在思想认识上有差距

习近平总书记提出"绿水青山就是金山银山"，党的二十大报告要求

"协同推进降碳、减污、扩绿、增长",这对生态环境保护提出了更高要求。农业的基本功能是保供,要保障粮食安全,"三农"工作的中心任务是增加农民收入、重要任务是建设宜居宜业和美乡村,一些地方还没有很好地站在统筹完成这几项任务的高度建设农业农村生态文明。此外,农业生态环境问题是客观存在的,湖南省生产出高质量农产品的压力巨大,农业生产的水、土、气都要进行治理,一些地方必须克服"做得还行"潜在思想;农业生态环境问题是长期存在的,不是通过一两次攻坚战就能解决问题的,不能"毕其功于一役",一些地方要克服"短期作战"思维倾向,要久久为功,还要注重建章立制、标本兼治。

(二)在技术支撑上有短板

农业农村领域生态治理修复的需求相对较大,但供给相对不足,习惯用经济手段解决生态环境问题,在新时代有知识短板,技术支撑存在不足。如在推进农业农村领域碳达峰碳中和工作中,对农业温室气体排放和减排固碳技术试验、研发还不够,成熟的减排固碳技术还不是太多;在水体总磷削减方面,全世界都缺乏湖底底泥低成本、见效快的减磷技术等。

(三)在资金保障上有不足

在经济发展困难增多、下行压力增大的形势下,部分地区对农业农村生态文明建设的重视程度有所减弱、保护意愿有所下降、行动要求有所放松、投入力度有所减小。一些地方政府债务重,财政困难,对属于地方事权的治理任务投入财政资金少。一些地方和干部习惯于"有多少钱办多少事",运用金融思维、市场方法推进农业农村生态文明建设的水平不高,在优化农业农村生态文明建设多元投入机制方面能力不够,不善于放大财政资金杠杆效应以吸引社会资本投入农业农村生态文明建设。

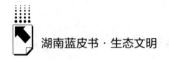

三 湖南农业农村推进生态文明建设的工作计划

（一）加强农业污染综合防治

坚持精准治污、科学治污、依法治污，持续打好农业农村面源污染治理攻坚战。按照湖南省生环委、省河委会统一部署，持续深入打好污染防治攻坚战，加强长江经济带农业面源污染治理项目建设，开展"洞庭清波"常态化监督，打造河湖长制工作升级版。强化耕地安全利用，完成国家下达的任务；力争在 52 个县市区推广低镉品种 120 万亩。建立健全秸秆、农膜、农药包装废弃物、畜禽粪污等农业废弃物收集利用处理体系。持续推进秸秆综合利用，聚焦重点区域和主要方向，积极宣传和推介先进技术和典型，培育一批市场利用主体，推进秸秆高值化利用。持续推进农膜回收科技创新和示范应用，继续支持农膜替代技术和全生物可降解农膜研发以及示范推广工作。以粮食作物科学精准施肥、经济作物减量增效施肥为方向，深入推进化肥精准减量。以推进科学用药、推广高效机械、规范市场销售为重点，深入推进化学农药减量。

（二）加快发展生态低碳农业

协同推进降碳、减污、扩绿、增长，推动农业发展绿色转型。积极开展农业农村领域"零碳"试点工作，探索农业固碳增汇和空间减排的优化路径，打造"零碳农业"的湘湘样板。统筹农业稳产高产与生态低碳发展，继续推动种植业、养殖业绿色发展、高质量发展。发展种养循环农业。大力开发利用冬闲田种植油菜。推进畜禽规模化养殖场和水产养殖池塘改造升级。保持"一禁十年"的战略定力，常态化抓好长江十年禁渔，不断夯实长江十年禁渔基础。推进农业资源利用节约化，落实最严格的耕地保护制度，新建高标准农田 175 万亩、提质改造 170 万亩，提高水资源利用效率。

推进农业投入品减量化。推进生态链条绿色化。加强绿色优质农产品基地建设，深入推进农产品"三品一标"行动，大力发展生态循环农业，提高测土配方施肥覆盖率，着力建设优质基地、培植优良品种。加快推进食用农产品达标合格证、"身份证"和农产品追溯管理。擦亮"农产品、湘当好"名片。持续打造"中国粮·湖南饭"金名片，深入推进省级和片区农业公用品牌、"一县一特"农产品优秀品牌建设。加强重点入侵物种防控和农业野生植物保护，全力以赴打赢农业外来入侵物种普查攻坚战，高质量做好普查收官工作。

（三）扎实推进宜居宜业和美乡村建设

坚持农业现代化和农村现代化一体推进，建设农民幸福家园。强化协调形成乡村建设合力。以"多规合一"实用性村庄规划为引领，协调相关部门抓好农村基础设施和公共服务体系建设。突出重点改善农村人居环境，争创 20 个以上国家美丽宜居村庄，争创 50 个省级美丽乡村示范村。

（四）推进体制机制创新

扎实开展集成治理农业面源污染试点，整合投入品减量增效、畜禽粪污资源化利用等项目资金，探索建立整县全要素全链条综合防治工作机制。认真抓好国家农业绿色发展先行区创建，做好茶陵县、汝城县第三批国家农业绿色发展先行区创建工作。继续开展乡村治理示范村镇创建，推广应用积分制、清单制、数字化等治理方式，在乡村治理中充分调动、发挥农民主体作用，推进农业农村生态文明建设。继续做好农业农村领域生态环境损害赔偿工作。

B.10
推动林业高质量发展
为现代化新湖南添彩

湖南省林业局

摘　要： 本文系统总结了湖南省林业系统 2022 年生态文明建设的成效，主要从全面推行林长制、生态保护、生态提质、治理能力等四个方面总结了工作成效，明确了 2023 年的工作思路、主要目标，提出了全力度推深做实林长制、全方位维护生态安全、全领域实施生态保护、加速度推进生态提质、多维度做实生态惠民、全要素推进治理能力建设等六项具体举措。

关键词： 林业林长制　生态安全　生态文明建设

2022 年，在湖南省委、省政府的坚强领导和国家林草局的有力指导下，湖南林业系统认真贯彻落实习近平生态文明思想和党的二十大精神，有效应对经济下行、疫情冲击、极端气候等困难和挑战，积极融入和服务"三高四新"战略，圆满完成目标任务。全年完成营造林面积 38.30 万公顷，为年度计划的 147%；全省森林覆盖率达 59.98%，同比增长 0.01 个百分点；森林蓄积量达 6.64 亿立方米，同比增长 2300 万立方米；湿地保护率稳定在 70.54%；草原综合植被盖度"国土三调"后重新核定为 86.3%；全省林业产业总产值达 5540 亿元，同比增长 2.5%；森林火灾受害率控制在 0.129‰；林业有害生物成灾率控制在 5.35‰。湖南省国土绿化、自然保护地体系建设、野生动植物保护、油茶等林草产业发展、林草科技和信息化建设、稳经济大盘用林用草要素保障等 6 项重点工作受到国家林草局表彰。岳阳县林长制工作代表全省获国务院真抓实干督查激励，湖南省林业局获评2022年度全省落实国务院督查激励成绩突出单位。全省森林、草地、湿地等生态系统功能稳步提升，为现代化新湖南建设筑牢了生态根基。

一　2022年湖南林业生态文明建设工作主要成效

（一）林长制工作全面见效

一是领导高度重视。湖南省委书记、省长（同时担任省总林长）出席省总林长会议，共同签发2022年第1号总林长令，全体省委常委和省政府副省长共15位省领导担任省副总林长。实行副总林长对全省14个市州和南山国家公园一对一分区负责，推动各级林长积极履职，省市县三级林长带头开展巡林护林20798次，协调解决问题4937个。成功将林长制工作纳入省政府2022年真抓实干督查激励措施和对市州绩效考核范畴，推动林长制从全面建立到全面见效。

二是机构不断完善。省级成立了省林长制工作委员会和林长制工作处，据统计，已有11个市州、87个县市区明确了林长办机构人员编制，单独设置了林长制工作机构，全省共保留和恢复乡镇林业站1212个，1755个涉林乡镇（街道）均设立了林长制工作办公室。

三是机制日趋成熟。健全部门协作机制，建成启用林长制智慧管理平台，搭建完善"一长四员"源头管护体系，开发建成全省护林员巡护系统，推广使用率达100%，生态护林员有效巡护率稳居全国第一。全省"林长制实施运行"在国家考核中排名全国第一，国家林草局给予湖南林长制工作"起步晚、抓得实、推得快，希望继续起引领作用"的高度评价。岳阳市、怀化市、湘潭市、长沙市、资阳区、石门县、双峰县、南岳区、桑植县、安仁县、古丈县、炎陵县、洞口县、祁阳市的林长制工作获省政府真抓实干督查激励。

（二）生态保护更加严实

一是森林防火难中有为。面对湖南省自 1961 年有气象记录以来的高温少雨、夏秋冬连旱的极端天气，全省林业系统以最顶格的重视、最周密的部署、最务实的举措、最严格的督查来抓森林防火，湖南省委书记、省长共同签发省总林长令《关于加强森林草原防灭火工作的令》，省长签发了《湖南省封山禁火令》，组织开展了森林火灾隐患排查整治等专项行动，省市县三级林业干部职工实行包片蹲点督导服务，5.7 万名护林员在森林高火险期全勤在岗，全省森林火灾发生率较同等气候条件的 2013 年下降 90% 以上，守牢了森林防火安全底线。

二是保护地体系建设难中有成。理顺了南山国家公园省直管体制，优化了申报范围，提出了机构设置方案，南山国家公园正式纳入国务院批复的《国家公园空间布局方案》候选区。自然保护地整合优化预案再完善工作强力推进，风景名胜区整合优化预案编制全面完成。新增毛里湖、舂陵两处国际重要湿地。完成了"福寿山汨罗江风景名胜区"涉林生态问题整改。壶瓶山、八大公山国家级自然保护区入选世界自然保护联盟绿色名录。

三是资源管护难中有进。严格执行林地审核审批制度，共办理使用林地建设项目 3641 宗、7318.2 公顷。完成了公益林调整优化和天然林保护修复中长期规划编制。出台《湖南省林草湿资源督查管理办法（试行）》，开展了"虎威行动"、林业生态环境综合整治行动，严厉打击各类破坏林草湿资源违法行为。湖南省林业局获评国家林草局"林草生态监测评价工作贡献突出单位"。开展古树名木保护专项治理行动，配合破获了"6·06"危害国家重点保护植物案。成功拔除了炎陵县、双清区、安乡县和宁远县 4 个松材线虫病疫区，成灾面积降至历史最低值，慈利县、道县、通道县获评先进国家级林业有害生物中心测报点。调整了省地方重点保护野生动物、植物名录，在全国率先开展县域生物多样性资源调查监测，划定了 12 条主要候鸟迁徙通道，邵阳市驯化放归朱鹮 12 只，江豚频现益阳南洞庭湖和湘江长沙段。

（三）生态提质稳步实施

一是国土绿化工程全面铺开。国家林草局与湖南省人民政府部省共建科学绿化试点示范省，省人民政府办公厅出台了科学绿化和推进草原生态保护修复的实施意见，制定了森林质量精准提升实施意见，实施了湘江"千里滨水走廊"建设，完成人工造林8.60万公顷、封山育林7.63万公顷、退化林修复8.96万公顷、森林抚育13.11万公顷、人工种草5500公顷、草地改良7100公顷。湘潭市、衡阳市成功争取中央财政国土绿化试点示范项目。桑植南滩、城步南山入选全国首批12个国家红色草原名录。

二是湿地提质工程稳步实施。重新核定湿地面积为137.07万公顷，新创建醴陵官庄湖、新宁夫夷江、通道玉带河、麻阳锦江等4个国家湿地公园，国家湿地公园数量居全国第一。开展了洞庭湖湿地生态保护修复2022年行动，实施了洞庭湖候鸟栖息地修复试点，完成全省78处省级以上湿地公园质量管理评估。

三是油茶扩面提质工程持续推进。推动油茶扩面提质增效，全年完成油茶林新造3.71万公顷、低产林改造9.55万公顷，小作坊升级改造160家，建设油茶果初加工与茶籽仓储交易中心20家，6个油茶品种列入全国油茶主推品种，"湖南茶油"公用品牌入选"2022中国区域农业产业品牌影响力指数TOP100"，全省油茶林面积、产量、产值、科技水平稳居全国第一。

（四）生态惠民纵深推进

一是开展助力乡村振兴行动。出台《关于支持15个乡村振兴重点帮扶县跨越发展帮扶措施》，投入51个脱贫县生态效益补偿等资金达20.72亿元。选聘国家和省级生态护林员共36740名。省林业局驻点帮扶的麻阳县高村镇富田坳村获评"湖南省美丽乡村示范村"。

二是推进产业提质增效行动。克服严峻自然灾害影响，集中精力发展五大千亿级产业，油茶产业产值达470亿元，竹木产业产值达1167亿元，林下经济产值达526亿元，生态旅游创综合收入1153亿元，花木产业产值达

645亿元。新增国家级、省级林业产业龙头企业119家，省级林下经济示范基地47家。全省食用林产品合格率达98.4%。

三是深化科技创新行动。加快岳麓山实验室林科院片区、木本油料资源利用国家重点实验室、中国油茶科创谷和国家林木种质资源设施保存库湖南分库等国家级林业科技创新平台建设，全面推进省植物园物种保育和专类园建设，完成青羊湖森林航空消防直升机场建设，大鲵科研救护基地迁建进展顺利。组建了岳麓山林木航天育种联合实验室，促成了首批湖南油茶种子搭载神州十四号飞船进入太空。申报部省级科研项目76项，实施省级林业科技创新项目38项，选派市县科技特派员201人。

四是实施城乡绿化美化行动。修订了《湖南省森林城市评价指标》，编制了《湖南省乡村绿化美化技术规程》和《古树名木保护手册》，推荐怀化、岳阳、娄底、邵阳申请国家森林城市称号。衡阳市启动国家森林城市创建并率先开展了通道绿化。湘乡市、中方县通过国家森林城市规划评审。长株潭绿心中央公园花卉园艺博览园加快建设。长沙市、湘潭市、怀化市、石门县、沅江市、常宁市、隆回县林业局获评"全国绿化先进集体"。

（五）治理能力稳步提升

一是机关党建全面加强。深入学习贯彻党的二十大精神，严格落实"第一议题"制度，创新开展"一支部一品牌"建设，主动迎接湖南十二届省委第一轮巡视，基本完成巡视反馈问题整改，制定修订各类制度46项，湖南省委第五巡视组给予局党组"积极履行全面从严治党主体责任，政治生态向好发展"的高度评价，巡视整改工作赢得了省纪委监委的一致好评。全面开展"人事档案清理"等3个专项行动，选人用人工作好评率达95.3%。率先在省直机关中开展内部巡察、政治建设考察试点，着力推进监督机制具体化、精准化、常态化。

二是林业改革持续深化。湖南省政府办公厅印发了《关于巩固拓展国有林场改革成果推进秀美林场建设的通知》，完成国有林业资产资源清查处置，金洞等8个国有林场列入国家森林经营重点试点单位，永定区石长溪、宁远县九嶷山、临武县西山国有林场获评全国"十佳林场"，青羊湖林场列入全国现代国有林场建设试点。出台《关于支持家庭林场和林业合作社发展的若干意见》，开展农村产权抵（质）押融资金融服务创新试点。推动省政府与中林集团签订战略合作协议，成立中林湘投公司，筹划推进怀化市、湘南地区国储林试点。创新开展林业碳汇行动，江华国有林场纳入国家森林碳汇试点，选定了21个全省林业碳汇工程试点县。省林勘院转企改革稳步推进。

三是行政效能不断提升。林业再信息化快速推进，林业大数据项目完成主体开发并投入试运行，湖南省森林防火调度管理平台省级林业指挥中心建成投入使用。林业法治化持续推进，开展了"湖南省重点保护陆生野生动物致害补偿办法"等3件法规规章立法调研，出台了行政执法三项制度。湖南省级林业政务服务事项全部实现"一网通办"，办结时限提速53.8%。用草用林要素保障在国家林草局考核中排名全国第一，湖南省林业局获评省重点项目建设优秀单位，林地审批工作获省长批示表扬，政务中心林业窗口获评全省"文明窗口单位"、湖南省直青年文明号。信访工作、督查督办、建议提案办理、平安建设等工作继续保持全省先进。

二　2023年湖南林业生态文明建设工作思路及重点

2023年工作思路是以习近平新时代中国特色社会主义思想为根本遵循，全面贯彻党的二十大精神，认真践行习近平生态文明思想，严格落实湖南省委、省政府和国家林草局决策部署，站在人与自然和谐共生的高度谋划林业发展，统筹山水林田湖草沙系统治理，守底线、提质量、出效益、强能力，深入推进生态安全、生态保护、生态提质、生态惠民、生态治理，打好打赢林业阵地"发展六仗"，着力提升"一江一湖一心三山四水"生态质量，为全面建设社会主义现代化新湖南做出新的林业贡献。

2023年主要目标：实现营造林26万公顷以上，草地保护修复5000公顷，森林覆盖率、森林蓄积量保持稳定，湿地保护率稳定在70.54%以上，

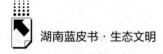
草原综合植被盖度稳定在 86% 以上，林业产业总产值保持稳步增长，森林火灾受害率控制在 0.9‰以下，林业有害生物成灾率控制在 8.02‰以下。

主要任务如下。

（一）全力度推深做实林长制

1. 完善责任体系

健全"省级统筹协调、市县分级负责、乡村具体落实"的责任机制，指导规范各级林长组织体系、责任体系，完善成员单位协作机制，压实包片责任，凝聚工作合力。夯实"一长四员"网格化管护体系，完善"一长四员"工作制度，推进生态护林员规范化管理。加大林长制巡护系统推广使用力度，全面提升林长制信息化管理水平。举办市县林长培训班，增强基层林长履职能力。

2. 强化制度执行

推动林长会议、林长令、林长巡林等制度落地落实，充分发挥总林长会议、总林长令、省级林长巡林等平台和机制作用，着力解决涉林立法、森林防火、松材线虫病防控、油茶产业发展等一批重点难点问题。组织各级林长开展全覆盖常态化巡林，推动林草重点工作任务落实。推进林长制立法，实现从"有章可循"到"有法可依"。

3. 用好督查考核

强化林长制督查督办，出台林长制工作要点，优化林长制考评体系，科学制定考核指标和评分细则，强化林长制考核结果运用，充分发挥考核"指挥棒"作用。完善林长制实施成效评估制度机制，开展先进单位、优秀林长、护林员标兵评选活动，积极推介宣传林长制先进经验和典型做法，营造浓厚工作氛围。

（二）全方位维护生态安全

1. 着力提升森林防火综合能力

启动全省森林防火林业能力提升两年行动，新建林火阻隔系统 1.11 万千米，新建森林消防蓄水池 4500 个，新增蓄水 11.25 亿立方米，夯实基层林业系统森林消防队伍和装备建设，建设国有林场和重点自然保护地森林消防队伍 110 支，提升森林火灾综合防控能力。完成森林火灾风险普查，开展打击违法用火行为等专项行动，全面打好打赢森林防火翻身仗。

2. 不断强化林业有害生物防控

深化林业有害生物监测预警、检疫御灾、防灾减灾体系建设，完成草原有害生物普查和外来入侵物种普查，强化灾害监测预警预报。加强森林植物检疫检查站和检疫执法队伍建设，加强无公害防治技术推广应用，建立林业有害生物联防联治机制，全面提升防控能力。持续开展松材线虫病五年攻坚、"护松 2023"检疫执法等专项行动，遏制重大危险性林业有害生物扩散蔓延。

3. 全面防范化解系统性安全风险

压实林业安全生产工作责任，厘清行业监管职责和界限，健全安全生产督查制度。加强国有林场、自然保护区、森林公园、湿地公园、地质公园、风景名胜区等重点区域安全管理，全面排查整治林区房屋建筑、道路交通、生态旅游、野外作业、林产品加工等重点领域安全隐患，守住林业安全生产底线，确保不发生系统性安全风险。扎实做好防灾减灾、林业禁毒有关工作，加强食用林产品质量安全监管，确保人民群众"舌尖上的安全"。

（三）全领域实施生态保护

1. 强化自然保护地保护

力争南山国家公园正式设立，做好批复后机构设置、总体规划、勘界立标等工作，保护好国家公园核心价值资源。有序推动自然保护地整合优化预案落地，督促指导自然保护地及时开展总体规划编制及修编。深化自然保护地全面监督工作，持续推动各类涉自然保护地生态环境问题整改。实施好自然保护地重大生态保护修复工程，加快自然保护地监测体系建设，全面提升自然保护管理能力水平。全力推进大鲵科研救护基地迁建工作。

2.强化林草湿资源保护

持续开展森林督查和林地保护专项行动，从源头上遏制破坏各类林草湿资源违法行为的发生；研究出台公益林和天然林管理办法，推动公益林和天然林并轨管理；修订完善地方湿地保护法规，把更多重要湿地纳入自然保护地管理。强化用林用草要素保障，推进新一轮林地保护利用规划编制，抓好森林资源管理"一张图"年度更新，加强林草生态综合监测评价，修订《林木采伐管理办法》和《林木采伐技术规程》，开展森林经营试点和古树名木保护专项治理行动，加强古树名木日常监管、抢救复壮、文化应用等工作。

3.强化生物多样性保护

加强珍稀濒危物种及其栖息地保护，加强候鸟迁徙通道保护管理，推进朱鹮野化放归等重点工程。全面完成生物多样性资源调查，建立生物多样性数据库。出台"湖南省重点保护陆生野生动物致害补偿办法"，科学采取监测预警、种群调控、保险补偿等措施。开展联合执法行动，打击非法交易野生动植物资源行为。加强疫源疫病监测防控预警体系建设，推进实施野生动植物保护重大工程项目。开展"观鸟节""爱鸟周""世界野生动植物日""世界老虎日""国际生物多样性日"等主题宣传活动。

（四）加速度推进生态提质

1.全面铺开科学绿化试点示范省建设

出台《湖南省科学绿化试点示范省建设实施方案》，科学规划国土绿化空间。以森林质量精准提升为抓手，打造一批带动作用强、示范效果好的科学绿化示范场、示范片、示范点。抓好武陵山区生态保护修复等工程项目实施，加强省级生态廊道等项目建设，推进国家草原自然公园试点，开展基本草原划定试点研究，加强国有草场和红色草原建设，及时发布国土绿化状况公报。推广"互联网+全民义务植树"模式。强化种苗质量监管。

2.积极推进湿地生态修复

推进洞庭湖湿地生态综合治理，编制《洞庭湖国际重要湿地修复方案》，实施南洞庭湖国际重要湿地保护修复、洞庭湖区域山水林田湖草沙一体化保护和修复等一批重点工程，开展候鸟栖息地修复试点，做好洞庭湖生态疏浚涉林工作。加快毛里湖、春陵等国际重要湿地建设，推动鼎城鸟儿洲、临澧道水河、赫山来仪湖、洞口平溪江、保靖酉水申报国家重要湿地。强化湿地生态监测评价和监管执法。探索湿地合理利用，让湿地公园成为人民群众共享的绿意空间。

3. 大力开展城乡绿化美化

巩固拓展绿心地区林相改造成果，积极参与绿心中央公园建设，加快推进花卉园艺博览园建设。加大国家森林城市创建力度，指导怀化、岳阳、娄底、邵阳等 4 市和新邵、宁远、韶山、湘潭等 4 县市申请国家森林城市称号。修订《湖南省森林城市管理办法》，完善考核机制，加大创森宣传，提高创建森林城市的知晓率和参与度。推进乡村绿化美化，开展"四旁"造林，建设一批具有地方特色的村庄小微公园、村庄公共绿地、村民广场、古树名木公园。

（五）多维度做实生态惠民

1. 提质林业产业惠民

以资源培育、生产加工、品牌建设为重点，推进油茶、竹木、生态旅游和森林康养、林下经济、花木等五大千亿产业高质量发展。保障油茶生产用地，完成油茶新造 7.53 万公顷、低改 11.07 万公顷，完善油茶林基地基础设施建设，开展油茶林水肥一体化建设试点示范。持续打造"湖南茶油""潇湘竹品"公用品牌，推动出台"湖南省人民政府办公厅关于加快竹产业创新发展的实施意见"，举办 2023 年湖南省花木博览会。

2. 推进乡村振兴惠民

制定湖南林业推进乡村振兴战略三年行动计划，推进巩固拓展脱贫攻坚成果同乡村振兴有效衔接。支持 15 个乡村振兴重点帮扶县跨越发展，加大对国土绿化、生态工程、重要生态系统保护和修复重大工程支持力度，切实保障乡村振兴重点项目征占用林地和林木采伐指标。启动林业基层特岗人才

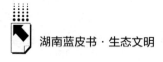

培养计划。

3. 强化科技创新惠民

推进岳麓山实验室林科院片区、木本油料资源利用国家重点实验室和中国油茶科创谷核心区工程项目建设，基本建成品种创制中心，完成油茶种业创新成果孵化中心主体建筑封顶，完成木本油料资源利用国家重点实验室中期评估和国家林木种质资源设施保存库湖南分库建设。完善岳麓山实验室林大林科院片区学术委员会和专家委员会，引进培养一批林业急需的科技人才，建设林业科技创新专家团队，打造行业领先、国内一流的林业种业创新高地。加强林业科技攻关和成果转化，开展林业科技特派员帮扶等科技下乡活动。

（六）全要素推进治理能力建设

1. 全面加强党的建设

加强政治建设，深入学习宣传贯彻党的二十大精神，扎实开展主题教育活动，开展"三表率一模范"机关创建，引导党员干部深刻领悟"两个确立"的决定性意义，增强"四个意识"，坚定"四个自信"，做到"两个维护"。加强组织建设，深化"一支部一品牌"创建，实施党支部"五化"提质工程，筑牢基层战斗堡垒。加强队伍建设，让领导干部特别是年轻干部经受严格的思想淬炼、政治历练、实践锻炼、专业训练，在复杂严峻的斗争中经风雨、见世面、壮筋骨、长才干。加强作风建设，积极推进清廉林业建设，着力强化项目资金监管，开展常态化明察暗访和专项整治。

2. 持续深化林业改革

巩固和深化国有林场改革成果，完善国有林场森林防灭火等基础设施，推进秀美林场建设，抓好国有林场森林经营、森林碳汇、现代林场试点。出台深化集体林权制度改革实施方案，开展深化集体林权制度改革综合试点，建立集体林地"三权"分置运行机制，加强林权流转监管和服务。深化"放管服"改革，调整权责清单、林业政务服务事项目录等清单，下放一批行政许可事项，密切跟踪承接实施情况，确保事项放得下、接得住、管得好。

3. 不断提升治理效能

加快林业法治化进程，推动出台"湖南省油茶产业发展条例""湖南省重点保护陆生野生动物致害补偿办法"，完成"湖南省林长制条例"等立法调研，建立健全林业行政执法管理监督制度机制，力争创建"湖南省法治政府建设示范单位"。加强林业信息化建设，推广用好林业大数据平台，打造"智慧林业"行业标杆。深化金融创新，推进中林湘投增资扩股和运营，筹建湖南林业碳汇研究院，开展林业碳汇工程试点，强化外资项目管理。完善规范化管理，加大增资引项力度，建立重大政策、项目绩效跟踪机制，确保资金分配使用精准、高效、安全。

地区报告
Regional Reports

B.11
长沙市2022~2023年生态文明建设报告

长沙市长株潭一体化发展事务中心

摘　要： 2022年，长沙市将生态文明建设融入社会建设各方面和全过程，持续改善生态环境质量，大力推动绿色低碳转型，实现了经济社会高质量发展和生态环境高水平保护协同并进。2023年，长沙市将以推动绿色发展和加强系统治理为驱动，坚持降碳、减污、扩绿、增长，推动建设人与自然和谐共生的现代化美丽长沙。

关键词： 生态文明　高质量发展　长沙

　　2022年，长沙深入学习贯彻习近平新时代中国特色社会主义思想和党的二十大精神，坚持以习近平生态文明思想为指导，在湖南省委、省政府的坚强领导下，坚持生态优先、绿色发展，有序推动绿色低碳转型，统筹推进碳达峰碳中和工作，强力推进生态环境治理，不断营造绿色低碳生产生活氛围，全市生态文明建设举措更加有力、成效更加凸显、成果更加惠民。

一 2022年长沙市生态文明建设情况

2022 年，长沙各级各部门自觉践行习近平生态文明思想，落实习近平总书记关于湖南工作的重要讲话和指示批示精神，奋力推动经济社会高质量发展和生态环境高水平保护协同并进。第一，生态环境质量获得新提升。全市森林覆盖率、湿地保护率均保持稳定，森林蓄积量净增长率 3.5%，空气质量优良天数 302 天，32 个国省控断面水质优良率和达标率连续四年实现 100%，城市水质综合指数同比改善 2.25%。"十年禁渔"成效显著，生物多样性措施有力，被誉为"水中大熊猫"的长江江豚群首次出现在湘江长沙段，星城大地展现出人与自然和谐共生的美丽画卷。第二，突出环境问题整改取得新成效。大力推进中央、省环保督察反馈问题整改，169 项问题完成 132 项，338 个环境风险隐患问题管控降级，梅溪湖隧道噪音问题整改获全省"十大典型案例"，以突出环境问题整改为契机，推动解决了一批历史遗留问题，及时回应了人民群众环境诉求，切实保障了生态环境安全。第三，绿色低碳发展开启新路径。有序推进碳达峰碳中和工作，获批全国绿色货运配送示范城市、湖南省绿色建造试点城市，入选废旧物资循环利用体系建设重点城市，长沙市机关生活垃圾分类和资源循环利用成为全国示范。新材料、电子信息、生物医药等新兴产业保持高位增长，高新技术产业增加值占 GDP 比重达 42.6%，服务业占 GDP 比重达 57%，经济社会发展实现新跨越、展现新活力。一年来，重点推进了以下六个方面的工作。

（一）坚持创新驱动，发展质量不断提升

推动科技创新与产业升级深度融合，着力振兴实体经济，构建绿色制造体系，加快新旧动能转换。

一是着力推动产业升级。深入实施制造强市工程、产业发展"千百十"（打造多个千亿级产业，培育一批百亿级企业，推进一批十亿级以上项目）工程、"规模以上工业企业倍增计划"，持续推进"1+2+N"（围绕工程机械

打造世界级产业集群，围绕先进储能材料、新一代自主安全计算系统打造国家级产业集群，围绕其他优势产业打造省级先进制造业集群）先进制造业集群建设。新增百亿产值企业7家。入围国家级服务型制造示范城市公示名单，10家企业获评国家级制造业单项冠军企业（产品）。加大规模以上服务业企业培育力度，获批国家级、省级两业融合试点企业25家、试点区域2个。战略性新兴产业建设连续三年获得国务院督查激励表彰，新一代自主安全计算系统产业集群成功晋升国家级先进制造业集群，获评全国人工智能创新应用先导区。数字经济形成支撑，总量超4000亿元，核心领域规上企业增加值超700亿元、增速达20%。

二是加快构建绿色制造体系。大力开展国家、省、市三级绿色制造示范，宁乡高新区和17家企业被列入国家级绿色园区、绿色工厂、绿色供应链管理示范企业、绿色设计产品创建公示名单，7家企业获评国家工业产品绿色设计示范企业，6家企业入选国家环保装备制造行业白名单。组织开展自愿性清洁生产，100家企业列入年度审核计划，65家企业完成自愿性清洁生产审核。完成22条砖瓦轮窑生产线淘汰退出。

三是大力加强科技创新。持续做强"三区两山两中心"〔三区，长株潭国家自主创新示范区、湘江新区、中国（湖南）自贸试验区；两山，岳麓山大学科技城、马栏山视频文创产业园；两中心，岳麓山种业创新中心、岳麓山工业创新中心〕，全省"四大实验室"〔岳麓山实验室、湘江实验室、芙蓉实验室、岳麓山工业创新中心（实验室）〕相继落子布局，国家技术创新中心实现"破零"。新增1家国家工程研究中心，总数达11家，位居全国省会城市之首。出台实施"科技成果转化新政"24条，科技成果转化合同成交额达750亿元。实施关键核心技术攻关，5个省十大技术攻关、39个"三高四新"重大科技项目超额完成年度任务，万人有效发明专利拥有量达51件。高新技术企业突破6600家，科技型中小企业达6380家。研发经费投入同口径增长17.1%。

（二）坚持绿色发展，"双碳"工作有序推进

坚持完整、准确、全面贯彻新发展理念，统筹把握全市发展实际，不断

优化碳达峰碳中和工作推进体系。

一是不断完善政策体系。长沙市委、市政府主要领导亲自指挥，定期召开领导小组工作会议铺排工作，形成市县联动、部门协同、全员参与的生动局面。科学编制碳达峰碳中和工作实施意见、碳达峰实施方案，明确了长沙市碳达峰的时间表、路线图和施工图，实施"10+10+10"行动方案，即推进碳达峰十大重点任务，打造十大标志性工程，建设十大零碳低碳试点示范区，部署谋划氢能产业、新能源及可再生能源等重点领域、重点行业专项方案及实施意见，加快构建"1+1+N+X"碳达峰、碳中和政策体系。

二是加快完善碳排放统计核算体系。成立长沙市碳排放统计核算工作组，开展重点行业碳排放数据核查，明确碳排放核算边界，测算结果多部门衔接。编制"十四五"应对气候变化专项规划以及 2020 年、2021 年温室气体排放清单，长沙县在全省率先发布县域生态产品总值（GEP）核算数据，浏阳市率先获批全省碳汇试点县。

三是切实加强节约用能。编制"十四五"节能减排综合工作实施方案，大力推动能源、交通、城乡建设等重点领域节能降碳。建立全市"两高"项目库，落实高耗能行业能效标准，对项目库分季度进行调度，实施动态调整。坚持和完善能耗双控制度，加强能耗指标统筹，全力保障优质重大项目用能。常态化开展固定资产投资项目节能审查、"两高"项目监察，督促提升能效水平。加强光伏、风电、天然气分布式能源等新能源项目建设，拨付市级分布式光伏发电项目补贴资金 1896.23 万元，惠及企业项目 165 个，新增装机规模 150 兆瓦。

（三）坚持综合治理，生态环境质量持续改善

坚持全流域治理、全要素保护，纵深推进污染防治攻坚战，持续改善生态环境质量。

一是深入打好蓝天保卫战。稳步推进"大气五条"，出台实施国Ⅲ及以下柴油货车通行管理通告，安装高压喷淋设施 88 处、重型柴油货车远程在线监控系统 6000 套，开展挥发性有机物排查整治，常态化开展扬尘专项整

治，完成老旧居民小区家庭油烟净化设施安装 1.06 万户。全市空气质量综合指数 3.75，优良率 82.7%，PM2.5 年均浓度 38 微克/米^3，重污染天数同比减少 5 天，四项指标改善幅度均居全省第一，全市环境空气质量综合指数及改善幅度获得省政府真抓实干督查激励。

二是深入打好碧水保卫战。推进"一江一湖六河"（湘江长沙段、团头湖、龙王港、浏阳河、捞刀河、靳江河、沩水河、沙河）综合治理，落实汛期、枯水期、蓝藻特护期水质保障措施，完成 47 个农村千人饮用水源地环境问题整治、43 个湘江干流入河排污口整治，新增污水处理能力 15 万吨/天，规模养殖场粪污处理设施装备配套率达 100%，浏阳河、长沙县松雅湖获评全省美丽河湖优秀案例，圭塘河治理经验入选水利部全面推行河长制湖长制优秀案例汇编。

三是深入打好净土保卫战。持续推进农用地涉镉等重金属污染源头防治，有序推进"无废城市"建设，全面完成 40 个农村环境整治任务村和 3 条黑臭水体治理年度任务。全市土壤环境质量总体安全，耕地安全利用率 90%，重点建设用地安全利用得到有效保障。

四是有效整改突出环境问题。完成中央、省反馈的 132 项突出环境问题整改销号，按时序推进 37 项。完成湖南省污染防治"夏季攻势"下达长沙市八大类 231 项任务，浏阳市"夏季攻势"入选湖南省政府真抓实干督查激励，长沙经开区（长沙县）和浏阳市案例获全省"夏季攻势"十佳典型案例。强化多部门联合执法，办理生态环境违法案件 469 起，处罚 1517.8 万元。启动生态环境损害赔偿案件 110 起，办结 101 起、有序办理 9 起。

（四）坚持生态优先，绿色发展根基更加牢固

加强规划引领和源头管控，统筹山水林田湖草一体化保护修复，不断筑牢生态安全屏障。

一是统筹推进生态修复专项规划。推进国土空间总体规划编制，调整优化生态保护红线、城镇开发边界，开展"三线"试点划定工作。编制完成国土空间生态修复专项规划，助力国土空间格局优化。完成长沙市第四轮矿

产资源总体规划送审，推进绿色矿山建设，27 家矿山达到湖南省绿色矿山标准。编制《长沙市矿山地质环境保护规划（2021~2025 年）》，完成历史遗留矿山图斑修复 73.29 公顷，完成有责任主体废弃矿山修复 63.29 公顷。严格落实"三线一单"分区管控，规范规划和项目环评，全市共审批建设项目环评 821 个。

二是全面实施国土绿化行动。以"林长制"促进"林长治"，构建"四位一体"林长履职机制以及"两单一函"巡林机制，建设国土绿化试点示范项目 17.43 万亩，超额完成年度营造林任务 16.05 万亩，完成率达 286.61%。持续开展湿地系统治理、生物多样性调查、"绿盾"行动，启动"绿心地区新一轮的林相改造（2023—2025）"，总建设面积约 8300 亩。

三是加强绿心生态保护与修复。出台《长沙市生态绿心地区违法违规行为处理办法》，严格违法违规项目（行为）执法监管和整改验收，确保已退出工业企业无反弹，有效遏制违法违规行为。争取落实省、市两级绿心地区生态补偿资金 3896 万元，支持生态项目 27 个，督促绿心地区各区（市）落实区级基础性补偿资金 2127 万元，有效激发基层保护绿心的积极性。

四是深入推进生态文明示范创建。市级第二批生态文明建设示范创建的 10 个镇、20 个村均顺利通过专家验收，探索五种"两山"转化模式被《中国环境报》推介。长沙县获评国家"绿水青山就是金山银山"实践创新基地。

（五）坚持协调发展，城乡融合品质显著增强

坚持综合施策，统筹城乡发展，不断提升功能品质，增强老百姓幸福感和获得感。

一是全面改善市容市貌。持续深化全民生活垃圾分类，全市生活垃圾回收利用率达到 42.68%，较 2021 年同期提高 1.83 个百分点，资源化利用率达到 86.79%，生活垃圾无害化处理率 100%。铁腕治理渣土扬尘、餐饮油烟以及秸秆焚烧等面源污染，促进"数字城管"与网格化管理有机融合，实现主城区清扫保洁全覆盖，城区面貌持续改善。

二是全面实施乡村振兴战略。加快乡村振兴示范市创建，建设美丽宜居村庄 846 个，率先全国启动城乡环境卫生公共服务改革，深入开展农村环境综合整治，巩固提升小微水体示范片区 90 个、美丽幸福河流 30 条。农村厕所无害化改造 6600 座，实现动态清零。培育发展秸秆综合利用市场主体 86 家，以乡镇为单位建立秸秆收储中心 79 家，全市秸秆综合利用率 91.84%。完成 1047 家规模养殖场（养殖大户）畜禽粪污设施配套建设，粪污资源化综合利用率达 94.81%。

三是绿色交通不断完善。持续推广纯电动车和新能源车，全市纯电动公交车占比达 70.8%，巡游出租车全部为纯电动车和清洁能源车，网约出租车纯电动占比达 70.5%。优化、调整公交线路 65 条，公交线网密度、公交地铁接驳率进一步提高，开通 13 条"村村通"公交线路，实现城区建制村 100% 通公交。37 家企业共 4824 台车辆接入绿色货运配送平台，同比增加 21%。

四是融城发展加速提质。深入推进长株潭一体化发展，长株潭都市圈获批中部首个国家级都市圈，顺利召开贯彻落实"强省会"战略暨长株潭都市圈发展第四届市委书记联席会议，发布推进长株潭都市圈发展行动计划，城际轨道交通西环线一期试运行，长株潭政务服务专区高效运转。南部融城片区规划进一步优化，大托铺机场搬迁基本完成，湘雅医院新院区启动建设，绿心中央公园总体设计获批，绿道项目启动建设。

（六）坚持多元参与，共建共享氛围不断浓厚

全面贯彻落实习近平生态文明思想，着力健全参与机制，拓展载体平台，突出典型引领，引导居民群众践行绿色发展理念。

一是深化两型示范创建。紧密结合"双碳"、拒塑、光盘等行动部署，及时调整两型示范创建重点，组织各区县（市）50 余家社区、村庄、学校参与创建，打造了华月湖社区、巷子口社区等典型项目，累计培育省、市级两型单位 1100 多家，示范效应不断彰显。

二是丰富主题活动。举办 2022 年六五环境日长沙主场活动，湖南省委常委、长沙市委书记吴桂英宣布活动启动并为示范乡镇、村授牌，全面展示

长沙生态治理成果。开展国际生物多样性日、全国低碳日、绿心体验官等主题宣传活动，组织公益宣讲 100 余场次，推进环保设施向公众开放，充分发挥志愿者社会监督作用。

三是加强宣传报道。开展多种形式立体宣传报道，全年宣传报道 1300 余条，在湖南日报等主流媒体专版打造长沙生态环境质量十年大跃升等精品文章、重点报道，央视《焦点访谈》栏目对浏阳市生态文明建设工作进行专题推介。充分利用政务新媒体，全面展示全市生态文明建设成果，广泛宣传绿色低碳发展理念，引导公众共建清洁美丽世界，关注参与生态文明建设。

二 长沙市生态文明建设面临的形势和存在的主要问题

2023 年，长沙市生态文明建设仍处于压力叠加、负重前行的关键期，全市生态文明建设的任务依然艰巨，面临诸多问题和困难。

一是碳达峰碳中和背景下经济绿色转型压力加大。碳达峰对调整能源结构、产业结构、交通运输结构提出了更高的要求，全市工业企业绿色水平有待提高，公转铁、公转水调整压力大，实现碳达峰碳中和目标愿景的时间紧迫、任务艰巨。

二是生态环境保护结构性、根源性问题尚未根本解决。空气质量仍未摆脱"气象影响型"，稳中向好的基础还不稳固，由量变到质变的拐点尚未出现。湘江、浏阳河、沩水近两年蓝藻水华强度呈上升趋势，特别是碰到持续高温少雨天气，河湖流量急剧下降，存在水环境质量变差风险。城乡基础设施建设历史欠账多，老城区雨污合流、新建城区雨污分流不到位、雨期排口溢流等问题短期内难以根治。

三是生态文明体制改革仍面临很多难啃的硬骨头。生态环境治理能力和治理体系现代化水平不高，污染防治科技支撑力量不足，生态文明政策法规体系还有待健全，生态产品价值实现机制仍需加快探索创新，生态文明体制改革的系统集成和落地转化仍需下大力气抓紧抓实。

三 2023年长沙市生态文明建设主要 思路及重点举措

2023 年，长沙市生态文明建设工作坚持以习近平新时代中国特色社会主义思想特别是习近平生态文明思想为指导，牢固树立和践行绿水青山就是金山银山的理念，以推动绿色发展和加强系统治理为驱动，坚持降碳、减污、扩绿、增长，坚决打好污染防治攻坚战，巩固提升生态环境质量，提高资源能源利用效率，促进经济社会全面绿色转型发展，推动建设人与自然和谐共生的现代化美丽长沙。重点做好以下几方面工作：

（一）强力推动绿色低碳发展

一是立好绿色发展的规矩。启动美丽长沙建设，积极参与美丽湖南建设市县先行试点。推进"三线一单"分区管控与国土空间规划衔接，强化规划环评、项目环评和排污许可联动，建立健全以排污许可制为核心的固定污染源监管体系。健全环境经济政策，深化排污权交易，依法推行环境污染强制责任保险。大力发展绿色金融，畅通绿色投融资渠道，支撑经济结构实现绿色低碳转型。

二是积极稳妥推进碳达峰碳中和。加快编制能源、住建、交通、农业、工业等领域碳达峰方案。扎实开展湖南湘江新区、自贸区长沙片区、马栏山视频文创产业园等双碳试点示范建设。探索开展重点园区能耗"双控"考核。加强强制性清洁生产审核，引导重点行业深入实施清洁生产改造。加快推进重点行业、重要领域绿色化改造，坚决遏制两高项目盲目发展。积极调整能源结构，推进煤炭减量和高效利用，大力推动光伏、风电、生物质能等可再生能源发展，推进宁乡、浏阳垃圾焚烧项目建设。

三是加快新旧动能转换。深入推进国家、省、市绿色制造示范，推进22 条产业链优化整合，持续巩固工程机械、电子信息、新能源汽车、先进储能材料等优势产业，推动大数据、云计算、人工智能、物联网等新兴产业融合集群发展，强化企业创新主体地位，力争高新技术企业总数达7300家，高新技术产业增加值增长10%以上。

（二）大力改善生态环境质量

一是打好蓝天保卫战。建立健全污染天气环境监测、预警和应急响应体系，全面实施长沙市空气质量提升保障服务项目，组织开展重污染天气消除、臭氧污染防治、柴油货车污染治理等标志性战役，全年空气质量优良率达84%，优良天数不少于307天，重度及以上污染天数完成省定目标。

二是打好碧水保卫战。统筹推进"一江一湖六河"综合治理，加强"千吨万人""千人以上"饮用水水源保护区问题整治，加强汛期、枯水期、蓝藻特护期水生态环境管理。推动雨污分流和排口溢流问题整改，巩固黑臭水体治理成效，争创美丽河湖优秀案例。国、省考断面水质优良率100%，县级及以上集中式饮用水水源地水质达标率100%。

三是打好净土保卫战。深入推进农用地和重点建设用地土壤污染防治和安全利用，开展涉镉等重金属关停企业及矿区历史遗留固体废物排查整治，确保耕地安全利用率达标。推进农村环境整治，完成30个农村生活污水治理。

四是做好突出环境问题整改。配合第二轮省级生态环境保护例行督察，推动年度整改任务按时销号。持续开展"利剑"行动，对重点领域、重点行业、重点区域全面开展生态环境风险隐患排查，加强"一废一品一库"（危险废物、危险化学品、尾矿库）环境风险和核与辐射监管，及时消除环境风险隐患，切实筑牢生态安全屏障。

（三）奋力抓好生态保护修复

一是统筹推进自然资源保护和合理利用。推进"绿盾"专项行动，完成65公顷历史遗留矿山年度生态修复任务，深化全域土地综合整治试点。高标准完成17.43万亩国土绿化试点示范项目建设任务，加快创建国家生态园林城市。深化"一江同治"、严格"一心保护"，统筹推进长株潭生态环境保护一体化发展。组织做好国家生态文明建设示范区复核，开展国家、省

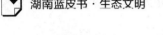

市生态文明建设示范镇（乡）、村创建。

二是全面加强绿心地区生态保护。开展长株潭城市群生态绿心地区总体规划（长沙部分）优化调整研究，修订绿心保护问题整改责任追究暂行办法，严格绿心地区项目准入审批，有序推进绿心生态补偿。加快实施绿心区林相改造，重点在洞株公路、奥体中心、湘江东岸、新韶山南路等重要节点区域打造"一屏一带一圈"特色生态廊道。

三是全面提升执法监测能力。强化监管执法效能，推动"长沙市餐饮业油烟污染防治条例"立法。深入推进生态环境损害赔偿。强化"两法"衔接，严厉打击环境违法犯罪。优化完善全市生态环境监测网络，完成空气质量标准化街镇站建设。加强环境应急预警预报预测，提升生态环境安全应急管理能力。

（四）着力促进城乡协调发展

一是加快推进长株潭都市圈融城建设。贯彻落实强省会战略及长株潭都市圈建设要求，加快推进"六大重点领域"50项任务达质达效。积极创建长株潭生产服务型国家物流枢纽，加快建设长株潭都市圈多层次轨道交通。推进长株潭要素市场化配置国家综合改革试点建设。推动南部融城片区加快打造绿色融城示范区，高质量推进大托—解放垸片区开发，推进绿心中央公园、花博园、国家医学中心、奥体中心等项目建设。

二是切实提升城乡发展品质。全面建设乡村振兴示范市，大力建设宜居宜业和美乡村。新改建农村公路600千米，清淤扩容骨干山塘500口，全面完成现有小型病险水库除险加固，建设小微水体示范片区20个，加快推进湘江东岸、敢胜垸堤防提质改造。加快建设公共交通基础设施、城市慢行绿道系统、绿色高效货运体系，绿色交通出行比例达75%以上，绿色完整社区创建比例达到22%。

三是推动形成绿色低碳生产生活方式。强化公众参与，办好六五环境日主场活动，利用全国低碳日、国际生物多样性日等重要节点，加强生态文明建设宣传教育，增强群众节约意识、环保意识、生态意识。落实垃圾分类制度，加强塑料污染全链条防治。开展绿色生活创建行动，引导绿色出行，推广绿色建筑，营造绿色低碳生活新时尚。

B.12

株洲市2022~2023年生态文明建设报告

株洲市人民政府

摘　要： 2022年，株洲市深入践行习近平生态文明思想，坚持生态优先、绿色发展，在湖南省委、省政府的正确领导下，治污染、促转型、防风险、抓攻坚、保长效，环境质量持续改善。2023年，株洲市将以更大力度协同推进降碳、减污、扩绿、增长，力促生态环境"提档、升级、进位"。

关键词： 生态文明　污染防治　绿色发展

一　2022年株洲市环境保护目标完成情况

2022年，株洲市坚持以习近平生态文明思想为指引，高位推动生态环境保护，深入打好污染防治攻坚战，取得积极成效。第一，空气质量方面，市区空气质量优良天数296天，优良率为81.1%；空气综合指数为3.70，改善率居全省第3位，达到历史最好水平。第二，水环境质量方面，国控断面水质指数为3.0387，居全省第6位，改善率居全省第2位，达到历史最好水平。湘江株洲段、洣水水质持续保持或优于国家Ⅱ类标准，渌江水质基本保持Ⅱ类。第三，土壤环境质量方面，污染耕地安全利用77.29万亩，受污染耕地安全利用率达91%以上；市区重点建设用地安全利用率和污泥无害化处置率均达100%。炎陵县获评省级生态文明建设示范区，实现株洲地区"零"的突破。

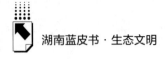

（一）坚定不移治污染

坚持科学治污、精准治污、依法治污，保持力度、延伸深度、拓宽广度，提升污染防治水平。

一是打好蓝天保卫战。切实抓好重点因子、重点区域、重点时段、重点行业、重点领域污染防治，完成大气污染防治项目 42 个。查处违规建筑工地 530 余次处，渣土车违规行为 290 余起，开展路检路查与入户检查 2000 台以上，淘汰老旧车辆 18 台，处置燃放烟花爆竹警情 200 余起，核查秸秆焚烧及疑似秸秆焚烧火点 51 处，开展散煤巡检 323 次。

二是打好碧水保卫战。大力实施水污染防治项目 196 个，启动渌江水污染防治立法工作，整治渌江流域规模以上养殖场 126 家。严格落实河长制，清理整改小水电站 4 座，加快实施陈埠港、建宁港等流域整治项目。炎陵沔水、洣水茶陵段获评"全省美丽河湖优秀案例"，株洲成为湖南唯一获评全国区域再生水循环利用试点城市。

三是打好净土保卫战。完成茶陵湾背钨矿废渣综合治理等项目 3 个。狠抓尾矿库污染防治，关闭退出落后矿山 98 个，生态修复历史遗留矿山 58 个，修复面积达 124.63 公顷。持续推进清水塘土壤污染治理工作，累计治理污染地块面积达 21.92 万平方米。清水塘片区转型发展获得全国人大常委会长江保护法执法检查组充分肯定，获《人民日报》多次"点赞"。

（二）多措并举促转型

锚定"培育制造名城、建设幸福株洲"奋斗目标，坚持以制造业绿色化转型为主抓手，加快国家产业转型升级示范区建设。

一是以"链群"聚力，加速构建绿色制造体系。以打造国家重要先进制造业高地为重点，大力实施产业发展"千百十"工程，全力培育电力新能源与装备制造等新兴优势产业链，加快构建"3+3+2"（轨道交通、航空动力、先进硬质材料，电子信息、新能源装备、汽车与零部件，一批传统产业、一批未来产业）现代产业体系。2022 年，全市制造业占 GDP 比重为

33.9%，制造业税收占比达到 31.9%，超过房地产成为第一大税源，全国先进制造业城市排名第 36 位。新增国家绿色制造专项 20 个，省级绿色制造专项 38 个。清水塘产业新城建设加快推进，三一石油智能装备、三一硅能、中车双碳产业园等一批大项目落地实施。全省唯一入选全国首批产业链供应链生态体系建设试点城市。

二是以"数字"赋能，加速推动绿色产业发展。突出以"两化"融合为路径，深化 5G、互联网、人工智能、大数据等技术在制造业领域的应用，累计建成 5G 基站 6400 余个，推动企业"上云上平台"2000 多家，获批湖南省制造业数字化转型"三化"重点项目 99 个。北斗产业园、天元软件园等专业园区建设全面启动。陶瓷企业自动化、智能化替代率超过 70%，服饰智慧商圈升级行动加快推进。

三是以"低碳"引领，加速构建绿色发展机制。出台全市碳达峰工作推进方案，"1+N"政策体系加快落地。大力实施节能降耗行动，严格煤炭、煤电、水泥、平板玻璃等行业产能化解和置换。加快实施智慧绿色能源互联网三年行动，炎陵抽水蓄能、攸县抽水蓄能、大唐华银扩能升级等项目加快建设。

（三）严防死守防风险

坚持从各个环节强化环境监管，切实防范化解环境风险隐患，未发生较大以上环境安全事件。

一是严格环评审批。严把审批准入，守住生态环境第一道防线，建设项目环境影响评价和"三同时"执行率达 100%。全市共审批新、改、扩建项目 461 个，否决不符合城市发展定位和环境保护要求项目 10 个。在全国率先开展"多评合一"试点，审查建设项目 10 余个，缩减审批时间 80%，经验在全省、全国推介。深入推进"放管服"改革，推行"一把手"走流程，服务大唐华银扩能升级及三一硅能、凯睿思等重大项目，助推加快落地。

二是严格环境执法。在湖南率先打造"村巡查、镇处置、县执法、市统筹"环境监管模式，深入开展"双打"等专项执法行动，积极推进生态环境损害赔偿、有奖举报工作，始终保持对环境违法行为高压严管态势。全年环境立案 222 起，罚款金额达 1562.3 万元；办理生态环境损害赔偿线索 147 件，赔偿金额 384.98 万元。同时，坚持柔性执法，累计实施轻罚、免罚案例 59 件，涉及金额达 810 余万元，有力助推了实体产业的发展。

三是严格风险管控。持续开展防范化解环境风险隐患"利剑"行动，全市 362 个环境风险隐患全部实现整治降级。在全省率先建设危废"智慧暂存间"，完成危险废物暂存间信息化达标建设 28 家。处置医疗废物 6399 吨，其中处置株洲地区医疗废物 4242 吨，处置湘潭地区医疗废物 2157 吨。拆解废弃电子产品 51 万余台（套）。

（四）精准发力抓攻坚

充分利用生态环境保护和治理系列政策，积极争取国家、省级支持，大力开展重点行动，实施环境整治项目，集中力量抓好突出问题整改，取得明显成效。

一是加强重点项目实施。以改善大气、水、土壤环境质量为目标，常态化开展项目收集、储备、申报工作，成功争取土壤污染防治项目资金 6710 万元、大气污染防治项目资金 1598 万元、水污染防治项目资金 1010 万元。完善生态环境保护投入机制，规范资金使用和项目管理，顺利完成一批生态环境治理项目。

二是加强重点问题整改。近年来，中央、省级环保督察和警示片累计反馈交办的突出生态环境问题 1581 个，2022 年底上报完成 1551 个，完成率 98.1%，均达到上级序时进度要求。天鹅湖黑臭水体治理入选全省"十大典型案例"，茶陵洣水风光带非法捕鱼整治被 2022 年省生态环境警示片列为整改正面成效披露。

三是加强重点行动推进。在全省率先打响污染防治"春雷行动"，完成各类污染防治项目 583 个，切实为打好污染防治"夏季攻势"奠定坚实基础。深入开展污染防治"夏季攻势",提前2个月完成上级下达的207个年度任务,完成进度居全省第1位。

(五)标本兼治保长效

强化生态环境保护和治理基础,加快建设现代环境治理体系,提升治理体系和治理能力现代化水平。

一是完善治理机制。拓展市生环委及其办公室职能,在全省率先出台《关于实施生态环境保护六条硬性措施的通知》等,整合市生环委办、市突改办、市蓝天办三个机构及职能,建立生环委6项运行机制,提高工作效能。创新污染防治工作考核机制,设立污染防治攻坚战年度奖惩资金账户,实行奖优罚劣,以考核倒逼责任落实。

二是提升治理能力。积极开展环境执法大练兵、监测大比武等,全面完成市生态环境局城区分局改革以及市环保研究院改制。启动"智慧环保"平台建设,深入推进"电力大数据+环境监管"模式,累计查获非法排污企业25家,排污单位自行检测工作完成率居全省第1位。

三是凝聚治理合力。全面落实生态环境保护"党政同责,一岗双责"和"三管三必须"要求,压实工作责任。完善群众参与和评价机制,成功举办六五环境日主场活动、生态文明"六进"活动等,打造了一批极具株洲特色的生态环境文化产品,中国动力谷自主创新园获评"全省生态环境科普基地",株洲徒步湘江环保毅行项目获评全省"十佳公众参与案例",株洲市环境宣传成果获联合国环境署表彰,人民群众参与生态环境保护工作的热情日益高涨。

与此同时,还面临不少困难和问题,生态环境保护任务依然艰巨。一是结构性压力依然较大。株洲以重工业为主的产业结构还没有根本性改变,完成碳达峰碳中和任务压力巨大。二是依法治污还需持续加力。污染防治体系有待进一步完善,社会生态环境保护意识有待提高,基层执法监管能力亟须加强。三是稳中向好基础还不稳固。生态环境质量同建设幸福株洲目标要求还有不小差距,治理修复历史遗留土壤污染需要较长过程。四是环境治理能力有待提升。生态环境监测和管理水平还不够高，生态环境服务经济高质量发展的措施还不全面，环境基础设施仍存在突出短板。

二 2023年株洲市生态文明建设工作谋划

2023年是全面贯彻落实党的二十大精神的开局之年，是实施"十四五"规划承上启下的关键之年。株洲市将持续深入践行习近平生态文明思想，坚持走生态优先、绿色发展之路，以"提档、升级、进位"为目标，坚持山水林田湖草一体化保护和系统治理，统筹产业结构调整、污染治理、生态保护、应对气候变化，协同推进降碳、减污、扩绿、增长。

（一）全面打好污染防治攻坚战

打好蓝天保卫战，开展重污染天气消除、臭氧污染防治、柴油货车污染治理等标志性战役，并加强重点区域重要节点大气污染防治联防联控，确保全市空气质量优良率稳中有升。打好碧水保卫战，进一步加强饮用水水源地保护，大力开展入河排污口整治，以及美丽河湖创建，巩固拓展黑臭水体治理成效，确保湘江株洲段、洣水整体水质保持Ⅱ类及以上，渌江水质稳定保持Ⅱ类，县级及以上饮用水水源地水质达标率100%。打好净土保卫战，加强污染土壤的调查、监测、评估和风险管控，扎实做好清水塘污染场地修复治理。持续开展农村面源污染防治，确保污染耕地安全利用率达到91%以上，重点建设用地安全利用率达到95%以上。

（二）全面加快突出环境问题整改

继续开展"春雷行动"，通过反复摸底排查，筛选出一批群众反映强烈、上级关注的环境污染问题，集中力量攻坚，全力以赴打好污染防治"夏季攻势"，确保"夏季攻势"任务完成率走在湖南前列，力争获得省政府真抓实干奖励激励。加大中央和省环保督察以及长江经济带警示片披露问题整改力度，严格按照"一单五制"（交办任务清单、书记市长交办制、市级领导包案制、层层落实责任制、进度定期报告制、责任追查追究制）要求，建立整改任务台账，力争所有问题提前整改到位。大力开展"回头看""后督察"等专项行动，及时查漏补缺，确保整改到位的问题不反复、不反弹，不成为新的隐患点。

（三）全面提升生态环保服务水平

积极聚焦企业痛点、难点、堵点，深入推进"放管服"改革，优化营商环境。持续实施"多评合一"、轻微违法轻罚免罚等措施，主动为企业"纾困解忧"。持续优化"三线一单"成果应用，加强与国土空间规划等相关规划衔接，切实维护好、引导好、把关好实体经济的发展，为加快培育制造名城提供更多环境容量和发展动能。深入推进省级及以上园区环境污染第三方治理工作，加快园区环境基础设施建设，指导园区依法依规开展环境管理。

（四）全面推进绿色低碳发展

加快创建国家环保模范城市、国家生态文明示范区、"绿水青山就是金山银山"实践创新基地。有序推进碳达峰碳中和工作，落实能源消费总量和强化"双控"制度，建立"1+N"政策体系。实施全面节约战略，加快全国区域再生水循环利用试点城市建设，推动形成绿色低碳的生产生活方式。推进强化危险废物监管和利用处置能力改革，开展塑料污染全链条治理。推动重点重金属落实排污许可制，深化排污权有偿使用和交易。全面加强生态保护修复，扎实做好2017年以来纳入"绿盾"工作台账问题的复查工作。完善"一长四员"（林长、林业科技员、护林员、监管员、执法人员）网格化林长制，建立林业资源管护联防联控机制。

（五）全面加强环境监管执法

始终保持对环境违法行为的高压严管态势，全面强化生态环境与公安、检察等部门在打击环境违法犯罪行为的工作联动，查办一批有影响力的典型案件。持续大力实施"村巡查、镇处置、县执法、市统筹"环境监管模式，

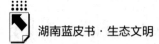
进一步减少环境监管盲区，切实打通环境监管的"最后一公里"。严格落实双向承诺制，规范环保执法，实现阳光执法、清廉执法。

（六）全面防范环境风险隐患

持续开展"利剑"行动，对重点领域、重点行业、重点区域全面开展生态环境风险隐患排查，消除安全隐患。建立健全流域水污染事件应急体系，形成重点河流环境应急"一河一策一图"等工作成果。开展危险废物专项治理行动，抓好危险废物规范化环境管理评估。扎实开展尾矿库污染治理"回头看"，以及历史遗留渣堆污染问题整治。加强重点核技术利用单位的辐射安全监管，加强核与辐射的执法、监测和应急能力建设。

B.13

高举绿色发展旗帜　绘就美丽湘潭画卷

——湘潭市 2022 年生态文明建设报告

湘潭市生态环境局

摘　要： 湘潭市委、市人民政府高度重视生态文明建设工作，坚定不移走绿色发展道路，始终贯彻"绿水青山就是金山银山"的理念，以高水平生态环境保护助推高质量发展，生态效益、经济效益、社会效益实现深度融合统一。2023 年，湘潭市将全面深入贯彻党的二十大精神和习近平生态文明思想，以高水平保护、高效益保障推动高质量发展，坚决扛起生态环境保护的政治责任，以建设美丽中国为总揽，努力绘就美丽湘潭画卷。

关键词： 绿色发展　生态环境保护　湘潭

2022 年，湘潭市认真学习贯彻党的二十大精神，全面贯彻习近平生态文明思想和习近平总书记对湖南重要讲话和重要指示批示精神，全面落实党中央、国务院决策部署，定目标、出重拳、用新招、下重力，环境质量持续稳中向好。

一　2022年湘潭市生态文明建设情况

（一）工作成效

1. 生态环境质量改善取得新成绩

2022 年湘潭市空气质量优良率81.4%；空气质量综合指数3.9，同比下降 3.5%，改善率居全省第 4；PM2.5 浓度为 39 微克/米^3，同比下降 9.3%，改善率居全省第 4；重污染天数同比减少 3 天。全市 14 个国省考核断面全部达到国省考核目标要求，达到或优于 Ⅲ 类水质比例为 92.9%；县级及以上集中式饮用水水源水质优良率达 100%。全市重点建设用地安全利用率达 100%。涓水入湘江口水质由 Ⅲ 类提升为 Ⅱ 类。预计超额完成减排任务，累计上报减排氮氧化物 7884 吨、挥发性有机物 2297 吨、化学需氧量 4438 吨、氨氮 467 吨。森林覆盖率、湿地保护率、降碳等生态功能指标全部达标。

2. 服务经济高质量发展彰显新作为

湘潭市成功争取土壤污染防治先行区、"三线一单"减污降碳协同管控、气候投融资 3 个国家级试点，生态环境领域争资争项创新高，国省项目资金累计 2.78 亿元。全市已初步培育 82 个气候投融资项目，预计带动气候投融资 308 亿元；上报国家两批共 16 个重点气候投融资项目，获批 5 亿元优惠融资贷款，据统计，全市绿色金融贷款余额 273 亿元，同比增长 70.7%。《湘潭港总体规划（2035 年）》环评获湖南省生态环境厅批复，同意规划岸线 13300 米，新增岸线 9939 米，泊位由 22 个增加至 88 个。湘乡经开区调区扩区（含化工片区）环评已批复，调区扩区后三个片区面积达 1602.47 公顷，为全市经济发展争取最大的权益奠定了坚实基础。

3. 推动绿色转型升级取得新进步

湘潭市"三线一单"减污降碳试点方案已通过专家论证，基本形成"五个一、四个协同"的可供推广的减污降碳协同管控路径和技术方法。雨湖区花园页岩砖制品有限公司、湘乡市龙和石料有限公司、湘潭县新隆矿产品有限公司琵琶山铅锌铜矿尾矿库 3 个需淘汰退出的企业已全部完成关停退出。湘潭中材水泥有限责任公司完成第三轮清洁生产审核评估工作，湖南韶峰水泥有限公司完成第二轮清洁生产审核验收，湘潭红燕化工有限公司停产申请延期，其余企业正在积极开展审核相关工作。统筹推进岳塘区全域光储风电资源一体化开发利用工作。推进湘潭县昌山风电场等 5 个风电项目和湘潭石坝口 50 兆瓦集中式光伏等项目建成并网出力。湘乡市壶天镇风电场（二期）、翻江风电场、曾老冲风电等 5 个发电项目获批全省"十四五"第一批风电、集中式光伏发电项目开发建设。完成 7 个千吨级以上泊位岸电建设，其他 12 个泊位岸电建设正在积极推进。据初步测算，2022 年度湘潭区域用水总量控制在 20 亿立方米内、GDP 用水量约 62 米^3/万元、工业增加值用水量约 38.0 米^3/万元，均满足省级下达控制指标。全市产业结构、能源结构、交通结构得到进一步调整优化，资源节约集约高效利用。

4.污染防治攻坚战取得新成果

克服高温干旱极端气候对大气环境的影响，累计查改全市焚烧问题 1716 起，油烟污染治理 481 起，汽修涉气问题 300 余起，排放不达标机动车 142 辆。投资 13 亿元，完成湘钢 5 个超低排放改造项目，淘汰退出 3#、4#焦炉，钢铁行业超低排放改造全省领先。全市 34 家挥发性有机物（VOCs）综合治理、7 家工业窑炉治理均完成整治销号。42 个农村"千人以上"集中式饮用水水源地环境问题整治全部完成。完成 116 个排污口标志牌竖立，完成 37 个排污口整治工作，城区 23 条黑臭水体完成基础治理并销号。完成十大土壤污染治理项目，全面完成 40 个村生活污水治理任务。重点检查危险废物经营单位 18 家、重点产废企业 128 家，确保危险废物安全管控。"夏季攻势"省级 168 项任务全部完成。其中，华菱湘钢超低排改造、韶山市争先创优专项行动分别入选湖南省污染防治攻坚战"夏季攻势"县市十佳典型案例。全市共办理环境违法案件 130 起，下达行政处罚决定书 100 件，免予行政处罚 16 件，共处罚款 1223 万元，其中查封扣押 2 起，停产整治 1 起，限制生产 1 起，行政移送 7 起（行政拘留 11 人），刑事移送 3 起（刑事拘留 7 人）。累计办理信访投诉举报 1532 件，办结率 99%。全市全年未发生较大以上突发环境事件或由环境污染问题引发的舆情和群体性事件。

5.生态环境问题整改取得新成效

2017 年以来，中央、省环保督察、长江经济带警示片、"洞庭清波"专项行动等各级各类督察反馈湘潭市 109 项整改任务，完成整改 91 项，其中 2022 年的 14 项整改任务全部完成。中央环保督察交办的"港口码头"典型案例全面整改完成，成为湖南省首个完成第二轮中央生态环境保护督察通报典型案例整改任务的地市，入选全省突出生态环境问题整改正向激励"十

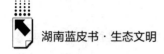

大典型案例"。湘潭市医疗废物处置中心建设项目启动于 2006 年，搁置多年难以落地，已于 2022 年 11 月 29 日成功试运营，打通了医废处置"最后一公里"，结束了湘潭市医废外委处置长达 16 年的历史。

（二）主要经验

1.健全"新体系"，构建高位格局

提格湘潭市生态环境保护委员会配置，由市委书记和市长任双主任，市委、市政府四位分管领导任副主任，市政府分管副秘书长任办公室主任，市生态环境局局长任常务副主任。"市生态环境保护委员会办公室"与"市突出生态环境问题整改领导小组办公室"、"大气污染防治工作领导小组办公室"三办合一，集中办公。市委书记、市长亲自加入"重点工作调度群"，形成常态化督战点评机制。2022 年，先后 9 次召开市委常委会、5 次政府常务会、13 次专题会议研究部署生态文明建设、深入打好污染防治攻坚战、"蓝天保卫战"等工作，形成了高位部署、高位调度、高位督查、高位考核的生态环境保护工作大格局。

2.完善"新机制"，密织严管网络

出台《湘潭市蓝天保卫战"重拳整治"十条措施》等制度，创新建立了"巡查、警示、督办、约谈、调查、问责、考核"制度闭环，健全了"副市长每月一调度、市长每季一讲评、书记每半年一点评"调度机制，建立健全了量化考核问责机制，严格执行党政同责、一岗双责、齐抓共管、失职追责的硬要求，对排名靠后单位要求主要领导登台"作检讨"，并纳入年度绩效考核，最大力度整治思想懈怠、落实乏力、执法不严、考核虚化等现象，为深入打好污染防治攻坚战提供制度支撑。

3.凝聚"新合力"，攻克痛点难点

强化协同作战，统筹相关行业部门职能职责，变"单兵突击"为"集团作战"，持续增强攻坚效力。采取机动式、突击式策略，连续四年开展"飓风、亮剑、利剑、夜鹰"四大联合执法行动。优先将港口码头污染、医疗废物处置中心项目建设、饮用水源地保护、固废处置、土壤污染地块等

"硬骨头""顽瘴痼疾""老大难"问题列为头等攻坚任务，由市领导牵头组建工作专班、成立临时指挥部等，充分调动全市优质资源，频频督战，举全市之力，克服了时间紧、任务重等多重挑战，化解了"邻避效应"难题，困扰娄底、湘潭两市近20年的难题得到圆满解决，一批批群众反映诉求强烈的突出生态环境问题得到有效解决。

4. 蹚出"新模式"，释放执法效能

率先在全省发布《湘潭市生态环境轻微违法行为免罚清单》，对"15类轻微环境违法行为"进行广泛应用，2022年共办理免予行政处罚案件16起，免罚金额173.5万元；从轻或减轻行政处罚案件20起，轻罚金额511万元。大胆推行包容审慎监管，优先运用说服教育、劝导示范、警示告诫、指导约谈等非强制性执法手段，审慎运用强制措施。大胆探索推行"违法必究、无事不扰""集体审理、维护权益""有奖举报、案例曝光"等模式，防范避免对企业采取直接关停、"一刀切"等简单粗暴的处置措施，避免"同案不同罚""畸轻畸重"等弊端。2022年核实有奖举报20件，发放奖金25000元。

5. 集聚"新智慧"，助力结构优化

强化生态环境"三线一单"成果落地应用，对《湘潭港总体规划（2021—2035年）》（简称《规划》）提出重要修改意见并进行调整优化。环评批复《规划》岸线13300米，其中货运岸线10334米、客运岸线1615米、支持系统码头岸线1351米；设铁牛埠、九华、易俗河、湘乡港区4大货运港区、30处客运码头或停靠点、12处支持保障码头及7个锚地，其中铁牛埠、九华港区为核心港区，易俗河港区为重要港区，湘乡港区为一般港区，共设7个作业区，66个港点，共88个泊位。《规划》中的客货运岸线等科学规划，码头、停靠点、港点、泊位等布局合理，货运港区分级分类管理，有助于产业结构、产能结构、交通结构转型升级。

（三）存在的主要问题和困难

作为老工业城市，湘潭市在取得一定成绩的同时，全市生态文明建设工作任务依旧艰巨繁重，工作压力仍然很大，面临诸多困难和挑战。一是生态环境质量与人民群众的期盼还有一定差距，大气污染防治面临空前压力，部分突出生态环境问题需加大整改力度；二是绿色低碳发展水平有待进一步提升，需推动产业结构、能源结构和交通运输结构更深层次调整；三是环保基础设施建设相对薄弱，在城乡污水处理、垃圾处置等方面历史欠账较多；四是生态环境治理体系和治理能力亟须加强，生态环境风险隐患依然存在。

二　2023年湘潭市生态文明建设工作思路及重点

2023年，湘潭市将全面深入贯彻党的二十大精神、习近平生态文明思想，严格落实习近平总书记关于"四敢"（坚持真抓实干，激发全社会干事创业活动，让干部敢为、地方敢闯、企业敢干、群众敢首创）重要指示，对标落实生态文明建设的目标任务、战略定位和重要举措，确保生态文明建设迈上新台阶。

（一）工作思路

以习近平新时代中国特色社会主义思想为指导，坚持稳中求进工作总基调，以高质量发展为主题，以美丽湘潭建设为统领，抓好八大重点任务（绿色低碳循环发展、深入打好蓝天保卫战、深入打好碧水保卫战、深入打好净土保卫战、加强重金属和固废污染防治、突出生态环境问题整改、生态保护修复、提升生态环境治理能力），统筹开展四大专项行动（春风行动、夏季攻势、利剑行动、守护蓝天），重点打好八大标志性战役（颗粒物污染防治攻坚战、重污染天气消除攻坚战、臭氧污染防治攻坚战、柴油货车污染治理攻坚战、长江保护修复攻坚战、城市黑臭水体治理攻坚战、农业农村污染治理攻坚战、重点重金属减排攻坚战），努力实现四个确保（确保生态环境质量稳中向好、确保完成省下达的约束性指标、确保不发生较大环境污染和生态破坏事件、确保污染防治攻坚考核争先创优），不断提升人民群众对生态环境的获得感、幸福感、安全感，加快建设人与自然和谐共生的社会主义现代化新湘潭。

（二）工作重点

1. 高站位扛牢生态环境保护重任

始终把学习宣传贯彻党的二十大精神作为首要政治任务，深入学习贯彻习近平生态文明思想，全面落实全国、湖南省生态环境保护大会会议精神，不断调整优化全市生态环境保护职责，建立健全各项工作机制制度，层层压实各级责任，推动党的二十大精神在全市落地生根、见行见效。深入推进绿色低碳循环发展，积极实施碳达峰行动，积极开展应对气候变化工作，扎实开展"春风行动"，加强资源集约节约高效利用，积极推进美丽湘潭建设。

2. 高质量打好污染防治攻坚战

一是深入打好蓝天保卫战。紧紧围绕《湘潭市大气污染防治攻坚行动实施方案》任务目标，扎实开展"守护蓝天"行动，着力打好颗粒物污染防治攻坚战、重污染天气消除攻坚战、臭氧污染防治攻坚战、柴油货车污染治理攻坚战，持续推进噪声污染防治。二是深入打好碧水保卫战。突出水生态、水环境、水资源、水文化，持续打好长江保护修复攻坚战、城市黑臭水体治理攻坚战，加强重点流域、重点区域污染治理，加强重点流域水生态流量管理。三是深入打好净土保卫战。推进农用地土壤污染防治和安全利用，有效管控建设用地土壤污染风险。持续打好农业农村污染治理攻坚战，加强地下水污染协同防治。四是加强重金属和固废污染防治。持续打好重点重金属减排攻坚战，加强固体废物污染和新污染物治理、"一废一品一库"环境风险监管及核与辐射安全监管。五是加强生态保护修复。按照系统治理、综合治理、源头治理和依法治理的原则，统筹山水林田湖草系统治理，加强自然保护地和生态保护红线监管，加强生物多样性保护和重点河湖生态保护修复。

3. 高标准抓实突出环境问题整改

一是统筹推动突出生态环境问题整改。配合做好第二轮湖南省生态环境保护督察、2023年省生态环境警示片拍摄等工作。全力推进中央和省生态环境保护督察及"回头看"等反馈和交办问题整改销号。二是继续发动"夏季攻势"。将中央和省生态环保督察反馈问题和长江经济带警示片披露问题整改等重要任务纳入"夏季攻势"任务清单，集中力量攻坚克难。三是持续推进"利剑行动"。对重点领域、重点行业、重点区域全面开展生态环境风险隐患排查，建立环境风险隐患清单，加强动态评估和预警预报。严格实施分级管控，消除环境安全隐患。

4. 高水平提升生态环境治理能力

一是加强城乡基础设施建设，加强生态环境资金投入使用，推进项目建设。二是推动生态环境保护法律法规实施，推进生态环境保护全民行动。三是持续推进生态环境损害赔偿制度改革。加强生态环境损害赔偿案件线索筛查和案例实践。四是提升监管能力和信息化水平。加快推进湘潭市高级环境监测与评估系统建设，加强对生态环境数据的对接共享和分析利用。

5. 高成效推进生态文明建设先行示范

一是深入推进湘潭市国家土壤污染防治先行区建设。在全市开展全域受污染耕地土壤重金属成因排查，开展污染源头风险管控，形成底泥和源头治理典型经验，争取全国示范。二是强化"三线一单"分区管控。按国、省要求完成"三线一单"减污降碳协同管控试点工作，加强"三线一单"落地应用，探索新途径，创出新亮点。三是积极推动国家气候投融资试点建设。编制湘潭市温室气体排放清单，配合国省做好碳排放权交易市场建设，提升生态系统碳汇能力，力争形成系统化、科学化、可复制的经验模式。四是大力推进生态示范创建。韶山市做好国家生态文明建设示范区复核工作，启动"绿水青山就是金山银山"实践创新基地创建；岳塘区继续开展第五批湖南省生态文明建设示范区评选；雨湖区完成省级生态文明建设示范区规划评审工作。

B.14
衡阳市2022年生态文明建设报告

衡阳市生态环境局

摘　要： 2022 年，衡阳市坚持以习近平新时代中国特色社会主义思想为指引，深入学习贯彻党的二十大精神，认真抓好党中央、国务院和湖南省委、省政府关于生态环境保护各项决策部署落实，全市生态环境保护工作机制不断完善，生态环境质量持续改善，生态环境管理服务水平不断提升，守住了生态环境安全底线，有效推进了生态环境高水平保护和经济社会高质量发展。

关键词： 生态文明　环境保护　衡阳市

2022 年，衡阳市坚持以习近平新时代中国特色社会主义思想为指引，深入学习贯彻党的二十大精神，认真抓好党中央、国务院和湖南省委、省政府关于生态环境保护各项决策部署落实，全市生态环境保护工作取得较好成效。2022 年，衡阳市环境空气质量首次全域达到国家 II 级标准；市城区环境空气质量连续三年达到国家 II 级标准，市城区 PM2.5 年均浓度 32 微克/米^3，为有监测记录以来最低浓度，全年没有出现重污染天气。衡阳市 44 个地表水考核断面水质达标率 100%，13 个县级及以上集中式饮用水水源地水质达标率 100%，国控断面水环境质量改善排名全省第一，进入全国（339个地级及以上城市）前 30 强。未发生较大以上突发环境事件，守住了环境安全底线。2022 年 4 月 18 日，《人民日报》头版为衡阳市生态环境质量改善点赞；2023 年春节期间，《人民日报》报道了衡阳市生态环境改善、产业绿色发展成效。

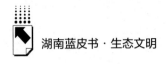

一 衡阳市生态文明建设工作开展情况

（一）不断完善工作体制机制

探索建立形成了"五制一化"环保工作机制，工作机制更加顺畅。

一是以"链长制"压实责任，明确标准。分行业、分领域牵头建立了27条生态环保重点工作责任链条，每条责任链由市级领导担任链长，每条责任链明确关键环节、控制标准，每项控制标准落实到具体分管责任人。

二是以"网格制"发现问题，防范风险。全面推行生态环保网格化管理，对全市每个乡镇（街道）在生态环境系统明确1名网格长和2~3名网格员，实行包片巡查；每十天开展一次生态环境问题隐患分析研判，确保问题隐患及时发现化解。

三是以"例会制"定期会商，化解症结。认真落实市生环委每周例会制度，分管副市长每周一晚上召开环保工作例会，调度、会商、解决生态环保疑难杂症问题，确保生态环保重点工作有序推进。全年召开"周例会"40次。

四是以"清单制"挂图作战，统筹调度。按照"不容迟疑、不惜代价、不留空当"三类，对全市突出生态环境问题进行排查梳理，分类形成了问题清单台账，分门别类、挂图作战，做到任务清、目标明、进度快、质量高。

五是以"会诊制"一线督办，跟踪问效。首创"周末环境会诊日"制度、市直相关单位、各县市区党政负责人利用周末时间深入一线推动生态环保工作成为常态。建立市级生态环保督查专员制度，聘请6名处级环保督查专员常态化开展明察暗访，参照国省做法拍摄衡阳市生态环境警示片，对重点生态环保工作跟踪问效。

六是以"信息化"赋能提效，智能监管。建立生态环保"钉钉平台"督导系统，将303个"夏季攻势"项目和200余个突出问题纳入督导系统，通过照片、视频等方式线上点对点调度推进情况，不断提升工作效能。

（二）深入打好污染防治攻坚战

一是全力推进"夏季攻势"项目任务。全市 9 大类 303 个年度"夏季攻势"项目在 2022 年 11 月底全部提前完成，污染防治攻坚战"夏季攻势"综合考评打分全省第一，首创建立的饮用水源巡查制度和耒阳市"夏季攻势"项目推进等 2 个案例入选全省 2022 年污染防治攻坚战"夏季攻势""十佳案例"。

二是持续紧盯大气污染防治。突出工业废气治理，完成年度挥发性有机物（VOCs）治理项目 20 个、工业窑炉治理项目 8 个、钢铁超低排放改造项目 2 个；开展 VOCs 排查整治行动，排查企业 713 家，发现问题 150 个，完成治理 130 个。加强烟花爆竹燃放、冥纸冥币焚烧、农作物秸秆露天焚烧管控，2022 年春节期间，市城区环境空气质量综合指数 3.76，同比下降 14.9%，PM2.5 平均浓度 56 微克/米^3，同比下降 17.8%；中元节期间，市城区环境空气质量 PM2.5、PM10 平均浓度分别为 10 微克/米^3、20 微克/米^3，同比分别下降 52.38%、45.95%。加强机动车和非道路移动机械排气污染防治，审验机动车 33 万辆，每月开展联合路检，共抽测车辆 1994 台，对抽测不合格的 103 台机动车责令限期整改；非道路移动机械管理平台建成投运，将 8520 台非道路移动机械纳入平台管理并进行抽测；淘汰老旧车 57 台。开展特护期攻坚，检查企业 10238 家次，发现并整治问题 2057 个，全年没有出现重污染天气。

三是深入推进水污染防治。加强饮用水源保护，完成饮用水源保护区勘界定标和矢量数据上报，新划定千人以上饮用水水源保护区 1 处；首创建立饮用水源巡查保护制度，将全市包括千人以上饮用水源地在内的 361 个集中式饮用水源地纳入日常巡查范围，明确三级巡查责任和具体巡查频次、巡查内容，坚决守住人民群众"水缸子"安全。持续推进龙荫港、蒸水等流域环境综合整治，南岳污水处理厂提质改造、松亭污水处理厂三期工程深度处理加快推进，蒸水入湘江口、梅桥村断面水质均值达到Ⅲ类水质。积极推进湘江入河排污口排查整治，对 470 个排污口竖立了标志牌，完成立行立改

160 个，完成规范化建设 110 个。积极推进乡镇污水处理设施建设和医疗机构废水排查整治，全市 23 个乡镇污水处理设施和 79 家医疗机构废水排查整治任务现已全部按时完成销号。

四是稳步推进土壤污染防治。积极推进重点行业企业用地调查，42 个在产企业全部编制了布点方案，57 个关闭企业地块全部完成快筛工作。加强地块风险管控，排查出来的 19 个涉镉污染地块以及 11 个超标严重企业地块全部落实了风险管控措施，部分完成了整改。加强畜禽污染防治，全市 7 个畜牧大县全部编制了畜禽养殖污染防治规划。对 40 个行政村实施农村环境综合整治。

（三）持续狠抓突出生态环境问题整改

对全市突出生态环境问题组织开展"再梳理、再排查、再整改"，对梳理出来的 117 个问题开展"百日攻坚"专项行动。组织各县市区开展生态环境问题"千字精准画像"①活动，问题整改责任不断压实。截至 2022 年底，第一、第二轮中央环保督察及"回头看"反馈的 45 个问题完成整改 30 个，剩余的问题达到整改进度要求；交办的 1229.5 个群众信访件整改办结 1221.5 个。省环保督察及"回头看"反馈的 72 个问题完成整改 54 个，剩余的 18 个达到整改进度要求；交办的 656 个群众信访件整改办结 630 个。国家长江经济带生态环境警示片三批次披露衡阳市 8 个问题全部完成整改。湖南省生态环境警示片两批次披露衡阳市 5 个问题全部完成整改。19 个年度突出生态环境问题整改任务全部完成整改销号。

（四）严密防范环境风险隐患

组织开展防范化解重大生态环境风险隐患"利剑行动"，对全市生态环境问题隐患开展地毯式排查，共排查上报并完成风险消除和降等管控各类生

---

① 生态环境问题"千字精准画像"是 2022 年湖南省生态环境厅抓实突出环境问题整改推出的一项创新举措，旨在通过自我查找、自我剖析，全面精准地刻画出本区域存在的突出生态环境问题，并有针对性地开展问题整改帮扶指导。

态环境问题隐患 347 个，被评为"利剑行动"优秀市州。突出涉铊环境风险隐患管控，强化涉铊企业的源头和过程管控，全年共安全处置含铊污泥 1012.47 吨，在连续高温极端干旱天气下，湘江干流衡阳段铊平均浓度控制在标准值的 40% 以下，涉铊环境风险隐患得到有效管控。邀请高校专家对松木工业园进行会诊，松木工业园和水口山工业园老大难环境问题逐步找到破解办法，全年没有发生突发环境污染事件和环境舆情事件，守住了环境安全底线。规范涉疫医疗废物管理，对定点收治医院医疗废物、废水收集处置情况实行"日调度"，全市共收集医疗废物 6458 吨，其中涉新冠病毒医废 142.4 吨。不断完善环境应急体系，编制了《衡阳市辐射事故应急预案》《衡阳市枯水期地表水生态环境管理应急预案（试行）》《衡阳市蓝藻水华防控应急预案（试行）》等应急预案和手册，与株洲、湘潭、邵阳、永州、郴州 5 市签订了跨市流域水污染联防联控工作协议，通过政企联建的方式建立了衡阳市第一座成规模的环境应急物资储备库，环境应急专家队伍不断充实。

（五）严格生态环境监管执法

强化"双随机、一公开"监管，将 1806 家企业按照重点、特殊、一般三类按不同比例抽查。严格固废监管，开展危废风险排查，排查发现危废问题 930 个；推进遗留固废排查整治，核实历史固废堆 341 处，制定了治理方案并逐步开展整治；巩固尾矿库治理成效，投资 170 余万元对全市 34 座尾矿库污染防治措施和周边环境状况开展调查。强化自然保护地监督管理，生态环境部 2021 年下发的 20 个遥感监测问题线索全部完成核实并销号，2022 年下发的 1399 个遥感问题线索正在分批分类开展核实整改。制定了环境违法行为举报奖励办法，累计对举报属实的 42 条环境违法行为举报线索发放奖金 1.72 万元。不断加强环境执法与刑事司法衔接，依法从严从重从快查处打击严重环境违法行为，全市共查处生态环境违法案件 241 起，罚款 1949 万元，罚款金额和办案数量分别排全省第二和第三，其中查封扣押 11 起、限产停产 5 起、移送拘留 26 起、环境犯罪案件 4 起，没有出现一件行

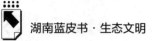

政复议和诉讼中被撤销或被裁定违法的案件。坚持刚柔并济，建立执法正面清单，对165家企业免予现场检查；制定出台环境轻微违法行为免罚清单，对18项具体轻微违法情节免予行政处罚，全年实施免罚处理案件13起，涉及金额136.2万元。

（六）不断优化生态环境管理服务

认真对照"三线一单"等方面要求，严格把好生态环境准入关。深入推进生态环境领域"放管服"改革，建立了环评审批正面清单制度，对27大类74类行业实行简化或豁免环评审批，2022年以来共采取告知承诺制审批项目55个。对省市重点产业项目，实行专人跟踪服务，指导企业优化污染防治工艺，全力服务重大产业项目落地；对符合产业政策、污染较小、资料齐全的项目，实行"环保审批不过夜"，当好产业项目落地"服务员"。积极组织开展化工园区认定、复核及规划、跟踪环评，松木经开区、衡东经开区化工园区认定工作基本完成，衡东经济开发区、衡阳西渡高新技术产业园、祁东经济开发区完成了调扩区或跟踪环评工作，全市9家工业园区全部开展了环境污染第三方治理。深入推进环境信用评价，2021年度全市共有1532家企业参与市级环境信用评价。积极推进生态文明建设示范创建，评选出角山镇等12个镇村为第一批市级生态文明建设示范镇村，衡东县、衡山县、祁东县、衡南县生态文明建设示范县建设规划已经通过省级评审，正在积极推进实施。

（七）不断夯实环保基础保障

强化资金保障，积极向上争项争资，2022年共获得中央、省级财政环保专项资金1.57亿元；市财政设立1000万元污染防治攻坚战专项奖补资金，并纳入每年财政预算。强化监测支撑，组织开展水华预警监测、枯水期加密等专项监测工作，在全省率先完成2022年第一批10个水质自动站选址及论证工作。加强生态环境宣传，组织开展了"6·5"世界环境日、"6·15"全国低碳日、"5·22"生物多样性日宣传活动等，市委书记、市长在《衡阳日报》发表了联合署名文章，举办了环保知识网络挑战赛，开展了环保宣传进企业、进学校和环保设施向公众开放等系列宣传活动，创建了一批生态环境教育基地，人民群众生态环境保护意识不断提升。

二 衡阳市生态文明建设存在的问题和困难

（一）环境质量持续改善压力大

空气环境质量方面，虽然全市环境空气质量逐年改善，但一些污染因子防控难度大，臭氧临近标准值，夏季和秋冬季节防控压力大，中轻度污染天气发生频次较高。水环境质量方面，湘江干流衡阳段铊因子超标、藻类异常繁殖风险依然存在；部分流域断面因附近污水处理厂不能稳定运行等因素存在水质超标风险，幸福河、龙荫港等小流域仍需深度治理。

（二）污染源头防控和治理任务重

全市"两高一资"（高耗能、高污染和资源性）行业占比较大，结构性环境问题还没有根本转变，化工、有色冶炼、矿石开采加工等传统产业规模性不强、绿色发展水平还不高，污染源头管控任务很重。衡阳市上千年的有色金属开采历史，遗留了一大批涉重涉危废渣、尾矿库、老旧厂区等，水口山、松江、大浦等重点地区受重金属污染土壤较多，受污染耕地面积较大，一大批污染地块亟待治理修复。虽然近年来治理了一批污染场地及耕地，但由于技术、资金等因素，还没有完全修复到位。

（三）环保基础设施欠账多

全市城乡生活污水处理设施未实现全覆盖，各县市和南岳区新城区污水管网不完善，部分已建成的乡镇生活污水集中处理设施还达不到通水运营条件。一些工业园区工业污水处理设施不完善，工业废水处理能力不强。垃圾填埋场防渗膜和涵管导管破损、垃圾渗滤液处理设施不完善、填埋场异味扰民等问题比较突出。

三 2023年衡阳市生态文明建设工作计划

2023 年是全面贯彻落实党的二十大精神开局之年。党的二十大指出，新时代新征程的使命任务是以中国式现代化全面推进中华民族伟大复兴，人与自然和谐共生是中国式现代化五个特征之一；衡阳市委、市政府吹响了加快推进区域中心化进程的时代号角，把推进产业绿色循环发展、深入打好污染防治攻坚战作为重要内容。做好 2023 年全市生态环境保护工作责任重大、使命光荣。

2023 年全市生态环保工作主要目标：全市生态环境稳中向好，各项约束性指标全部完成，城乡人居环境持续改善，污染防治攻坚战考核提档进位、生态环境领域争取"真抓实干激励"实现突破，有效确保区域生态环境安全。具体来说，生态环境质量方面：市城区空气质量细颗粒物（PM2.5）平均浓度控制在 34 微克/米^3 以下，优良天数比例达到 91% 以上，重度及以上污染天数控制在 1 天以内；国考断面水质优良率比例达到 97.3% 以上，无劣 V 类水体，地级城市饮用水水源地水质达标率 100%；重点建设用地安全利用得到有效保障，受污染耕地安全利用率达到 91% 以上；地下水区域考核点位和污染源考核点位水质全部达到 IV 类标准；生态质量指数（EQI）稳中向好。污染物减排方面：全市氮氧化物、挥发性有机物、化学需氧量、氨氮排放总量分别累计下降 3026 吨、1133 吨、7800 吨、540 吨；重点行业铅、砷、汞、铬、镉五类重金属排放总量较 2020 年基准值下降了 4.2%。人居环境方面：完成 102 个村生活污水治理任务，全市农村生活污水治理率达到 31%，治理农村黑臭水体 1 条，县级城市黑臭水体治理率达到 60%，公众满意度达到 90% 以上。环境安全方面：全市生态环境、核与辐射环境整体安全，不发生较大以上环境污染和生态破坏事件、不发生因环境污染引发的群体性事件、不发生影响恶劣的生态环境舆情事件。

重点围绕"五个聚焦"做好全年生态环境保护工作。一是聚焦打好"发展六仗"，深入推进生态环境领域"放管服"改革，不断优化生态环保审批和监管，把握好生态环保工作节奏和力度，统筹做好经济发展与环境安全文章，全力服务经济高质量发展。二是聚焦改善环境质量，深入推进重污染天气消除、臭氧污染防治、柴油货车污染治理攻坚战、长江保护修复、城市黑臭水体治理攻坚战、农业农村污染治理、重金属污染治理等七大标志性战役。三是聚焦确保环境安全，严格落实"网格化"巡查机制，持续开展防范化解生态环境风险隐患"利剑"行动，严格环境监管，确保生态环境问题隐患早发现、早化解，坚决守住生态环境安全底线。四是聚焦生态环保工作安全，高质高效做好污染防治攻坚、突出生态环境问题整改等重点难点工作，加强信息研判和汇报对接，避免重大追责问责。五是聚焦生态环保基础能力提升，加快补齐环境监测监管专业技术、设备设施短板，提升科学治污、精准治污能力水平，深入推进生态环境系统干部队伍建设，进一步构建完善齐抓共管生态环保工作格局。

B.15

绘就生态新画卷　谱写环境新篇章

——邵阳市 2022~2023 年生态文明建设报告

邵阳市生态环境局

摘　要： 2022 年，邵阳市牢固树立"绿水青山就是金山银山"的理念，坚决扛起推进生态文明建设的政治责任，扎实做好生态修复、环境保护、绿色发展"三篇文章"，推动经济社会发展全面绿色转型，生态环境质量明显改善，人民群众的生态幸福感、获得感、安全感不断增强。2023 年，邵阳市将全面贯彻党的二十大精神和习近平生态文明思想，以降碳减污协同增效为总抓手，聚焦"夏季攻势""利剑"行动，以更高标准打好蓝天、碧水、净土保卫战，扎实抓好突出环境问题整改，协同推进邵阳人与自然和谐共生，为全面建设社会主义现代化新邵阳贡献生态环境智慧。

关键词： 邵阳　绿色转型　生态修复　降碳减污

一　2022年邵阳市推进生态文明建设情况

登高望远，资江、邵水双龙戏水，两岸高楼林立，绿树成荫，水面碧波荡漾，这是青山碧水皆灵秀的邵阳，映照出邵阳人追求与自然和谐共生的坚定决心，见证了邵阳人贯彻落实"绿水青山就是金山银山"的生动实践。

环境就是民生，青山就是美丽，蓝天也是幸福。2022 年，邵阳市全面贯彻落实党的二十大精神和习近平生态文明思想，统筹疫情防控、经济社会发展和生态环境保护工作，以改善生态环境质量为目标，以维护生态环境安全为底线，区域环境质量持续改善，生态和谐的幸福底色不断擦亮。

（一）坚持高位推动，构建齐抓共管的环保新格局

全市各级各部门深学笃用习近平生态文明思想，始终将绿色发展理念贯穿于全市经济社会发展全过程。邵阳市委常委会、市政府常务会7次专题研究部署生态环境保护工作，先后下发市委市政府联合督办令4份、书记市长督办令3份、市长督办令50余份。市委书记、市长等市领导亲临突出环境问题整改现场，开展明察暗访督办，分管副市长多次牵头召开专题会，经常深入重点难点工作现场，协调解决工作推进中遇到的困难。县（市）区和市直部门的主要负责同志主动担当、积极配合。市人大、市政协定期开展执法检查、民主评议监督、环保专题调研等活动，有力促进了环保事业的改革发展。党委领导、政府主抓、行业主管、群众参与的"大生态、大环保"格局基本形成。

（二）坚持综合治理，持续改善区域环境质量

市区环境空气质量首次达到国家二级标准。2022年，邵阳市城区环境空气质量综合指数为3.46，排全省第6，达到历史最好水平；环境空气质量优良天数为322天，排全省第7，消除了中度、重度污染天气；PM2.5浓度均值为34微克/米^3，市区空气质量首次达到国家二级标准。水环境质量全国排名再创新高。全市地表水总体水质为优，14个国家考核断面和38个省级考核断面水质全部达到Ⅱ类及以上水质，实现了全域地表水和饮用水水源地Ⅱ类水质全覆盖；国家地表水考核断面水质综合指数为2.7349，排全省第3，居全国339个地级市的第24位，达到历史最好水平。列入考核的16个县级及以上集中式饮用水水源地水质达标率100%；地下水环境风险得到全面管控。土壤环境总体良好。受污染耕地安全利用55.49万亩，其中轻中度污染耕地安全利用53.75万亩，重度污染耕地严格管控1.74万亩，受污染耕地安全利用率、重点建设用地安全利用率、危险废物安全处置率均达到

100%。生态环境安全平稳可控。全市未发生较大以上环境突发事件和环境舆情事件，各类自然保护区、重点生态功能区等生态环境敏感区域未发生严重生态环境破坏事件。

（三）坚持对标对表，狠抓突出环境问题整改

坚决贯彻落实省、市决策部署，将突出环境问题整改和污染防治攻坚战"夏季攻势""利剑"行动同部署、同推进、同督办、同考核，将生态环境保护工作纳入市政府"三重点"工作，实行"一月一调度，一月一考评"。截至2022年底，第二轮中央生态环保督察反馈涉及邵阳28个问题已完成整改11个，省环保督察反馈邵阳问题59个已完成整改58个，省环保督察"回头看"反馈邵阳问题39个已完成整改30个，其余正按序时推进。历年来长江经济带警示片披露邵阳共5个问题已完成整改销号4个，省生态环境警示片披露邵阳共6个问题均已完成整改销号。2022年市级生态环境警示片指出问题21个也已全面完成整改销号。

（四）坚持铁腕治污，全力打好污染防治攻坚战

蓝天保卫战取得新成效。制定《邵阳市城区环境空气质量突出问题专项整治行动方案》，完成了邵阳南方水泥有限公司、邵阳市云峰新能源科技有限公司2家重点排污企业超低排放改造，完成23家重点企业挥发性有机物综合治理。持续推进扬尘污染管控，严格落实建筑工地8个100%管控措施。制订出台《邵阳市秸秆禁烧管理办法》，压实监管责任，建立了全市露天禁烧智能预警监管平台，持续遏制秸秆和垃圾焚烧的高发多发趋势。碧水保卫战取得新突破。制定《邵阳市地表水国、省考断面水环境质量责任追究办法（试行）》，压实县市区主体责任和断面河长责任，完成80个千人以上农村水源地整治和7处黑臭水体整治。建成53处乡镇污水处理设施，实现了全市107个建制乡镇污水处理设施全覆盖。净土保卫战取得新进展。建成了邵东、新邵、洞口县3处垃圾焚烧发电项目，改写了全市无垃圾焚烧发电的历史。完成70个农村环境综合整治村年度任务。稳步推进8个土壤

污染风险管控与修复项目建设，完成了全市 25 块重点行业企业用地调查的风险管控工作。对全市 85 家涉危废单位开展大排查大整治，全年办理危险废物转运 280 批次 10853 吨。同时，积极应对新冠疫情防控，修订完善医疗废物应急处置方案，规范收集处置医疗废物 4731 吨，为打好新冠疫情防控阻击战奠定了安全的环境基础。两大专项行动取得新胜利。深入打好 2022 年"夏季攻势"。邵阳市委、市政府一直把生态环境保护和污染防治攻坚战"夏季攻势"作为一项中心任务来抓，对全市"夏季攻势"实行清单化管理、项目化推进。全市"夏季攻势"任务清单 10 大类 434 项，分解至各县市区共计 480 项。截至 2022 年底，"夏季攻势"480 项任务已完成 478 项，任务完成率达 99.58%，其中 263 项省级任务完成率达 100%。盯紧抓实"利剑行动"。严格按照《全省防范化解生态环境风险"利剑"行动方案》要求，从重点区域、流域重金属污染、农用地风险管控、矿山地质环境等 9 个方面全面排查各类生态环境风险隐患 648 个。到 2022 年底，已完成"红色"问题风险管控 73 个，完成"橙色"问题整治调级 139 个，完成"黄色"问题整治 436 个，管控率达 100%。

（五）坚持依法行政，强化环境监管执法

扎实推行"双随机、一公开"执法监管工作。全年随机抽查企业 1661 家次，办理环境违法案件 353 件，罚款总数 1318.8539 万元，行政移送 21 件，行政拘留 25 人，有效震慑了企业的环境违法行为。启动生态损害赔偿案件 118 件，落实补偿金额 1035 万元，其中隆回铊污染、洞口锑污染分别落实到位生态损害赔偿金 314.88 万元和 233.37 万元。健全完善突发环境事件应急体系，加强应急预案修编与备案管理，完成全市 11 个省级工业园区和 12 个县级及 120 个"千吨万人"饮用水源地应急预案编制；积极推进应急物资库建设，与中石油、中石化采取政企联建方式建设应急物资库；牵头组织开展突发环境事件应急联合救援演练，环境安全应急处置实战能力不断提高。按照及时办理、及时回应、有效引导的要求，切实加强生态环境领域信访投诉办理，认真解决群众关心关注的生态环境问题，群众满意度、获得

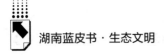

感持续提升。2022 年，全市共受理环境信访投诉举报 1137 件，截至 2022 年底，所有投诉举报件已全部办结，群众满意度达 100%。

（六）坚持示范引领，推进生态文明创建

严守环境准入关口。深化环评"放管服"改革，持续做好"六稳""六保"环保审批服务，建立重大项目环评服务清单，加强重大项目建设指导服务，实现政务服务办结事项 237 项，强化建设项目环境准入管理，坚决遏制"两高"项目盲目上马，完成市本级环评报告书 5 件、报告表 4 份。强化"三线一单"生态环境分区管控成果运用，严格执行排污许可制，核发排污许可证 154 个。抓好示范创建。指导各县市积极开展生态文明建设示范创建活动，绥宁县成功创建国家生态文明建设示范区，并获 2022 年省政府真抓实干激励表彰奖励。新宁县申报创建国家"绿水青山就是金山银山"实践创新基地，邵东市、隆回县、新邵县积极申报创建省级生态文明建设示范区。强化宣教先行的理念，增强公众生态环境保护意识，打造生态环境志愿服务品牌，"护河净滩"项目荣获省 2022 年度"十佳生态环境公众参与案例奖"。

二 邵阳市生态文明建设存在的主要问题

对标时代要求，对照群众期盼，全市生态环境短板问题依然突出。从环境质量看，稳定改善的基础仍不牢固。大气环境质量持续改善的成效还不稳定，扬尘管控、市区散户燃煤禁烧、秸秆禁烧等工作长效监管机制还不健全；水环境质量改善不平衡，个别国控、省控断面容易出现反复。从环境基础看，矿山遗留环境污染问题多、欠账多，治理修复需要较长过程；老城区环境基础设施建设薄弱，城市管网建设相对滞后，部分生活污水未得到有效收集，雨污未完成分流；园区建设不规范，边界不清，部分园区污水收集管网不到位；乡镇污水处理设施管网建设不到位，运行不稳定，效率偏低；农村生活垃圾集中收集处理措施不够完善，农村环境综合整治工作还需加快推

进。从群众的反映和期待看，餐饮油烟治理、畜禽养殖污染整治、生活垃圾处理、饮用水安全、污水治理、黑臭水体整治、矿山整治修复等方面还有差距。从治理体系和治理能力看，垂直管理改革后，执法队伍人员性质未定，基层生态环境保护工作"最后一公里"没有打通。监测队伍、监测能力不足，科技支撑能力不强，信息化水平不高，精准治污、科学治污、依法治污任重道远。

三　2023年邵阳市生态文明建设工作计划

2023年，邵阳市将认真贯彻落实党的二十大精神和习近平生态文明思想，以生态环境质量改善为核心，聚焦"夏季攻势""利剑"行动，高标准打好蓝天、碧水、净土保卫战，持续推进建设人与自然和谐共生的现代化新邵阳。

（一）深学笃用习近平生态文明思想

党的十八大以来，以习近平同志为核心的党中央，开展了一系列根本性、开创性、长远性工作，提出了一系列新理念、新思想、新战略，形成了习近平生态文明思想，推动我国生态环保实现了历史性、转折性、全局性变化。对于生态环境保护而言，习近平生态文明思想既是重要的世界观又是重要的方法论，是做好工作的根本遵循。全市生态环境系统将切实增强思想自觉、行动自觉，做到知行合一，自觉用习近平生态文明思想武装头脑、指导实践、推动工作，落实到生态文明建设和生态环境保护各方面、全过程。同时，科学规划、有序推进，抓紧制定并实施碳达峰碳中和邵阳行动计划，大力推进绿色邵阳建设，为湖南如期实现碳达峰碳中和目标做出邵阳贡献。

（二）始终坚定环境保护五大目标不动摇

高质量完成各类突出生态环境问题年度整治任务；PM2.5年平均浓度控制在35微克/米^{3}以内，力争市区和9个县市全年稳定达到国家环境空气质量二级标准；52个国、省控断面地表水水质和县级及以上集中式饮用水水源水质全部达到或好于Ⅱ类水质，国考断面水质综合指数排名保持全国地级城市前30名；全年不出现较大的环境突发事件或因环境污染引发的较大舆情事件；争取市本级和县市区各获得1个以上省政府真抓实干激励奖。

（三）全力以赴打好打赢污染防治攻坚战

巩固提升空气质量国家二级达标城市工作成果，完善空气质量预报预警体系和区域联防联控机制，提升重污染天气应对能力。坚决扛牢"守护好一江碧水"的责任担当，完成117个农村千人以上集中式饮用水水源保护区规范化建设和突出环境问题整治。严格管控土壤污染固体废物安全，完成70个农村环境综合整治村任务和3条农村黑臭水体治理任务；加快推进市医废处置中心扩改项目建设，全面提升危险废物利用处置能力。持续推进"夏季攻势"、"洞庭清波"、突出生态环境问题整改，重点完成邵阳县长阳矿区和新邵县"两矿"生态环境问题整改销号。

（四）同心协力守住生态环境安全底线

守紧把牢环评审批关口，持续优化生态环境领域营商环境。从严从紧环境监管执法，强化日常检查，积极推进"双随机、一公开"执法监管，对破坏环境违法行为，做到"零容忍"。积极推进"利剑"行动，加大对重点行业和区域的风险隐患排查力度，全面消除环境风险隐患。

（五）践行落实绿色低碳发展理念

指导新宁县和绥宁县创建国家"绿水青山就是金山银山"实践创新基地；督促城步苗族自治县、武冈市、邵东市、新邵县、隆回县创建省级生态文明建设示范区。提升全民环境保护意识，举办好"5·22"生物多样性日、"6·5"环境日等主题活动，持续开展习近平生态文明思想和绿色低碳理念宣传；落实好生态环境新闻发布季制度，及时回应群众的热点；筹备办好第八届湖南省生态文明论坛年会，彰显邵阳绿色低碳优势。

　　绿水青山就是金山银山，有生态美好才有生活幸福。蓝天当纸，绿水为墨，2023 年，邵阳市将踔厉奋发，笃行不怠，以生态环境质量改善为核心，以服务高质量发展为导向，以实现减污降碳协同增效为总目标，持续打好蓝天、碧水、净土保卫战，努力闯出一条生态环境保护的新路，用生态文明建设"高分答卷"为百姓幸福生活添彩。

B.16
岳阳市2022～2023年生态文明建设报告

岳阳市人民政府

摘　要： 2022年，岳阳市坚持以习近平生态文明思想为指导，凝心聚力开展污染防治，全市生态环境质量稳中向好，各项生态环境保护目标任务较好完成，生态文明建设取得新进展。2023年，岳阳市将继续强化生态文明建设，抓住主要矛盾、关键任务，以重点突破带动整体跃升，全力推动生态文明建设迈上新台阶。

关键词： 生态文明建设　污染防治　岳阳市

一　2022年岳阳市生态文明建设情况

2022年，岳阳市委、市政府坚决扛起"守护好一江碧水"政治责任，领导全市各级各部门深入打好污染防治攻坚战，克服极端气候、疫情反复等多重压力，取得了空气达标、守住了水质底线、获得了真抓实干奖励。

（一）高位推动，生态保护责任压紧压实

岳阳市委、市政府坚决扛牢生态环境保护政治责任，市委书记、市长亲自担纲生态环境保护委员会主任，召开了两次高规格的全市性生态环保工作会议，书记交办整改任务清单；市委出台污染防治攻坚战"月考核、月排名、月约谈"制度，每月约谈排名后三名县市区负责人；市委、市政府专题研究和主要领导现场督办生态环保工作多达21次，进一步压紧压实了各地各部门生态环保工作责任。市人大常委会配合完成全国人大常委会来岳《中华人民

共和国长江保护法》执法检查，此外，还组织开展《中华人民共和国环境保护法》《湖南省环境保护条例》执法检查，多次调研督导生活垃圾分类收集处置、农药化肥减量化、城镇生活污水收集处理等突出问题；市政协成立"守护好一江碧水"委员工作室，围绕生态环境保护建言献策；市纪委监委持续开展"洞庭清波"专项行动，以强有力的监督助推各项工作落实。

（二）系统治理，重点攻坚任务落细落地

印发深入打好污染防治攻坚战2022年度工作方案、考核细则等；列出401项"夏季攻势"任务，全部提前一个月完成。

一是强力推进突出问题整改。坚持把整改工作作为落实上级决策部署的重要政治任务，完成中央、全国人大和省交办的25个问题整改，特别是"岳阳市生态环境突出问题整改跑出加速度"和"临湘黄盖湖水环境综合整治"获评全省"夏季攻势"十佳典型案例。开展突出环境问题整改六大专项督查，围绕省级以上工业园、长江洞庭湖船舶污染防治及沿湖岸线"清四乱"、省级以上风景名胜区及自然保护区、生活垃圾填埋场、水环境保护及黑臭水体返黑返臭和农业面源污染防治等6个方面，举一反三排查整治各类问题109个；每季度拍摄一期市级生态环境警示片，曝光各类问题99个。

二是强力推进蓝天保卫战。加强工业点源治理，完成8家工业窑炉、29家企业挥发性有机化合物污染治理，关停烧结砖厂19家。开展移动源治理，淘汰老旧机动车60辆，更换纯电动公交车128台，完成121艘干散货船舶受电设施改造。突出生产生活面源治理，开展扬尘、秸秆禁烧等巡查556次，查处问题渣土运输车辆106台，整治施工扬尘、餐饮油烟问题490个。全市克服持续干旱少雨极端天气的影响，中心城区空气质量首次达到国家二级标准，成为2022年湖南省内通道城市中唯一达标的城市。

三是强力推进碧水保卫战。压实水环境管理责任，出台《岳阳市水环境质量奖惩办法（试行）》，全年扣缴罚金1460万元。提升城乡生活污水收集处理能力，新建改造城市污水管网169.8千米，新建乡镇污水管网43.57千米，城乡污水收集率稳步提升。削减入江入湖入河污染物，完成

115 个洞庭湖总磷削减项目，整治 6 处县级城市黑臭水体。着力实施南、北港河水环境综合治理，拆除违建 48879.5 平方米、退还水面 893 亩、污水分散治理 489 户。开展农村生活污水治理，完成 61 个村污水收集处理，整治 24 条农村黑臭水体。

四是强力推进净土保卫战。深入开展农用地土壤重金属污染源头防治行动，排查涉重金属企业 63 家。有效管控建设用地土壤污染，完成 46 个"一住两公"用地土壤污染状况调查。加强矿涌水和尾矿库污染治理，完成 5 处矿涌水、52 座重点尾矿库环境问题整治。加强固体废物污染治理，印发塑料污染治理实施方案，安全转移危险废物 26.5 万吨。开展矿山生态修复，完成 91.2 公顷历史遗留矿山生态修复任务，建成 5 家绿色矿山。推进国土绿化，人工造林、人工种草等 14.9 万亩，封山育林、退化林修复、草原改良等 15.3 万亩，森林蓄积量增长 3.4%。推进秸秆综合利用和农业废弃物回收处置，收集秸秆 20.7 万吨、农膜 248 吨，秸秆综合利用率达 88% 以上、农膜回收率达 82% 以上。

（三）铁腕执法，生态安全底线筑牢筑实

巩固生态环境安全，组织开展防范化解环境风险隐患"利剑行动"，摸排整治隐患问题 695 个。严厉打击环境违法行为，生态环境部门立案查处环境违法案件 156 起，罚款 1528 万元；公安机关共侦破破坏环境保护类案件 263 起，移送起诉 492 人；法院受理环保公益诉讼 19 件，司法确认生态损害赔偿 3 件，判罚生态修复费用 1500 万元。优化执法方式，制定执法正面清单管理办法，帮助企业及时改正违法行为。

（四）统筹兼顾，推动高质量发展有力有效

坚持规划先行，岳阳市委、市政府印发《关于完整准确全面贯彻落实新发展理念做好碳达峰碳中和工作的实施意见》，系统谋划推进碳达峰碳中和工作。坚持分区管控，制定园区准入负面清单，绿色化工产业园等园区完成调区扩区环评，靠前做好己内酰胺和 100 万吨乙烯项目环评服务。坚持加大投入，市本级安排环保治理专项经费 3.7 亿元，各地各部门争取中央、省

环保项目资金 10.9 亿元，其中洞庭湖区域山水林田湖草沙一体化保护和修复项目下达年度资金 7470 万元。坚持绿色生产，9 个省级以上产业园区启动循环化改造。

二 岳阳市生态文明建设存在的主要问题和困难

2022 年，岳阳市生态文明建设虽取得了一定的成效，但也存在不少薄弱环节。一是思想认识仍需加强。少数地方仍然存在重发展轻保护、重经济指标轻环境指标、重项目引进轻环保治理问题，抓经济发展与环境保护"一手硬一手软"；环保投入依靠上级资金，主动治污不够；部门、地方协调联动不够，流域治理、区域治理、系统治理的理念和格局尚未完全形成。二是综合施治仍需发力。市、县两级综合治理规划尚需完善；生活垃圾分类宣传发动不够，设施建设短板明显；城乡雨污分流尚未完成，乡镇污水处理厂运营困难。三是环境质量仍需改善。东洞庭湖总磷削减形势严峻、任务艰巨，新墙河、汨罗江等入洞庭湖河流总磷浓度依然偏高；华容河、东湖、冶湖等监控断面水质不稳定；扬尘污染、餐饮油烟、秸秆焚烧等屡查不绝，臭氧污染凸显；农业面源污染难以有效控制，畜禽养殖污染风险较大。

三 2023年岳阳市生态文明建设思路

2023 年是全面落实党的二十大精神开局之年，也是岳阳推进省域副中心城市建设关键之年，全市将深入学习贯彻党的二十大精神，全面践行习近平生态文明思想，始终牢记嘱托、扛牢责任，坚持精准治污、科学治污、依法治污，持续深入打好蓝天、碧水、净土保卫战，推动生态环境质量不断改善，加快建设人与自然和谐共生的美丽岳阳。

（一）坚持提升站位，深入践行生态文明思想

持续将习近平生态文明思想、生态环境保护法律法规纳入各级理论学习

中心组、党校（行政学院）重要学习内容，在学思践悟中不断提高领导干部思想认识，完整准确全面贯彻新发展理念。推进绿色低碳发展，启动碳达峰碳中和行动，分行业完成方案编制。全面落实"三线一单"生态环境分区管控要求，抓好国土空间规划，优化用地结构；严控"两高"项目，依法依规淘汰落后产能和化解过剩产能，完成沿江化工企业关停、搬迁任务。不断强化污染防治攻坚考核督办，层层压实各级各部门生态环境保护责任。大力开展六五环境日、生活垃圾分类等环境宣传教育活动，增强全民生态环境意识，让绿色生产、生活成为企业和公众的自觉行动。

（二）坚持问题导向，强力整改突出环境问题

抓预防，坚持拍摄市级生态环境警示片，广泛征集各类生态环境问题线索，着力构建环保问题及时发现、快速交办、跟踪督办的工作体系。抓整改，以中央和省生态环境保护督察，长江经济带生态环境警示片，国、省、市人大常委会执法检查等28个交办问题为重点，统筹推进突出生态环境问题整改，完善督办考核机制，加强"洞庭清波"联合督查。抓实效，以"污染消除、生态修复、群众满意"为标准，严格验收销号，严防污染反弹，确保整改成效经得起群众评议、历史检验。

（三）坚持标本兼治，深入开展污染防治攻坚

以生态环境质量改善为核心，深入打好蓝天、碧水、净土保卫战。

治气：以扬尘、臭氧和面源污染治理为重点，确保空气质量达标。强化工地、道路、堆场、裸露地面等扬尘管控，严厉打击渣土运输车辆违规行为，加强城市保洁和道路清洗。完成老旧车辆年度淘汰任务，柴油货车尾气抽查不低于2000台次。实施25个重点大气减排项目，构建臭氧精准防控体系，实现减污降碳协同增效。强化秸秆、生活垃圾露天焚烧监管。妥善应对重污染天气。

治水：以"东湖、黄盖湖、冶湖、华容河、汨罗江、新墙河"等为重点，统筹好上下游、左右岸、干支流和城乡共同治理，全面改善水环境质

量。加快完善城乡雨污收集管网，建设截污分流工程23个、管网187千米，确保污水处理提质增效。实施36个洞庭湖总磷污染控制与削减项目，持续降低总磷浓度。深入推进重点流域畜禽、水产养殖污染整治。巩固"千吨万人"饮用水水源地整治成果。加强枯水期管理，严控重点湖库蓝藻水华。巩固"十年禁渔"成效，扎实推进重点流域水生生物多样性恢复和栖息地修复。充分发挥河湖长制作用，巩固市、县城区黑臭水体治理成效，以河长制促河湖治。

治土：以农业农村污染治理、重金属污染治理为重点，抓好源头防控，确保土壤生态安全。完成79个村生活污水、27条黑臭水体综合治理。加强农业面源污染防控，实施污染耕地种植结构调整，持续推进化肥、农药减量增效。持续加强矿涌水、废弃矿山、尾矿库污染治理。完善重金属污染区域防治计划，深入开展涉重金属企业排查整治。推进危险废物大排查大整治专项行动，切实加强事中事后监管。完善生活垃圾分类投放、分类收集、分类运输体系建设，积极开展新污染物治理。

治生态：加快完善市县两级山水林田湖草综合治理规划，统筹推进一体化保护和修复工程，稳步提升生态系统质量。持续推进14个"绿盾"自然保护地人类活动点整治，强化重点"一江一湖"等生态环境区考核与监管。

（四）坚持严格监管，切实维护生态环境安全

常态化开展"双随机"执法检查，定期开展专项执法，健全行政执法与刑事司法衔接机制，加强司法、检察、公安、纪检等部门协同配合，持续深化生态环境损害赔偿制度改革，进一步提升环境执法精准度和智能化水平。紧盯高风险领域和区域，加大环境风险隐患排查力度，强化环境应急值守，提升应急保障能力。持续开展执法大练兵行动，加强执法能力建设。

B.17

兴生态 促文明 构建人与自然
和谐生命共同体

——常德市 2022～2023 年推进生态文明建设报告

常德市生态环境局

摘　要： 2022 年，常德市坚持以习近平生态文明思想为指引，纵深推进
污染防治攻坚，加快绿色低碳发展步伐，实现生态环境质量稳
步向好。2023 年，常德市将继续保持生态文明建设战略定力，
坚持生态优先、绿色发展，协同推进环境污染防治、突出环境
问题整改、生态保护修复、绿色转型发展，不断提升生态环境
治理现代化水平，努力建设人与自然和谐共生的现代化新
常德。

关键词： 人与自然　生态环境　生态文明建设　常德

常德市位于湖南省西北部，是长江经济带的重要节点城市、洞庭湖生态
经济区的重要组成部分，总面积 1.82 万平方千米，现有人口约 620 万人，
经济总量位居湖南省第 3 位。常德市历年来高度重视生态文明建设，是湖南
省最早提出创建生态文明建设示范市的地级市，先后获评全国文明城市、全
国首批海绵城市建设试点城市、国家智慧城市建设试点城市、全国"城市
双修"试点城市、中国优秀旅游城市、国家卫生城市、国家森林城市、全
球首批国际湿地城市、中国美丽山水城市，城市美誉度显著提升。党的十八
大以来，常德市始终坚持以习近平新时代中国特色社会主义思想为指引，自

觉践行"绿水青山就是金山银山"发展理念，持续巩固生态发展优势，逐步迈出了绿色、高质量发展的坚实步伐。

一　2022年常德市生态环境质量状况

1. 空气环境质量状况

常德市城区优良天数306天、优良率84%；PM2.5年均浓度40微克/米^3、同比改善2.4%；环境空气质量综合指数3.68，在全国168个重点城市中排第59位；纳入省考核的7个县市空气质量全部达到国家二级标准。氮氧化物、挥发性有机物减排量分别为6040吨、1208吨，均超额完成省定目标任务。

2. 水环境质量状况

全市46个国省控断面水质总体改善，优良率达到91.3%、同比上升2.2个百分点，其中13个国控断面水质同比改善3.35%，蒋家嘴国控断面总磷浓度0.049毫克/升，西洞庭湖水质继续保持Ⅲ类；沅澧两水干流断面水质均稳定在Ⅱ类及以上，13个县级及以上饮用水水源地水质全部达标。化学需氧量、氨氮减排量分别为8413吨、1023吨，均超额完成省定目标任务。

3. 土壤环境质量状况

受污染耕地安全利用率保持在93%以上、重点建设用地安全利用率达到100%。[①]

4. 自然生态环境状况

全市林地面积1246.08万亩，森林覆盖率48.01%，活立木总蓄积量4363.23万立方米，基本保持稳定。完成湿地修复1.07万亩，纳入保护湿地面积达205万亩，湿地保护率71.66%。有野生动物464种，野生植物6801种，其中国家级保护动植物110种。全市生态环境状况指数（EQI指数）70.13，生态质量类型为"一类"。

---

① 《常德市"十四五"生态环境保护规划》，https://www.changde.gov.cn/zwgk/public/66173
47/8358462.html，最后检索时间：2023年5月31日。

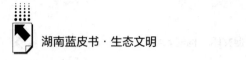

5.声环境状况

市城区噪声等效声级为56.4分贝，同比下降0.7分贝；道路交通噪声等效声级为65.1分贝，同比下降1.5分贝；声环境功能区噪声夜间达标率100%，市城区声环境质量持续改善。

6.环境安全风险状况

2022年全市没有发生较大及以上环境污染事件、生态破坏事件、新污染物污染事件、环境负面舆情事件和辐射安全事故。

二 2022年常德市生态环境保护成效

2022年，全市以扎实抓好突出环境问题整改为主攻方向，持续改善生态环境质量，全力推动绿色高质量发展，生态环境保护工作取得较好成效。河长制湖长制工作有望获国务院真抓实干督查激励，桃源县被生态环境部、财政部评为"生态环境保护管理较好的县域"（全省唯一），汉寿县、石门县获评全国首批自然资源集约节约示范县，土壤污染防治、农村环境综合整治、自然资源节约高效利用等工作获省政府真抓实干表扬激励，鼎城区、汉寿县、西湖管理区成功创建第四批省级生态文明建设示范区（县）。

1.污染防治攻坚纵深推进

326项省"夏季攻势"任务全部按期完成并销号，养殖尾水治理、农村生活污水治理经验被评为省"夏季攻势"典型案例，"夏季攻势"经验在全省点评会上做了典型介绍。一是蓝天保卫战推进有力。编制污染源、应急减排、在线监控企业、落实减排项目任务"四个清单"，深入一线调研研判，形成了臭氧污染防治常德经验；从严抓禁烧禁燃管控，《常德市支持秸秆综合利用若干意见》初步形成。二是碧水保卫战推进有力。全面开展46个国省控断面监测指标全分析，全面落实站点"五长"责任制；出台《常德市洞庭湖总磷污染控制与削减攻坚行动计划（2022—2025年）实施方案》，高质量完成102项洞庭湖总磷污染控制与削减任务，王家厂水库、道水河临澧段、荷花公园、肖家湖等获省级"美丽河湖"称号。全年全市实施了以北民湖为代表的 9 个内河内湖水环境治理和生态修复工程。全市绿肥推广面积稳定在 33 万亩以上，完成 2.5 万亩养殖池塘生态化改造、60 个行政村生活污水治理、1.8 万户农村改厕、18 条农村黑臭水体治理。加强农村饮水安全保障，实施 55 处农村千人以上饮用水水源地环境问题整治。新建（含改建）城市污水管网 62.97 千米（改建 27.37 千米）、乡镇污水管网 23 千米，市城区生活污水集中收集率达 75.5%，市本级污水厂进水浓度同比提升 29%；10 个省级及以上工业园区均建起了环境信息化管理平台，落实第三方治理和"环保管家"制度。三是净土保卫战推进有力。严格建设用地准入管理，确保"一住两公"地块安全；加强农用地土壤环境保护，严格受污染耕地分类管理，确保严格管控类耕地全面退出水稻生产；加强涉重金属行业企业整治，有效管控在产企业土壤污染风险；积极开展关闭矿山矿涌水治理技术攻关和垃圾填埋场地下水环境状况调查评估，有序推进地下水污染治理。积极推进"绿色矿山"建设，166 家矿山完成生态修复，39 家矿山建成绿色矿山，17 个矿山突出环境问题整改销号。

2. 突出环境问题整改成效明显

紧扣"污染消除、生态修复、群众满意"目标，全力推进问题整改销号，应于 2022 年销号的 28 个问题已全部按期销号。打造了鼎城石板滩石煤矿坑废水治理、津市工业园甲苯超标排放问题整改、桃花源外围违规采砂整改等中央生态环保督察和长江经济带警示片交办问题整改的正面典型案例，整改成效和经验先后被中央电视台、人民日报等央媒宣传推介。通过有效解决环境问题，人民群众对生态环境的获得感、满意度不断提升，2022 年常德市的生态环境满意度测评得分已连续三年保持全省第一。

3. 环境治理能力不断提升

扎实开展"利剑"行动，累计排查的 474 个风险隐患全部得到有效管控。坚决打击生态环境违法犯罪，累计办理生态环境行政处罚案件 169 起，向公安机关移送行政拘留案件 11 起、环境污染犯罪案件 3 起。从严抓好安全防范，完成了 8 个饮用水源地和 40 家企事业单位应急预案备案工作。狠抓污染源在线监管，新增 28 家企业联网。狠抓排污权交易，完成排污权交易 175 笔、交易总额 423 万余元。狠抓环保信用评价，汉寿高新技术产业园区、澧县高新技术产业开发区被评为环保诚信园区，27 家企业获评省级环保诚信企业。狠抓宣传教育，桃花源风景名胜区、西洞庭湖国家级自然保护区获评首批省级生态环境科普基地。成功争取投资 26.7 亿元的山水林田湖草沙一体化保护修复、4.15 亿元的中央农村黑臭水体治理试点等重大项目支持，基础保障进一步夯实。

4. 绿色低碳发展基础不断夯实

有序推进碳达峰行动，高标准完成碳达峰碳中和年度工作重点任务，配合国省建立碳排放统计核算体系，以"双碳"目标引领培育绿色低碳新动能。严格"三线一单"管控，坚决防止"两高"项目盲目上马，依法淘汰落后产能、化解过剩产能。积极加强绿色制造体系建设，完成了水泥、电力、有机化工等多个重点行业企业超低排放改造。着力打造绿色园区、绿色企业、绿色产品，"五好园区"创建工作推进有力，获评一批国省级绿色园区、绿色工厂、绿色设计产品。大力倡导绿色低碳生产生活方式，常德市获评国家公交都市示范城市、国家绿色出行城市，蝉联国家卫生城市①，桃源县、临澧县成功创建全国农作物病虫害绿色防控整建制推进县，安乡县青螺滩水产养殖基地获评国家级水产健康养殖和生态养殖示范区。2022 年，中南 6 省最大的野生动物园"常德市汉寿同发野生动物园"正式投入运营，2023 年 3 月，在第十个世界野生动植物日宣传活动仪式上，常德市野生动物救助中心在该园正式挂牌成立。

5. 生态文明体制改革落地见效

2022 年，常德市坚持围绕市委深改委明确的"探索建立碳达峰碳中和政策体系、推进环境信息依法披露制度改革深化生态保护补偿制度改革"等 13 项改革重点任务，持续深化生态文明体制机制改革，取得了一定成效，并打造了常德亮点。一是排污许可制度改革持续深化。立足 2020 年、2021

---

① 《关于常德市 2022 年国民经济和社会发展计划执行情况与 2023 年国民经济和社会发展计划（草案）的报告》（2022 年 12 月 29 日常德市第八届人民代表大会第二次会议）。

年打下的良好基础，持续深入推进全国排污许可制与环境影响评价制度融合改革，积极探索"三位一体""五个一致"等一套全新的、完整的和宽进严出、风险可控、高效融合的环评和排污许可有机衔接的"常德模式"，得到了上级主管部门、广大企业的高度认可，《中国环境报》多次予以宣传推介。二是中央农村黑臭水体治理城市试点改革稳步推进。2022年6月，常德市被确定为全国15个中央农村黑臭水体治理试点城市之一。试点以来，市政府专门成立领导小组，根据各农村黑臭水体成因，因地制宜采取"控源截污、内源治理、水体净化"治理路径和"控源截污、清淤疏浚、生态护岸、水生态修复"工程措施，预计2023年底全面完成主体工程。目前第一批工程18条黑臭水体治理已完工，探索形成的湖区、平原区、山区的农村黑臭水体治理的常德经验，得到了民建中央民主监督高度认可。三是生态环境保护制度得到系统完善。积极推进生态保护补偿制度改革，与张家界市、怀化市分别建立澧水、沅水流域横向生态保护补偿机制，在全省率先兑现补偿资金，2022年共获省级流域生态保护补偿资金725万元。全面推进河（湖）长制提质增效，创新河长制"+防溺水专项巡查""+红色文化阵地建设""+工程后管护"体制，培优配强"百千万"河湖管护队伍，率先在全省实现河长制"电子身份证"线上管理，被水利部拟定为2022年国务院真抓实干督查激励对象。积极构建"一长三员"网格化管护体系，夯实林长制工作队伍，完善林长制管理机制，强化林草资源生态保护，林长制全面落地见效。着力推进渔政执法能力和体系建设，确保长江禁捕退捕实效。持续推进生态环境损害赔偿，办理生态环境损害赔偿案件104件、累计赔偿金额2143.9万元，特别是办结武陵区跨省倾倒危险化学品污染环境的有较大影响的生态损害赔偿案件，警示作用凸显。

三　常德市生态文明建设存在的主要问题和不足

常德市生态文明建设工作的不足，主要体现在以下"四个不适应"。

一是经济发展结构性矛盾仍比较突出，与高质量发展目标要求还不适应。尽管近年来常德市坚持走生态优先、绿色发展之路,经济发展结构持续优化,但从根本上来说,常德市高耗能的产业结构、高碳的能源结构、公路为主的运输结构特征仍没有彻底改变,资源环境结构性改善压力仍然较大。尤其是市城区环境空气质量改善的拐点还未出现,大气重污染比较严重、细颗粒物年均浓度没有达到国家二级标准。①

二是绿色生产生活方式尚未真正形成,与绿色低碳发展目标要求还不适应。尽管"不以牺牲环境为代价换取经济一时发展"已成共识,但远未达到入脑入心、触及灵魂、自律自守的境界,少数群众还没有从内心深处真正形成绿色生活方式的思想行动自觉;企业治污主体责任落实还未完全到位,治污投入力度不够、环保专业人才匮乏等问题突出。

三是垂改后执法监管能力建设比较滞后,与构建现代环境治理体系目标要求还不适应。省级以下生态环境机构垂改后续政策还没有落实到位,做好环保垂改"后半篇文章"还要下大力气,一些改革遗留问题短期内难以解决,市县两级事权还没有科学划分到位,执法保障、监测保障不优的情况仍然存在,解决问题仍需持续发力、久久为功。

四是举一反三抓整改的主动性和自觉性不强,与美丽常德建设目标要求还不适应。随着全民生态环境保护行动自觉的不断形成,各级各部门重视程度显著提高,但少数地方、个别部门仍存在侥幸过关思想,对上级督察反馈交办的突出环境问题非常重视,能积极推进整改,而对上级未交办的问题就视而不见、能拖则拖,举一反三抓整改的主动性还不够,导致一些微环保问题迟迟得不到有效解决、群众反复投诉。

四 2023年常德市生态文明建设思路及措施建议

2023年,是全面贯彻落实党的二十大精神的开局之年,是实施"十四

---

① 《关于2022年度环境状况和环境保护目标完成情况的报告》(2023年2月27日常德市第八届人民代表大会常务委员会第九次会议)。

五"规划承前启后的关键之年。为深入贯彻习近平生态文明思想，全面贯彻落实党的二十大精神，常德市将坚持以高水平保护助推高质量发展，深入推进生态文明建设，努力建设人与自然和谐共生的现代化新常德。

1. 深入推进环境污染防治

紧盯国省部署的污染防治攻坚战"八大标志性战役"，持续深入打好蓝天碧水净土保卫战，让绿色成为常德亮丽底色。蓝天保卫战：严格落实《长株潭及传输通道城市环境空气质量达标攻坚行动计划》《湖南省大气污染防治攻坚行动工作方案》，大力实施"能源结构调整、产业结构调整、运输结构调整、重污染天气消除、臭氧污染防治、柴油货车污染治理、面源系统整治、能力提升"八大专项行动，有效强化大气污染防控措施，有效降低臭氧和颗粒物浓度，坚决守护好常德蓝天白云。碧水保卫战：聚焦洞庭湖总磷污染控制与削减攻坚行动及长江经济带生态环境治理，加强澧县北民湖、安乡珊珀湖、鼎城冲天湖等重点湖库整治，强化园区环境监管，抓好饮用水水源地、医疗机构等环境问题排查整治，推动全域水环境质量持续改善。净土保卫战：深入推进建设用地准入管理，严格农用地风险管控；加强地下水污染协同防治，加强新污染物治理。

2. 从严抓好突出环境问题整改

立足减存量、控增量、还老账、不欠新账，重点聚焦 14 个第二轮中央环保督察交办的暂未销号问题（2023 年需销号 3 个）、1 个长江经济带警示片披露的暂未销号问题、2 个省生态环境警示片披露的暂未销号问题，强力推进整改；巩固好省人大执法检查所取得的整改成效，大力实施"洞庭清波"专项监督；同时配合做好第三轮中央生态环境保护督察工作，有效解决群众身边的突出环境问题。

3. 着力加强生态保护修复

统筹推进山水林田湖草沙一体化保护和修复工程，加强生态脆弱区治理，协调推进沅水澧水、饮用水水源地、重点湖泊等综合治理，加强洞庭湖等河湖湿地保护修复，持续提升生态系统质量。构建以国家公园为主体的自然保护地体系，推进洞庭湖等地生物多样性保护。实施好长江十年禁渔，健

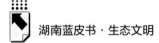

全耕地休耕轮作制度。推进绿色矿山建设,加强历史遗留矿山生态修复。建立健全生态产品价值实现机制,完善生态保护补偿制度。加强生物安全管理,筑牢生物安全防线。①

4. 大力提升生态环境治理现代化水平

认真落实生态环境部、最高人民法院等18家单位印发的《关于推动职能部门做好生态环境保护工作的意见》,强化权责明晰、协调联动、齐抓共管的生态环境治理体系,夯实生态文明建设和生态环境保护政治责任。严格执行生态环境保护法律法规,依法打击生态环境违法犯罪行为。加强环境基础设施建设,建立健全现代化生态环境监测体系。着力防范化解重大生态环境风险,建立健全生态环境领域重大风险隐患排查机制,加强环境应急队伍和应急救援体系建设,提高突出事件应对能力。②

5. 积极推动绿色低碳发展

聚焦能源、工业、交通、建筑等重点领域,有计划分步骤实施碳达峰行动;强化"三线一单"约束,严把环评审批关,严格落实污染物排放区域削减要求和减量替代政策,坚决防止"两高"项目盲目发展;依法依规淘汰落后产能和化解过剩产能,着力发展绿色低碳循环产业,协同推进生态环境高水平保护与经济社会高质量发展。③

---

① 《中华人民共和国国民经济和社会发展第十四个五年规划和2035年远景目标纲要》。
② 《湖南省人民政府办公厅关于印发〈湖南省"十四五"生态环境保护规划〉的通知》(湘政办发〔2021〕61号),http://www.hunan.gov.cn/hnszf/szf/hnzb_18/2021/202120/szfbgtwj_98720_88_1qqcuhkgvehermhkrrgnckumddvqssemgdhcs/202110/t20211029_20907672.html,最后检索时间:2023年5月31日。
③ 《湖南省人民政府办公厅关于印发〈湖南省"十四五"生态环境保护规划〉的通知》(湘政办发〔2021〕61号),http://www.hunan.gov.cn/hnszf/szf/hnzb_18/2021/202120/szfbgtwj_98720_88_1qqcuhkgvehermhkrrgnckumddvqssemgdhcs/202110/t20211029_20907672.html,最后检索时间:2023年5月31日。

B.18

张家界市2022～2023年生态
文明建设报告

张家界市人民政府

摘　要： 2022年，张家界市坚决扛起"守护好一江碧水"的政治责任，各级各部门紧密配合、齐抓共管，生态文明建设取得系列新成就。2023年，张家界市将保持生态文明建设的战略定力，锚定生态环境保护目标，扎实推进污染防治攻坚战，奋力谱写中国式现代化张家界生态新篇章。

关键词： 高质量发展　生态文明建设　污染防治　张家界市

2022年，在湖南省委、省政府的正确领导下，张家界市深入贯彻习近平生态文明思想和党的二十大精神，牢固树立"绿水青山就是金山银山"理念，以深入实施长江经济带发展战略建设生态绿色张家界推动高质量发展为统领，深入打好污染防治攻坚战，扎实推进生态文明建设取得新进展。

一　2022年张家界市生态文明建设基本情况

（一）生态环境质量持续改善

2022年，张家界环境空气质量优良天数为347天，优良天数比例95.1%，环境空气质量综合指数排名全省第二，连续五年达到国家二级标准。全市23个国、省控断面水质均达到或优于Ⅱ类，14个断面达Ⅰ类，省考核断面水质排名全省第 1 位，国家考核断面水质排名全国第 13 位、较 2021 年再进 9 位，为历史最好成绩。慈利县枧潭桥断面镍浓度值为 0.0043 毫克/升，较 2021 年下降 66.1%，持续稳定达标。全市森林覆盖率达 71%。全市环境风险态势总体保持平稳。

（二）主要经验做法

1. 坚持以贯彻落实习近平生态文明思想为核心，始终保持生态文明建设的战略定力

一是学深悟透笃用习近平生态文明思想。深入贯彻落实习近平总书记"绿水青山就是金山银山""守护好一江碧水""共抓大保护、不搞大开发"等重要批示指示精神，坚定不移走"生态优先、绿色发展"之路。先后颁布《张家界市八大公山国家级自然保护区条例》等地方性法规 6 部，编制《张家界市"十四五"生态环境保护规划》等规划 8 个，出台《关于深入实施长江经济带发展战略建设生态绿色张家界推动高质量发展的决定》等文件 30 份，切实推动习近平生态文明思想贯彻落实到张家界高质量发展各领域、各环节、各层面。

二是高位部署推动生态文明建设。成立市委书记、市长为组长的实施长江经济带发展战略、建设生态绿色张家界、推动高质量发展领导小组，多次召开市委常委会会议、市政府常务会议，研究部署生态文明建设和生态环境保护工作。召开张家界市生态环境保护委员会会议暨全市防范化解重大生态环境风险隐患"利剑"行动动员部署会等会议，专题安排部署污染防治攻坚战、防范化解重大生态环境风险隐患"利剑"行动等重点工作，市委、市政府主要领导和分管领导带头调研督导突出生态环境问题整改、大气和水环境质量改善等，及时研究解决工作中的重点难点问题，全力推动生态环境工作落实落地。

三是全面压紧压实生态环境责任。严格落实"党政同责、一岗双责"和"三管三必须"，出台《张家界市较大生态环境问题（事件）责任追究办法》《张家界市生态环境保护工作责任规定》《张家界市环境质量监测点位

责任制管理考核制度》等。将生态环境保护工作纳入各级党委、政府领导班子和领导干部综合考核，将污染防治攻坚战纳入全市绩效考核，强化责任追究。市委督查室、市政府督查室定期对生态环境保护年度重点工作开展专项督查。2022年对6件环保领域失职失责问题进行追责问责，给予党纪政务处分9人，组织处理53人。

2. 坚持以改善环境质量为中心，深入推进污染防治攻坚战

坚持精准治污、科学治污、依法治污，以"蓝天、碧水、净土"三大保卫战为重点，深入打好污染防治攻坚战，在特护期大气污染防治、枯水期水污染防治以及短板弱项、重点指标上求突破。

一是深入推进大气污染防治。强化工业污染防治，完成5家挥发性有机物（VOCs）治理、3家燃煤燃气锅炉改造和4家城市规划区砖厂取缔任务。开展餐饮油烟治理，完成市中心城区3灶头以上餐饮企业油烟净化设备安装任务；整治露天烧烤100余家，取缔30余家。加强移动源污染治理，路查路检机动车1014台次，淘汰老旧柴油货车7辆，报废燃油公交车31辆，新编码登记非道路移动机械550台。开展建筑工地和道路扬尘治理，严格落实扬尘治理"六个百分百"，规模以上在建工地均安装了在线扬尘监测设施，市城区道路实现冲洗全覆盖，路面无泥土、无扬尘的目标。积极推进秸秆"五化"利用，全年秸秆综合利用率达90%。加大特护期大气污染防治检查力度，交办各类问题344个，整改完成95%以上；落实烟花爆竹禁售禁放，共劝导违规燃放161起，其中处罚6起，行政拘留5人，收缴违规经营和待放烟花爆竹1753件。

二是深入推进水污染防治。印发《张家界市水环境质量改善提升争取国务院真抓实干激励实施方案》，聚焦城镇生活污染防治、工业污染防治、农业农村污染防治、保障饮用水安全等重点领域和关键环节，完成城市污水处理厂扩建提标改造，新建和改造污水管网600千米，城市污水处理率达到96.7%；建成乡镇污水处理厂57个，实现建制镇污水处理设施全覆盖和常态化运行。开展"五好"园区建设，推进工业园区水环境问题专项整治，组织完成工业园区生态环境管理2021年度自评估报告编制。开展集中式水源地"划、立、治"，县级及以上和"千吨万人"水源地水质达标率100%。积极探索澧水联防联控、上下共治工作，联合常德市开展黄石水库水域河道采砂、涉饮用水水源地等水生态风险隐患问题排查整治，联合湘西自治州制定两个市州河长制联防联控工作机制，推动河长制工作走深入细。加强枯水期、汛期水生态环境管理，强化河库蓝藻水华防控，及时监测分析异常数据，精准施策。持续组织开展打击非法捕捞犯罪专项行动，巡查水域2235千米，非法捕捞水产品刑事立案77起，移送起诉犯罪嫌疑人97人。武陵源索溪河被省生态环境厅授予美丽河湖建设优秀案例。

三是深入推进土壤污染防治。开展畜禽养殖行业生态环境风险隐患大排查大整治行动，完成918家养殖场畜禽养殖用房及配套建筑设施安全隐患排查整治、755家畜禽养殖场（户）畜禽粪污处理及资源化利用设施设备与运行状况排查整治，全市规模化养殖场设施配套率100%，畜禽粪污资源化利用率90.7%。稳步推进化肥农药减量增效行动，化肥总使用量和亩均使用量实现零增长，化肥利用率41%，化肥农药使用剂量642.3吨，较2021年减少1.03%，主要农作物农药利用率42%。开展涉镉等重金属污染源排查，对农用地周边和涉重金属矿区历史遗留固体废物点位全覆盖排查，无新增涉镉等重金属污染源。坚持严格管控，因地制宜，完成省定13.65万亩安全利用和0.84万亩严格管控任务，受污染耕地安全利用率达90%，重点建设用地安全利用率达100%。市垃圾焚烧综合处理项目并网发电，建成乡镇垃圾中转站84座，淘汰小型生活垃圾焚烧炉20个。积极创建"无废城市"，完成2022年重点任务41项。全年共处置医疗废物1709.76吨，其中涉疫垃圾411.39吨，处置率达100%；无害化处理生活垃圾28.06万吨、渗滤液17.49万吨、厨余垃圾2.62万吨，生活垃圾清运率、无害化处理率均达到100%。

3. 坚持以群众环境获得感为向心，扎实推进突出生态环境问题整改

一是稳步推进历次中央和湖南省交办突出生态环境问题整改。中央和省生态环保督察累计交办信访件及督办件537件，办结533件；反馈问题109个，完成整改85个；省生态环境警示片披露问题3个，全部完成整改销号；

省垃圾填埋场专项督察问题 3 个，全部完成整改销号；2022 年需完成整改销号问题 16 个，已完成整改销号 14 个。枧潭溪流域镍污染问题整改获评全省 2022 年度突出生态环境问题整改"十大典型案例"。

二是着力开展"洞庭清波""夏季攻势"等专项行动。"洞庭清波"专项行动省纪委监委督导检查涉及张家界市 39 个问题，已完成整改销号 25 个，其中 2022 年需完成整改的 14 个问题已全部销号。省人大常委会执法检查指出的 25 个问题，已完成整改 2 个。污染防治攻坚战"夏季攻势"省定 8 个方面 71 项任务全部按时保质完成并销号。"张家界市坚持'一站一策'定措施，有力推进大鲵国家级自然保护区水电项目整改"获评湖南省 2022 年污染防治攻坚战"夏季攻势"十佳典型案例。

三是切实加强重点生态环境敏感区域保护。"绿盾 2021"专项行动问题 436 个，累计整改销号 422 个；"绿盾 2022"专项行动 42 个问题已完成现场核查正在开展销号工作；自然保护地全面监督 249 个问题已完成整改 246 个。全力守护好全市人民"水缸子"安全，完成 5 个"千吨万人"集中式饮用水水源地保护区和 7 个千人以上集中式饮用水水源地保护区划定、80 个乡镇级千人以上集中式饮用水水源地保护勘界定标、32 个农村千人以上饮用水水源地生态环境问题整治。

4. 坚持以服务高质量发展为重心，有力提升环保支撑保障能力

一是签订全省首个生态环境领域厅市合作框架协议。2022 年 7 月 21 日，湖南省生态环境厅与张家界市人民政府签订关于推进张家界生态环境建设合作框架协议，将推动 52 个污染防治、环境监管能力提升项目在"十四五"期间逐年落地见效。2022 年，全市共争取到上级污染防治资金 27591 万元，其中，中央水污染防治资金 13300 万元、土壤污染防治资金 11990 万元、大气污染防治资金 1841 万元，省级污染防治资金 460 万元。

二是高效服务旅发会项目建设。认真落实政务服务"三集中三到位"，23 项行政许可和公共服务事项全部进驻政务服务中心统一办理。优化办事流程，环评审批申报材料由 8 项缩减为 5 项。严格依法执行"五个不审批"要求，全年没有发生违规审批、越权申请的情况。建立旅游发展大会建设项目环境审批管理台账，对涉及的 546 个项目环境准入情况进行逐一摸排，对需环评的 165 个项目提出生态环境准入管理建议，确保项目能及时落地。

三是有序推进绿色转型。张家界市碳达峰工作方案完成初稿，正在按程序报审；大湘西天然气张家界支干线项目及下游城市配套设施建设，已通气点火；淘汰落后生产设备 100 余台件；关闭桑植县城市规划区内页岩砖厂 4 家；更新、新增新能源出租车 87 台，新增新能源网约车 129 台；21 个风电项目（装机 102 千瓦）、8 个光伏项目（装机 62.5 万）纳入湖南省"十四五"规划；万众筑工、乾坤生物、畅想农业创建 2022 年度省绿色工厂和张家界高新区创建 2022 年度绿色园区，通过专家评审并进入公示期。

5. 坚持以防范化解生态环境风险为靶心，坚决守牢自然生态安全底线

一是扎实开展防范化解重大生态环境风险隐患"利剑"行动。全市摸排上报环境风险隐患问题 146 个，其中红色问题 18 个、橙色问题 13 个、黄色问题 115 个，全部完成整改或风险管控。

二是加强生物多样性保护。出台全省首个生物多样性调查监测联动机制实施方案，生物多样性观测样方和生物标本馆全面建成。

三是全域开展生态文明示范创建。武陵源区建成国家生态文明建设示范区，桑植县继武陵源区之后、获得全市第二个"国家生态文明建设示范区"称号；两区两县全部建成省级生态文明建设示范区；建成市级生态文明建设示范镇村 177 个。永定区建成"绿水青山就是金山银山"实践创新基地。

6. 坚持以补短板强弱项为垂心，不断完善现代化环境治理体系建设

一是积极构建生态文明建设大格局。调整优化生态环境保护委员会，落实书记、市长双主任制，形成了"党委领导、政府负责、人大政协监督支持、生态环境统筹、部门协作、全社会参与"的生态文明建设大格局；召开新闻发布会 3 次，撰写各类新闻稿件 1000 余篇，舆论监督和社会参与的氛围更浓。

二是继续巩固排污权许可全覆盖成果。2022 年新增首次发证企业 11 家，全市累计发证 181 家；组织开展排污权许可质量核查，全年共核查发证企业 111 家，其中重点管理 26 家，简化管理 85 家；登记管理抽查 119 家。

三是严格生态环境监管执法。严格落实"双随机一公开"抽查工作机制、正面清单制度，各项抽查任务已全部完成，新增正面清单企业33家，对全市86家正面清单企业开展"体验式"帮扶指导。全年共出动执法人员4239人次、检查企业1777家次，曝光环境违法典型案例15起，移送行政拘留16件、查封扣押4件，查处环境违法行为93起、罚款825.8万元。严厉打击各类破坏生态环境违法犯罪，组织开展"生态三湘""2022清风"及打击非法采矿、非法捕捞、非法倾倒危废、破坏古树名木等专项整治行动，共立各类破坏生态环境刑事案件145起，破案121起，移送起诉破坏生态环境犯罪嫌疑人159人。启动生态环境损害赔偿62件，办结53件，涉及金额346万元。受理各类环境投诉信访事项248件，办结244件，办结率98.4%。

四是健全环境质量监测"点位长"制。在原有"点位长"制的基础上，建立健全国控、省控环境质量监测点位三级责任制，对9个国控站点、21个省控站点、3个市控站点进一步明确市、区县、乡镇街道三级责任部门、责任领导和具体工作内容，每个站点设置2名以上巡查联络员，每周至少开展一次巡查，确保各项监测数据"真、准、全"。

二　张家界市生态文明建设存在的主要问题

通过持续努力，张家界市生态环境质量持续改善，但环境承载能力与产业发展矛盾仍然突出，环境保护历史欠账较多，生态文明建设还面临不少挑战和困难。一是高标准严要求深入打好污染防治攻坚战力度不够。大气、水、土壤污染防治相关工作还需持续发力。二是突出问题整改还不彻底。中央和省生态环保督察、省人大常委会执法检查、"绿盾"行动等方面突出生态环境问题仍有110个正在持续整改中，已完成整改销号的少数问题整改标准不高。三是城乡环境基础设施建设相对滞后。城镇污水处理厂及配套管网建设仍不够完善，老管网改造与污水处理提质增效要求还不相适应。养殖业、种植业等农村面源污染问题依然较为突出。

三 2023年张家界市生态文明建设
思路及重点工作

（一）紧扣"一个目标"

生态文明建设走在全国、全省前列。全市国控、省控、市控地表水断面水质优良比例（达到或优于Ⅱ类）保持100%，国家考核断面水质排名进入全国前20位，省考核断面水质稳居全省前列；县级及以上城市集中式饮用水水源水质达到或优于Ⅱ类比例为100%。市中心城市PM2.5浓度控制在27微克/米³以下，空气质量优良天数比例稳定在96%以上。

（二）做到"两个坚持"

一是坚持生态优先。开展山水林田湖草沙一体化保护修复，推进大鲵国家级自然保护区以及澧水源头、重要水源地等重点区域水土流失综合治理，推进武陵山片区石漠化治理，全面完成81个历史遗留矿山图斑的生态修复主体工程。推进自然保护地体系建设，加快开展张家界国家公园建设的基础性工作。加强生物多样性保护，建设省级生物多样性科普教育基地，打造张家界生物多样性调查监测数据平台，加快推进湘西北生物多样性项目、八大公山生物多样性保护工程等。持续推进"绿盾"专项行动，严肃查处生态破坏行为。支持永定区、慈利县争创国家生态文明建设示范区，桑植县争创"绿水青山就是金山银山"实践创新基地。

二是坚持绿色发展。开展碳达峰行动，以能源、工业、城乡建设、交通运输等领域为重点，推进张家界市碳达峰工作方案实施。加快企业智能化改造，不断提升企业智能化水平；推动企业绿色转型，组织企业参与全省清洁生产审核计划，积极申报省绿色工厂，力争实现国家级绿色工厂"零突破"；落实二氧化碳排放总量控制制度，组织编制全市减污降碳工作方案，积极推动水泥等碳排放重点企业开展深度治理及超低排放改造。推动能源清洁低碳转型，实施张家界天然气发展利用规划，加快改造、建设天然气管网，提高天然气管网覆盖率和使用覆盖率；有序推进农村天然气微管网建设，提高天然气在农村燃料占比。坚决遏制高耗能高排放项目盲目发展，对"两高"项目实行必要性和可行性论证，实行先论证、报批，再立项。完善"三线一单"管控措施，严格"三线一单"管控要求，加强对"三线一单"和环评准入的监管执法，强化国土空间用途管控。

（三）打好"三个战役"

一是打好蓝天保卫战。加强多污染物协同控制，组织开展重污染天气消除、臭氧污染防治、柴油货车污染治理等标志性战役。持续推动锅炉、工业窑炉综合治理，开展重点行业挥发性有机物深度治理。开展秋冬特护期"守护蓝天"行动，强化重点区域大气污染防治联防联控。加强柴油货车、非道路移动机械及成品油全链条监管。组织开展声环境功能区划评估。

二是打好碧水保卫战。加强饮用水水源地保护，深入推进"千人以上"饮用水水源地问题整治，扎实开展县级以上饮用水水源地排查整治"回头看"。开展入河排污口整治，规范入河排污口设置审批。加强枯水期水生态环境管理，重点做好蓝藻水华防控。加强美丽河湖创建。加强澧水、溇水源头水系生态保护，扎实推进流域水生生物多样性恢复和水生生物栖息地修复。巩固市中心城市建成区黑臭水体治理成效。规范工业园区污水收集处理环境管理。加强医疗机构污水排查整治。落实河长制年度重点工作。

三是打好净土保卫战。扎实推进农用地土壤镉等重金属污染源头防治行动。推进涉镉等重金属关停企业及矿区历史遗留固体废物排查整治，严格涉镉等重金属行业大气、水污染物排放管控，形成新一轮清单。推进重点县市受污染耕地土壤重金属成因排查，利用好成因排查成果，开展污染源头风险管控。有效管控土壤污染风险，实施土壤污染源头管控重大工程项目。加强重点建设用地安全利用监管，对"一住两公"地块严格落实调查评估等要求，推进重点区域污染地块实施风险管控或治理修复试点。加强关闭搬迁企业地块土壤污染管控，强化建设用地准入管理。稳步推进土壤污染重点监管单位隐患排查"回头看"和周边土壤环境监测、水体底泥等重金属污染监测，探索开展土壤环境质量变化趋势评估。

（四）提升"四个能力"

一是提升生态环境队伍政治能力。扎实开展大培训、讲党课、谈心得、大谈话等活动，推动党的二十大精神在全市生态环境系统入脑入心、走深走实。以党的政治建设为统领，深刻领悟"两个确立"的决定性意义，增强"四个意识"、坚定"四个自信"、做到"两个维护"，不断提高政治判断力、政治领悟力、政治执行力。坚定不移全面从严治党，推动党风廉政建设和反腐败斗争向纵深发展，有效运用监督执纪"四种形态"，切实增强党员干部的拒腐防变能力，深化以案为鉴、以案促改、以案促治，坚持不敢腐、不能腐、不想腐一体推进。

二是提升生态环境监测执法能力。加快推进大气组分站建设，建立健全覆盖各类环境要素的全市环境质量监测网络。推进县级生态环境监测能力建设，全面提升生态环境监测自动化、标准化、信息化水平。开展执法大练兵，突出实训、实战、实效，开展全员、全年、全过程大练兵活动，积极备战全省执法技能大比武活动。

三是提升环境风险应急处置能力。建立环境风险隐患清单，健全生态环境风险隐患排查整改制度，全面消除环境风险隐患。完善区域联动响应机制，加强环境应急指挥信息化建设，推进应急预案、监测预警、处理处置、物资保障等体系建设，加强环境应急值班值守，开展环境应急演练。

四是提升生态环境支撑保障能力。推动生态环境保护地方性立法，严格落实"谁执法谁普法"普法责任制。深入做好例行新闻发布工作，办好2023年六五环境日主题宣传活动，继续推进环保设施向公众开放。深化排污权有偿使用和交易，提升排污许可发证质量。持续推进生态环境损害赔偿制度改革，加强生态环境损害赔偿案件线索筛查力度，推动案例实践。推进企业环境信息依法披露制度改革，完善生态环境补偿等制度。

B.19

担当绿水青山使命
助力益山益水益美益阳

——益阳市 2022~2023 年生态文明建设报告

益阳市生态环境保护局

摘　要： 2022 年益阳市水环境质量同比提升 9%，资江流域益阳段锑浓度值同比下降 15.6%，19 个突出生态问题完成销号，283 项"夏季攻势"任务全面完成，生态文明示范创建取得新进展，下阶段将在推动绿色低碳发展、打好污染防治攻坚战、加强生态环境能力建设方面持续发力。

关键词： 生态文明建设　生态文明示范　污染防治攻坚　益阳市

2022 年，益阳市全面贯彻习近平新时代中国特色社会主义思想，深入学习贯彻党的二十大精神，深学笃用习近平生态文明思想，坚决扛起生态环境保护政治责任，深入打好污染防治攻坚战，全市生态环境质量持续改善，各项工作取得新进展。

一　2022年益阳市生态文明建设基本情况

一年来，全市攻坚克难、务实创新，扎实推动各项工作高质量发展。水环境质量持续改善。33 个国省控断面Ⅰ~Ⅲ类水质断面比例 97.0%，同比提升 9 个百分点。南洞庭湖 3 个国控断面取得历史性突破，首次达到Ⅲ类水质；安化县柘溪水库获评省"美丽河湖建设优秀案例"称号。土壤环境质量稳中有升。资江流域益阳段锑浓度值 0.0027 毫克/升，同比下降 15.6%。矿涌水整治生态修复技术在"国家生态环境科技成果转化综合服务平台"应用推广。突出问题整改成效明显。2022 年需办结销号的问题 19 个，均已完成。下塞湖整治作为湖南省突出环境问题整改正面典型向中央环保督察办推荐并采用，作为向党的二十大献礼展出，人民日报在中央生态环境保护督察成效综述专栏予以报道。金明有色废水污染问题整改获评省 2022 年度突出生态环境问题整改"十大典型案例"。"夏季攻势"任务全面完成。9 大类 283 项任务全部完成销号，解决了一批重点、难点、痛点问题，《益阳市打好水源地治理"组合拳"切实保障饮用水安全》获得全省污染防治攻坚战"夏季攻势"十佳典型案例。生态文明示范创建取得新进展。安化县成功创建国家生态文明建设示范区，在湖南省纳入国家重点生态功能区县域生态环境质量监测与评价的 55 个县域中，被评价为生态环境质量"轻微变好"（全省 3 个）。

（一）坚持政治引领，凝心聚力谋发展取得新提升

以高度政治自觉、思想自觉、行动自觉奋力推动生态环境保护工作高质量发展，以不断提升"政治三力"为主线，知责于心、担责于身、履责于行，营造团结奋进的良好氛围。

一是坚定立场，不断提高政治判断力。自觉加强党性锻炼，做政治上的明白人，在思想上、政治上、行动上始终与党中央保持高度一致，深刻领悟"两个确立"的决定性意义，牢记国之大者，增强"四个意识"，坚定"四个自信"，做到"两个维护"，坚决维护党中央权威和集中统一领导。面对风高浪急甚至惊涛骇浪的重大考验，自觉抵制不良思潮的侵蚀，坚决与不良风气、错误言行做斗争，始终保持共产党员应有的政治定力。

二是深学细悟，不断提升政治领悟力。重点深入研读《习近平谈治国理政》、习近平生态文明思想、习近平总书记在湖南考察时的系列重要讲话指示精神等。全面学习贯彻习近平新时代中国特色社会主义思想，深学笃用

党的二十大精神，进一步加深对"五位一体"总体布局、"四个全面"战略布局、"三高四新"战略定位和使命任务的理解，将所学所思更好运用到生态环境保护工作当中。

三是牢记使命，不断提升政治执行力。牢固树立为民意识，始终坚持以人民为中心的发展思想，科学民主依法决策，解决群众反映的突出问题。牢固树立大局观念，坚持国家和集体利益至上，做到克己奉公、甘于奉献。自觉贯彻"绿水青山就是金山银山"的新发展理念，增强斗争精神，提高斗争本领，为全面建设现代化新湖南推动生态文明建设孜孜不倦，笃定前行。

（二）坚持铁腕治污，污染防治攻坚取得新进步

突出精准治污、科学治污、依法治污，实行挂牌督战、挂图作战、挂账销号"三挂打法"，持续深入打好污染防治攻坚战。

一是深入打好蓝天保卫战。益阳市委、市政府主要领导定期调度推进"蓝天保卫战"，实行周例会、月调度、季点评制度。分管副市长亲自调度调研，进一步落实中心城区三区蓝天办架构，实体化运作。尤其是进入特护期以来，书记、市长对蓝天保卫战工作实行一周一调度，分管副市长轮流逐日调度；学习借鉴安徽亳州"九查九做"工作经验，制定印发益阳市"十查十做"工作方案，全市各级各部门按照"十查十做"，全力推进蓝天保卫战各项工作。深入推进涉气企业污染治理和技术改造，完成 41 家涉挥发性有机物（VOCs）企业综合治理、5 家工业炉窑治理、6 家天然气锅炉低氮改造任务。持续打好柴油货车污染治理攻坚战，市中心城区重型柴油货车安装车载式远程监控设备（OBD）1232 台；加强柴油货车路检路查，累计检查柴油货车2718 台（省定任务 2000 台）；完成 29 辆老旧货车淘汰任务。科学实施特护期25 家重点排放工业企业、15 家砖瓦行业企业在内的涉气重点行业错峰生产。强化秸秆禁烧工作，探索智慧禁烧模式，持续推进秸秆综合利用，全年省通报卫星秸秆火点总数 53 个（省定目标 65 个）。2022 年，中心城区环境空气质量综合指数为 3.76，环境空气质量优良天数比率为 80%，PM2.5 浓度为 40 微克/米^3；各县（市）城区空气质量全部达到二级标准。

二是深入打好碧水保卫战。统筹水环境、水生态、水资源治理，强化源头管控，狠抓不达标断面治理，着力打好洞庭湖总磷污染攻坚战，制定印发《益阳市洞庭湖总磷污染控制与削减攻坚行动实施方案（2022—2025年）》。持续开展铊污染整治，强化涉铊面源治理与风险管控，全力做好枯水期水生态环境管理和重点河湖水华防控工作。强力推进强化饮用水水源保护区"一张图"管理试点工作，高速度、高质量、高标准推进全市370个水源保护区勘界定标，完成70个农村千人以上饮用水水源地整治任务。持续推进工业园区污水处理监管，全市9个省级及以上工业园区均签订第三方治理合同。持续推进污染物排放总量控制，完成省定年度减排任务。加强船舶污染物全流程管理，实现船舶污染物接收转运处置正常化运转。强化医疗废水管理，完成16家医疗机构医疗废水排查整治。持续深化城市黑臭水体治理，巩固治理成效，开展县以上城市黑臭水体排查整治工作。坚持推进城市生活污水治理提质增效，新建城市污水管网60.1千米、改造管网51.9千米，城市生活污水集中收集率同比增长6个百分点。加强水产养殖污染治理，全市完成精养池塘生态化改造1.52万亩。全力以赴开展立项争资，2022年全市共获得中央水污染防治专项资金13069万元，加快储备项目入库，已申报的10个项目进入储备库。2022年，全市33个国省控断面Ⅰ~Ⅲ类水质断面占比97%，同比提升9个百分点；资江流域水质总体为优，均达到或优于Ⅲ类水质；南洞庭湖3个国控断面首次达到Ⅲ类水质；大通湖水质持续改善，稳定在Ⅳ类水质。

三是深入打好净土保卫战。积极推进农村生活污水治理，完成50个行政村生活污水治理、6条农村黑臭水体治理和39786户厕改（新）建任务。开展资江流域锑污染综合整治，编制《益阳市锑污染整治实施方案》，完成对超标严重的企业和26块污染地块风险管控，资江流域益阳段20个断面锑浓度均值为0.0027毫克/升。加强土壤污染治理，开展107家涉镉等重金属企业的风险排查，2022年无新增涉镉重金属企业。强化建设用地土壤污染风险管控，完成对全市49个变更为"一住两公"的地块土壤污染状况调查。有序推进矿涌水治理，排查50处矿涌水污染点位，对其中40处重污染点位开展整治，对剩余 10 处轻度污染点位实施风险管控。深入推进化肥农药减量增效，推广测土配方施肥技术面积 1023.6 万亩，发展绿肥种植 52.5 万亩，完成主要农作物病虫害专业化统防统治服务面积 465.4 万亩。加强畜禽养殖污染治理，完成 2542 个畜禽粪污资源化利用项目建设，全市 1700 余家规模养殖场粪污处理设施配套率达 100%，畜禽粪污资源化利用率达 80% 以上。加强废旧农膜回收利用，全市废旧农膜回收率达 86.19%。加强地下水污染防治，积极申报土壤及地下水污染防治项目，已有 8 个项目进入中央储备库。

四是打好固废治理战。加强矿山生态保护修复，完成 14.97 公顷历史遗留矿山生态修复任务。强化尾矿库污染防治，开展全市 10 座尾矿库环境风险隐患排查"回头看"，完成桃江县丰家村尾矿库渗滤液超标问题整治。深化城乡生活垃圾"一体化"处置，完成安化县、沅江市生活垃圾填埋场突出环境问题整改，沅江市、桃江县生活垃圾焚烧发电项目建成投产，生活垃圾无害化处理实现全市全覆盖。

（三）坚持问题导向，突出环境问题整改取得新成效

2022 年，围绕中央、省环保督察反馈本市生态环境问题，益阳市迅速行动，高位推进，以督查倒逼问题整改，严查实督，全力推动突出环境问题整改。2022 年度 19 个突出环境问题全部整改验收销号。

一是坚持强化优化组织责任体系。成立由书记、市长任双组长的突出环境问题整改工作领导小组。严格落实"党政同责、一岗双责""三管三必须"要求，市委常委分区县（市）包干负责，政府副市长分线负责，市直单位牵头抓落实，区县市履行属地主体责任，构建了"党委政府共同负责、人大和政协全程监督、部门齐抓共管、社会共同参与"的大保护格局，形成了横向到边、纵向到底的工作体系。实施生态环境督办专员制度，建立 4+X 督查工作机制，定期督查和专项督查有机结合，坚持一月一督查，一月一通报，全年累计开展综合及专项督查 13 次，出台督查通报 9 期，制作交办函 43 份，督办函 3 份，对突出环境问题采取"督查整改、再督查再整

改"的循环落实方式，直至问题彻底解决。

二是坚持攻坚突破重点难点问题。以重点难点问题攻坚突破为引擎，带动生态环境问题全面整治。全面梳理各级环保督察反馈的各类问题1189个，建立全市突出生态环境问题总台账及各县市（区）、市直牵头督导单位明细账。对各区县（市）生态环境问题实施"千字精准画像"，实行环境问题清单式管理，定期更新问题台账，定期开展调度。对突出环境问题和群众信访件采取"四包一"措施，即市、县各明确两名责任人，县级负责排查整改，市级负责核查销号，市委、市政府督查室逐件现场核实办理情况，以"任务完成、质量改善、整改到位、不出问题"作为检验标准，确保整改落实落细。建立督查执法会商移送机制，定期研究处理重点难点环境问题，对于突出生态环境问题整改不力的，采取通报、书面督办、挂牌督办、约谈等措施。对已整改的问题实施"回头看"全覆盖，坚决杜绝虚假整改、表面整改、敷衍整改。

三是坚持多措并举强化工作保障。严格落实生态文明建设考核机制，将8个区县（市）、16个市直部门、9个省级以上工业园区污染防治工作纳入市委、市政府绩效考核体系，并提高考核权重，实现考核全覆盖。分系统分层级定期调度推进生态环境问题整治，书记、市长一季一督导，分管副市长一月一调度，定期召开专题会议，着力研究解决一批长期想解决而长期没有解决的突出环境问题。建立"严督查"工作协调推进机制，对环境问题实行定区域、定人员、定职责、定任务的"四定"监管，形成了齐抓共管、合力攻坚的良好氛围。强化生态环境领域执纪问责，对交办重点案件，由纪检监察部门牵头办案，每个案件的具体追责情况在"一网一台一报"上公开报道，给群众一个交代，给干部一次教育，2022年共问责干部27人。在干部选拔使用上，对存在突出环境问题单位的主要负责人和分管负责人，坚决不提拔、不重用。

（四）坚持生态优先，推动绿色发展取得新突破

深入践行习近平生态文明思想，牢固树立"绿水青山就是金山银山"理念，充分发挥生态环境保护引导、优化和倒逼作用，协同推进经济高质量

发展、环境高水平保护、污染高标准治理，牢牢守好发展和生态两条底线。一是抓好环评服务。深化环评"放管服"改革，持续做好"六稳""六保"环保审批服务，建立重大项目环评服务清单，加强重大项目建设指导服务，审批项目113个。二是抓好源头管控。强化"三线一单"生态环境分区管控成果运用，严格执行排污许可制，核发排污许可证260个。强化建设项目环境准入管理，坚决遏制"两高"项目盲目上马。三是抓好示范创建。积极推进大通湖区、桃江县省级生态文明建设示范区创建。

（五）坚持依法行政，监管执法水平取得新提高

坚持用最严格制度和最严密法治保护生态环境，严格执行生态环境保护法律法规和政策，严厉打击各类生态环境违法行为。一是严厉打击环境违法行为。全年累计办理环境违法案件113件，处罚金额774.85万元。二是强化重点监管。持续开展涉铊、涉锑企业专项执法检查。全年累计检查涉铊企业18家，对1家涉铊企业违法行为进行立案查处。三是强化专项监管。开展涉气企业专项排查整治、"双打"专项检查工作，深入推进危险废物专项整治三年行动。

二　益阳市生态文明建设存在的主要问题

（一）污染防治任务艰巨

一方面，环境空气质量与目标有差距。益阳市中心城区空气质量优良率80%、PM2.5浓度为40微克/米^3、重污染天数为3天，离省定目标还有较大差距。另一方面，水质持续改善难度大。一是在全省及同类地区排名落后。总体断面达标率仍低于全省平均水平，在全省和B类地区排名靠后；水质综合指数和改善幅度在全省排名不理想。二是部分断面水质持续改善压力大。大通湖总磷浓度较2021年同期略有下降，但要持续改善，且在2025年总磷平均浓度控制在0.075毫克/升依旧面临较大压力。

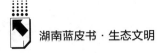

（二）重点问题推进困难

突出环境问题整改任务还很重，2017年以来，中央、省环保督察和专项督察交办益阳市的171个问题，还有34个未整改到位，后续整治难度更大、所需资金投入更多、时间更长。

（三）能力建设亟待提升

在日益繁重的环境监管执法任务面前，全市环境执法力量严重不足，人员业务水平参差不齐，执法能力还很薄弱，非现场监管意识普遍不强，在执法检查、调查取证、文书制作等方面还存在短板。

三 2023年益阳市生态文明建设工作重点

（一）有序推动绿色低碳发展

突出特色发展、集约发展、绿色发展，坚持产业发展与环境保护、生态建设相结合，全面落实产业准入政策，推进"三线一单"应用落地，坚决遏制"两高"项目盲目上马，不断提升节能环保技术和服务水平。全面促进资源节约循环高效使用，推进产业循环式组合，促进上下游产业链配套完善，推动实现资源综合利用，加强静脉产业园发展，加快推进北部、西部垃圾焚烧发电项目建设，统筹全市生活垃圾焚烧处置，提高生活垃圾清洁焚烧比例。大力倡导绿色消费、环保消费理念，引导居民形成自然、环保、节俭、健康的生活方式。

（二）深入打好污染防治攻坚战

一是深化水污染防治。实施一批污染综合治理项目，重点推进资江益阳段、洞庭湖和大通湖等重点片区水环境综合治理；开展入河排污口排查整治，进一步提升优质水比例；巩固城市黑臭水体治理成效；全面开展水污染严重地区、工业园区、敏感区域、城市建成区水环境问题整治；强化污水处理基础设施建设，完善城市污水管网建设，加强水生态保护和修复。

二是加强大气污染防治。推进 PM2.5 与臭氧协同治理，推动城市PM2.5 浓度持续下降，有效遏制臭氧浓度增长趋势。以工业涂装、化工、包装印刷、油品储运销等行业为重点，实施企业挥发性有机物（VOCs）原料替代、排放全过程控制。积极推进在用燃煤锅炉环保设施升级改造，推进生物质锅炉实现连续稳定达标排放；实施燃气锅炉低氮改造，构建碳排放和大气污染物协同防控体系，推动多污染物协同减排，强化大气污染综合治理，深化扬尘污染治理。

三是强化土壤污染防治。加强监管，巩固石煤矿治理和资江锑污染防治成效；持续推进受污染耕地安全利用和严格管控，提升农用地安全利用水平；完善土壤污染防控监管体系，开展耕地土壤污染成因排查和分析；健全建设用地准入管理机制，加强关停退出企业的污染场地管理监督和污染管控；加强农村生活污水和农村黑臭水体治理；加快推进农业面源污染治理，实施减磷控磷和农药化肥减量行动。强化危险废物管理，督促产废单位和经营单位规范化管理，有效遏制危险废物非法转移、倾倒、处置等违法行为，推进危险废物治理体系建设，保障环境安全。

（三）切实加强生态环境能力建设

加快建立系统完整的生态文明制度体系，引导、规范和约束各类开发、利用、保护自然资源的行为，用制度保护生态环境。完善生态补偿激励机制，全面落实排污许可证和排污权有偿使用交易制度。严格源头保护制度，健全能源、水、土地节约集约使用制度。严格环境影响评价制度，加大对重点项目建设的环境质量评估和社会稳定风险评估。健全环境信息公开制度，提高公众在环境决策、环境监督及环境影响评价等重点领域的参与力度。建立体现生态文明要求的目标体系、考核办法、奖惩机制，健全财税、金融等政策，激励、引导各类主体积极投身生态文明建设。

B.20

坚持人与自然和谐共生
建设绿色发展美丽郴州

——郴州市 2022~2023 年生态文明建设报告

郴州市人民政府

摘　要： 2022 年，郴州市生态环境质量持续改善，全市国省控断面水质达标率 100%，东江湖水质持续保持 I 类，城区环境空气质量连续五年达到国家二级标准，生态文明示范创新取得新进展，生态文明建设成效显著。2023 年，继续深入贯彻落实党的二十大精神和习近平生态文明思想，围绕"发展六仗"要求，着力打好"七大战役"（空气质量改善翻身战、水环境质量改善持久战、土壤环境质量改善攻坚战、突出生态环境问题整改歼灭战、环境监管执法重点战、东江湖流域保护提升战、人与自然和谐共生系统战）。

关键词： 郴州市　生态文明建设　污染防治

　　2022 年，郴州市深入贯彻习近平生态文明思想和习近平总书记对湖南重要讲话重要指示批示精神、考察郴州重要讲话重要指示精神，严格落实中央和省级生态环境决策部署，扎实推进突出生态环境问题整改、污染防治攻坚战"夏季攻势"、防范化解重大生态环境风险隐患"利剑"行动等重点工作，全市生态环境质量稳中有进、生态环境总体安全、生态文明建设成效显著。

一　2022年郴州市生态文明建设
成效及经验做法

2022年，郴州市生态环境质量持续改善，市城区环境空气质量连续五年达到国家二级标准，全市国省控断面和县级及以上饮用水水源地水质达标率100%，东江湖水质持续保持 I 类，马家坪电站大坝断面水质历史性消除劣 V 类；获批国家级土壤污染防治先行建设地区，全市森林覆盖率排全省第三，森林蓄积量稳定增长，湿地保护率72.09%，草原综合植被盖度87%；东江湖、四清水库获评为全省美丽河湖建设优秀案例，郴州市生态文明建设成效获得国务院大督查表彰激励，资兴市入选全国首批"绿水青山就是金山银山"典型案例，汝城县获评国家级生态文明建设示范县，桂阳县、桂东县获评省级生态文明建设示范县，苏仙区、桂阳县、永兴县获评全国自然资源节约集约示范县，桂阳春陵国家湿地公园入选国际重要湿地名录。

（一）坚决扛牢生态文明建设重任

一是加强思想引领，科学精准发力。深入贯彻习近平生态文明思想，贯彻落实党的二十大、中央经济工作会议精神，把准"推动绿色发展，促进人与自然和谐共生"的总基调，坚决扛起生态文明建设的政治责任，牢记"共抓大保护、不搞大开发""守护好一江碧水"的殷殷嘱托，保持生态文明建设战略定力，推动习近平生态文明思想落地生根。先后制定出台《关于深入学习宣传贯彻党的二十大精神为全面建设社会主义现代化新郴州而团结奋斗的决定》《深入打好污染防治攻坚战助推郴州高质量发展行动方案》等纲领性文件，郴州市六届五次全会提出将郴州加快建设成为"世界旅游目的地、国家创新示范区、开放发展排头兵、湖南重要增长极"的战略定位，为全面建设社会主义现代化新郴州谱写了新篇章、绘就了新蓝图、吹响了新号角。

二是高站位部署，统筹谋划推进。郴州市委、市政府调整升格了市生态环境保护委员会、市突出环境问题整改工作领导小组、市东江湖环境保护和治理委员会等综合协调机构，由书记、市长担任"双主任""双组长"，分管副市长担任"副主任""副组长"，坚持靠前指挥、密集调度，定期或不定期召开市委常委会会议、市政府常务会议、市生环委全体会议专题研究和调度生态环境保护工作，2022年召开市委常委会10次、市委督战会12次、市政府常务会6次、市生环委全会3次、市东江湖环境保护和治理委员会全会2次、市政府领导专题调度会42次，高位统筹生态文明建设工作成为常态。

三是强举措推动，完善调度机制。将深入打好污染防治攻坚战列入全市十大重点工作，市县两级党委政府主要负责人现场指挥、一线调度生态环境保护工作。郴州市生态环境保护委员会办公室建立了污染防治攻坚战、"夏季攻势""利剑"行动、突出生态环境问题整改"四合一"的"红黄榜"统筹调度机制，实行日调度、月通报、季考评、年考核，全年召开工作推进会6次，现场抽检检查"夏季攻势"等任务67项，下达县市区和市直单位督办（交办）函22份，约谈任务完成滞后市直部门3个、县政府1个，发布县市区及市直单位考核通报12次，确保打好打赢污染防治攻坚战。

（二）高效推进污染防治攻坚

一是"夏季攻势"势如破竹。郴州市委、市政府主要领导亲自调度，建立了市县两级联动的"夏季攻势"指挥调度信息平台和挂图作战、看图说话的指挥机制，调度、通报、督办、约谈、考核等多管齐下、多措并举，实现任务落实网格化管理，全力保障"夏季攻势"任务高效推进，涉及郴州的297项任务全面按期完成。《桂阳县因地制宜、综合利用废弃矸石堆，推进荷叶矿区生态修复》入选全省污染防治攻坚战"夏季攻势"县级十佳典型案例，获得中央和省级主要媒体典型推介。

二是大气治污蓝天常驻。大力推进能源基础设施和清洁能源项目建设，加快推广使用新能源产品技术，积极推行绿色低碳建造，全市首条国家天然气干线管道-新气管道和桂阳-郴州-资兴天然气管道建成投产，新能源巡游出租车、新能源公交车比例分别达到 68%、92%，新能源电力建成装机容量、并网规模居全省第一，全市中心城区绿色建筑占新开工民用建筑比例达100%。扎实推进臭氧污染防治、柴油货车污染治理等标志性战役，全力推进特护期六大"百日攻坚"行动，稳步推进大气环境质量网格化管理，构建重污染天气防范应对预警预报体系和"2+7"①区域联防联控郴州新模式，严格落实大气污染防治特护期水泥管控措施，引导督促涉气企业深度治理。全年共完成重点行业挥发性有机物综合治理等项目 15 个，建筑工地扬尘污染治理实现"8 个 100%"②，市城区环境空气质量持续保持国家二级标准。

三是流域治理碧水长清。大力实施甘溪河综合治理，强力推进"四大任务八大工程"，马家坪电站大坝断面水质历史性消除劣Ⅴ类；持续打好湘江流域郴州段、武水河流域保护修复攻坚战，深入开展耒水、春陵江等重点流域治理，严格落实枯水期水生态环境"十条"强化管控措施，加快建设城乡污水处理等环境基础设施，完成乡镇污水处理设施建设任务 40 个、建成配套管网 201 千米，全市 53 个国省控地表水考核断面和县级以上饮用水水源地水质达标率 100%。以"一河一策"为依托，大力实施河长制，全年河长累计巡河 14.8 万人次，协调解决涉河问题 3100 余件；统筹推进全市城乡供水一体化工作，全市农村饮水安全覆盖率达 100%，农村自来水普及率达 90.65%。

四是土壤管控净土常安。加快推进国家级土壤污染防治先行区建设，2022 年共争取中央资金 1.94 亿元，全省排名第一；深入开展涉镉等重金属污染排查整治，不断强化受污染耕地和建设用地管控措施，累计排查管控监测各类涉重企业 374 家，完成污染源整治 9 个、安全利用受污染耕地面积188.36 万亩，受污染耕地和重点建设用地安全利用率达 90% 以上；大力实施历史遗留废弃矿山修复、矿山复绿和绿色矿山建设，2022 年完成历史遗

---

① "2+7"模式是指以郴州市苏仙区、北湖区为核心，安仁县、永兴县、资兴市、桂阳县、宜章县、嘉禾县、临武县为外围的大气污染防治区域联防联控体系。

② 8 个 100% 即"围挡 100%、道路硬化 100%、物料覆盖 100%、湿法作业洒水保洁 100%、密闭运输 100%、车辆冲洗 100%、扬尘监控安装 100%、非道路移动机械达标 100%"。

留废弃矿山修复面积233公顷，建成绿色矿山数量109家，绿色矿山数量居全省第一；打好农业农村污染治理攻坚战，持续推进化肥农药减量增效、畜禽粪污资源化利用，扎实开展农村生活污水治理，测土配方施肥、病虫害统防统治与绿色防控等技术推广年度任务全面完成，农药使用量较2021年减少1.3%，全市规模养殖场设施配套率、养殖粪污资源化利用率分别达100%、84%，完成农村生活污水治理任务35个。

五是东江湖保护好水长流。成立由市委书记、市长担任"双主任"的市东江湖环境保护和治理委员会，构建"市县乡村四级共管、资宜汝桂四县同治"的管理体系，建立流域内"三县一市"断面考核与生态补偿机制，2022年累计兑现考核奖罚资金约680万元；全力打好流域总磷污染攻坚战，吹响"春雷行动"冲锋号角，流域内16个乡镇污水处理厂完成提质改造，累计拆除养殖网箱15571平方米，整改规模养殖场、养殖基地28家，粪污处理设施配套率达100%；2022年东江湖水质稳定保持地表水Ⅰ类，成为国内仅有的2个蓄水量在50亿立方米以上且水质达Ⅰ类的水库之一，上游河流断面总磷均值浓度同比下降13.7%，湖区断面总磷均值浓度同比下降4.3%，全流域实现Ⅱ类地表水比例100%，Ⅰ类水比例58.3%（同比提升16.6%），流域保护与治理工作经验入选了省河长制工作创新案例。

（三）扎实抓好突出问题整改

一是集中整改突出问题防风险。充分发挥郴州市突改办平台调度作用，严格对标对表，压紧压实各方责任，集中推进历次中省环保督察反馈、长江经济带警示片披露、省市生态环境警示片披露等突出生态环境问题整改，中央、省市生态环境突出问题整改成效明显。2017年以来，中央和省级生态环境保护督察和生态环境警示片反馈郴州突出生态环境问题共158个，已完成整改121个，整改完成率76.6%；2022年需完成的36个中央和省级环保督察整改销号任务已全部完成，市委、市政府下大力气解决了郴江河沿岸生活污水直排问题，推动问题彻底解决、整改销号；北湖芙蓉矿区遗留砷渣治理被评为全省十大整改先进典型案例，临武三十六湾治理工作被选入省长江流域重金属治理典型案例。

二是全面开展"利剑"行动除隐患。市委书记组织召开了全市动员视频会议，成立了由分管副市长任组长的专项领导小组，围绕"不发生较大以上突发环境事件、不发生因生态环境问题引发的群体性事件、不发生影响恶劣的生态环境舆情事件"的工作目标，聚焦重金属污染防治、饮用水源安全等10个方面，深入开展"利剑"行动。2022年共开展7轮排查，排查出风险隐患问题393个，风险隐患降级率100%，被评为全省防范化解重大生态环境风险隐患"利剑"行动优秀市州，桂阳县、北湖区、临武县获评优秀县市区。

三是持续强化重金属管控保安全。开展涉铊常态化专项整治，强化监测监控、严格监管执法等管控措施，累计抽查检查涉铊企业500余次、督促整改升级企业10家，所有出境断面铊浓度稳定达标，下游饮用水安全得到保障。实施尾矿库污染防治行动计划，84座重点尾矿库分类整治全部完成。强化固体废物环境管理和废弃危险化学品整治，完成危险废弃物专项整治三年行动计划及危废大排查大整治，严格危险废弃物转移审批，钻石钨公司10万吨钨渣超期贮存问题整改已完成。

（四）统筹推进人与自然和谐共生

一是深入推进碳达峰行动。建立高规格工作推进机制，成立了由书记、市长任双组长的碳达峰碳中和工作领导小组；编制完成《郴州市碳达峰行动方案》《郴州市"十四五"节能减排行动方案》《郴州市2022年碳达峰碳中和工作要点》等文件，坚持稳中求进工作总基调，统筹推进节能减排降碳和宏观经济社会发展，确保单位地区生产总值二氧化碳排放下降和单位国内生产总值能耗消耗降低完成预期目标。坚决遏制"两高"低水平项目盲目发展，严格落实以"三线一单"为核心的分区管控措施，持续做好能耗双控工作，有序推进能耗双控制度向碳排放双控制度改革，2022年单位GDP能耗明显下降。

二是积极推进绿色发展。持续开展科技创新、制度创新，"水立方"郴州模式全面构建，新"湘十条"支持政策接续出台，湖南自贸试验区郴州片区形成首创、首单、首例制度创新成果31项，全社会研发经费投入总量增幅及投入强度增幅均列全省第一，新增国家高新技术企业126家，科技型中小企业入库912家，获批省级专家工作站6家，资兴国家创新型城市建设通过科技部验收，桂阳、宜章获评全国科普示范县。大力发展装备制造、石墨新材料、大数据等战略性新兴产业，积极引进头部企业，加快建设"3+2"①中试基地，全力打造"专精特新"小巨人和制造业单项冠军企业，苏仙先进智造园、三一智能制造等项目竣工投产，嘉禾铸锻造产业集群、永兴稀贵金属产业集群成功创建省级产业集群，其中，永兴稀贵金属产业集群获评国家级中小企业特色产业集群，培育国家级专精特新"小巨人"企业和国家重点专精特新企业8家，郴州粮机大米加工成套设备被工信部授予"制造业单项冠军产品"；稳步推进传统产业转型升级和绿色制造，不断提升资源能源节约集约利用水平，单位规模工业增加值能耗下降6.5%，获评"省级绿色园区"2家，获评"省级绿色工厂"12家，获评2022年湖南省节水型（节水标杆）企业5家。

三是不断强化生态环境监管执法。不断强化以排污许可证为核心的监管体系，持续开展排污许可执法检查，完成32份环评报告技术复核，现场核查排污许可证项目45个，发现存在质量问题文件4个、现场交办并整改完毕问题17个；大力推进专项执法、"双随机一公开"执法，不断强化"两法衔接"，严厉打击超标排放、非法处置危废等环境违法行为，共立案查处环境违法行为178起，发布执法典型案例13起，其中被生态环境部采纳发布典型案例1起，被省生态环境厅采纳发布典型案例4起；统筹推进林业、渔业等其他领域生态环境执法，严厉打击和惩治破坏野生动植物资源、非法捕捞等违法行为，查处违法案件107起。

四是扎实做好自然生态保护。大力推进自然保护地建设及其环境监管，累计建立主题公园、风景名胜区等各级各类自然保护地48处、面积315.54

---

① "3+2"：湘南学院、高新区、经开区公共类和宜章县、永兴县企业类中试基地。

万亩，国家重点保护野生动植物种数保护率、古树名木保护率分别达到77%、100%，完成自然保护地环境问题整改40个，全市自然生态系统多样性和稳定性稳步提升；积极推进国土绿化工作，强化生物多样性保护，落实长江流域"十年禁渔"，完成人工（更新）造林11.58万亩、封山育林15.41万亩，国家重点工程、省级生态廊道建设营造林任务上图率均为100%；不断强化河湖生态流量保障和生态环境保护治理资金投入，省级监测的3个主要河流断面东江坝、欧阳海坝、春陵水永郴界生态流量100%达标，市级环保资金投入较2021年显著增长；持续开展生态文明创建和生态环境保护宣传，桂阳县、桂东县获评省级生态文明建设示范县，湖南东江湖风景名胜区、莽山国家级自然保护区获批"湖南省首批生态环境科普基地"，开展了六五环境日湖南省主场活动、节约型机关创建、县域节水型社会创建、河湖卫士志愿者巡河行动等宣传实践活动，绿色低碳、生态环保理念日益深入人心。

（五）齐抓共管推动环境治理体系现代化

一是完善党委、政府议事规则。制定《郴州市生态环境保护委员会会议制度》《郴州市重点生态环境问题清单管理制度》《督查检查制度》《郴州市重点生态环境保护工作通报约谈制度》等"四个制度"，建立市生态环境保护委员会定期会商研究机制，聚焦抓好突出生态环境问题整改、补齐生态环境质量短板、解决生态环境历史欠账等工作重点，一体部署、一体调度、一体考核、一体奖惩，实现整体联动、协同推进，推进全市生态环境保护各项工作取得实效。

二是厘清生态环境保护职责边界。印发了《郴州市生态环境损害赔偿实施办法》《郴州市生态环境保护工作责任清单》等文件，全面深化生态环境损害赔偿制度改革，规范全市生态环境损害赔偿工作，明确全市各级各部门生态环境保护工作职责，进一步压实"党政同责、一岗双责""管发展必须管环保、管生产必须管环保、管行业必须管环保"工作责任，不断完善齐抓共管、多元共治的生态环境保护和生态文明建设新

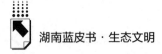

格局。

三是加强生态环保能力建设。持续推进监测站点和执法装备建设，完成首批100万元执法设备采购，形成覆盖大气、水、土壤、噪声的生态环境监测网络自动站及点位657个，有效提升生态环境监测现代化水平。大力推动行政执法规范化建设，严格落实行政执法公示制度、执法全过程记录制度、重大行政执法决定法制审核制度等规章制度，规范行政复议答复、行政诉讼应诉，切实提升执法规范化水平。不断优化生态环境执法方式，建立完善"一单两库"，实行全覆盖、常态化和规范化"双随机、一公开"监管执法，全力推进非现场监管执法，实现"进一次门，查多项事""无事不扰"。积极推动生态环境轻微违法行为免罚，累计开展非现场执法检查2900余次，对12家企业的轻微环境违法行为不予（减轻）处罚。深入开展园区环境污染第三方治理、生态补偿、生态环境损害赔偿等工作，完善"跨界共治""生态补偿"长效机制，先后与衡阳、赣州、韶关签订了联防联控协议，跨区域联防联控取得新进展。

二 郴州市生态文明建设存在的主要问题

2022年，郴州市在生态环境工作上取得了新成绩、新进步、新发展，但仍存在不少问题和短板。一是共抓大保护意识有待提升。全市各相关部门监管合力尚未形成，企业的环保意识有待加强，全民环保意识不足，齐抓共管的环境保护意识有待提升。二是环境质量持续改善任务艰巨。空气质量改善进入瓶颈期，全市个别断面水质超标问题依然存在，基层土壤治理既缺乏意识又缺乏技术，风险隐患仍然较大。三是环保监管能力建设基础薄弱。生态环境监测、监管执法的队伍能力不足，多数乡镇街道无专职环保人员，且流动性较大、业务能力参差不齐，基层环保巡查检查力量薄弱，环保监管能力与发展要求不相适应。四是生态环境风险隐患仍然存在。全市涉铊涉重涉危企业、工业园以及尾矿库数量多，重金属污染问题治理难度大、任务重，重点流域时常出现铊、砷、锑等重金属超标情况，对全市生态环境造成威胁。五是环保基础设施建设相对滞后。城市污水处理厂能力不足、管网不完善、雨污分流不彻底等问题突出；中央预算内环保治理项目推进及资金执行缓慢，项目环境效益发挥不及时，距科学治污、系统治污、精准治污有较大差距。

三　2023年郴州市生态文明建设
工作思路及重点

2023年，郴州市将继续深入贯彻落实党的二十大会议精神和习近平生态文明思想，严格落实中央和省级生态环境工作安排部署，聚焦"四大定位"（世界旅游目的地、国家创新示范区、开放发展排头兵、湖南重要增长极），创造"四敢"环境（干部敢为、地方敢闯、企业敢干、群众敢首创），围绕"发展六仗"要求，深入推进环境污染防治，高标准打好蓝天、碧水、净土保卫战，不断提升全市生态环境保护和生态文明建设水平，全力以赴推动郴州高质量发展。

（一）打好空气质量改善翻身战

大力实施能源结构调整攻坚工程、产业结构调整攻坚工程等八大攻坚工程，全力构建以北湖区、苏仙区为核心的"2+7"区域性大气污染联防联控机制，持续推进空气质量网格化管理，集中抓好重点行业工程减排、挥发性有机物治理等重点工作，确保市城区空气质量稳定达到国家二级标准。加快对新能源纯电动公交车和巡游出租车推广应用步伐，确保在2024年底前全市公交车和出租车新能源率达100%。

（二）打好水环境质量改善持久战

大力推进国家可持续发展议程创新示范区建设和生态环境治理项目，统筹协调东江湖、春陵江、永乐江等重点流域综合治理，确保马家坪电站大坝断面水质不低于Ⅳ类标准。稳步开展工业园区、黑臭水体等领域污染整治，进一步加强饮用水水源地环境管理，持续推进入河排污口整治，严格落实枯水期水生态环境管控措施，确保国省控断面考核达标，县级及以上集中式饮用水水源地水质达标，全市水环境质量持续改善。

（三）打好土壤环境质量改善攻坚战

全力推进国家级土壤污染防治先行区建设，深入开展农用地涉镉等重金属污染源头防治行动，严格受污染耕地、建设用地和土壤重点企业管控，系统推进东河、甘溪河等流域重金属断面整治，着力打好农业农村污染防治攻坚战，统筹推进农村生活污水处理设施建设和农村环境整治，确保农村生活污水治理任务顺利完成、受污染耕地和重点建设用地安全利用率达到省考核目标，确保全市土壤和地下水环境质量总体保持稳定、农村生态环境持续改善。

（四）打好突出生态环境问题整改歼灭战

全力推进历年中央和省级环保督察反馈问题、长江经济带警示片披露问题等102个突出环境问题整改，扎实抓好2023年长江经济带警示片披露问题整改，形成整改工作任务清单，责任明确到人、到具体部门，倒排工期、强化联动号；积极配合开展第二轮省生态环境保护督查工作，坚决杜绝因"整改不到位、问题回弹"被中央、省通报，及时做好现场核查和反馈问题整改，确保2023年各类整改任务按时保质完成。

（五）打好环境监管执法重点战

开展污染防治、环境安全隐患、第三方环保服务机构整治等专项行动，强化专案查办、执法稽查和两法衔接，做好违法行为有奖举报、群众信访投诉处理、环境应急预警响应等保障，提升生态环境保护执法队伍和装备建设，确保群众信访举报处理率持续达到100%、满意率达到98%以上，全市生态环境行政执法成效在全省保持前列，坚决防止发生较大及以上突发环境事件。

（六）打好东江湖流域保护提升战

巩固东江湖流域保护和治理成效，持续推进东江湖流域总磷控制与削减攻坚行动，推动流域上下游、左右岸、干支流齐发力齐治理。深入推进种植业污染精准防治，加强流域内涉重金属、危险废弃物等重点排污单位监管，严厉查处生态环境违法行为，积极推进东江湖流域生态补偿机制建立，狠抓东江湖警示片 14 个问题整改，确保东江湖水质持续保持Ⅰ类，流域内集中式饮用水源地水质达标率 100%。

（七）打好人与自然和谐共生系统战

统筹产业结构调整、污染治理、生态保护、应对气候变化，积极稳妥推进碳达峰碳中和，推进生态优先、节约集约、绿色低碳发展，坚决遏制"两高"项目盲目发展，广泛开展提升公民生态文明意识行动计划，开展生态文明教育"五进"活动，倡导低碳出行、绿色生活，积极培育崇尚生态文明、保护生态环境的社会新风尚，促进人与自然和谐共生。

B.21
永州市2022～2023年生态文明建设报告

永州市人民政府

摘　要： 永州市认真贯彻落实习近平生态文明思想和习近平总书记对湖南的重要讲话指示批示精神，牢记保护生态环境是"国之大者"，深入打好污染防治攻坚战，狠抓突出生态环境问题整改，不断提升环境治理能力和水平。全市生态环境质量持续改善，生态文明示范创建成效显著，进一步增强了人民群众的获得感、幸福感、安全感，走出一条绿色优先、生态环保的高质量发展道路。

关键词： 生态文明　绿色优先　高质量发展　永州市

2022年，永州市坚持以习近平生态文明思想为指导，全面落实党中央、国务院和省委、省政府决策部署，各级各部门高度重视，加大工作力度，乘势而上，攻坚克难，推动生态文明建设取得关键进展和显著成效，在全省生态文明建设中展现永州作为、彰显永州担当、贡献永州力量，多项工作走在全国全省前列。2022年永州市国控断面水质排名全国第12，较2021年前进6位，为历年最好成绩，获省政府真抓实干督查激励表彰；永州市在省污染防治攻坚战考核中获优秀等次，是全省唯一被推荐为全国生态环境领域激励表扬的城市；"夏季攻势""利剑"行动排名全省第一；金洞成功创建国家级"绿水青山就是金山银山"实践创新基地，冷水滩、江永、金洞成功创建省级生态文明建设示范区。

一 2022年永州市生态文明建设工作成效

（一）生态环境质量改善成绩显著

坚持系统治理、精准治污，全市生态环境质量不断改善。水环境质量方面：全市国控断面地表水环境质量排名全国第12、全省第1，排名创历史新高；52个国控、省控断面水质综合指数同比改善9.99%，改善幅度排名全省第一；15个县级及以上集中式饮用水水源水质达标率100%，市本级和宁远县在水环境质量和改善方面获得省政府真抓实干督查激励表彰，江华、蓝山、双牌的地表水水质进入全省前五。空气环境质量方面：克服全年长期高温干旱的不利气候条件影响，全市全域继续达到国家环境空气质量二级标准，未发生重度及以上污染天气，中心城区环境空气主要指标较2021年有所改善，PM10、二氧化氮和一氧化碳年均浓度较2021年分别下降2.1%、16.7%和10%。土壤环境质量方面：全市未发生重大及以上污染事故和生态破坏事件，人民群众的生态环境满意度提高到94.92%，创历年新高。

（二）污染防治攻坚战成效明显

一是持续推进蓝天保卫战。强化大气污染防治，出台《永州市中心城区大气环境质量提升行动方案》，组织实施特护期大气污染防治攻坚行动，健全五大重点区域大气污染防治联防联控机制。强化预报预警，发布空气质量分析提醒和建议286次、空气质量预测预报162次。强化大气污染防治日常巡查督办，坚持"一天一调度一通报"，发现、交办问题772个，书面交办、督办、警示70余次。对257台锅炉、338个工业炉窑污染防治情况进行全面排查，发现问题及时交办整改，完成22个挥发性有机物综合治理项目和5个工业锅窑炉治理任务。

二是持续推进碧水保卫战。全年完成污水处理设施投资6.79亿元，新建、改造城市排水排污管网 64.87 千米，13 座城市生活污水处理厂均达到一级 A 排放标准，共处理城市生活污水 21285 万吨，全市城市污水处理率达到 98.1%。新建完成 61 个乡镇污水处理设施，在全省率先实现乡镇全覆盖。中心城区 18 处黑臭水体全部完成整治，实现"长制久清"。持续巩固市、县、乡、村四级河长体系，全面梳理和调整完善河长名录，更新完善"一河一档"。加强饮用水水源保护，90 个饮用水水源地问题整治全部销号。强化入河排污口整治，全年整治完成 108 个排污口，在全国做典型发言。全面规范河道管理，查处非法采砂案件 11 起，打击非法采砂点 10 处，取缔非法上砂点 2 处，清理尾砂堆 91.6 万吨。

三是持续推进净土保卫战。扎实开展农用地涉镉等重金属污染源头防控行动，全面排查 46 家重金属行业管控企业。严格土壤污染重点监管单位管理，对新增的 10 家土壤污染重点监管单位开展隐患排查整治，督促 27 家重点监管单位开展自行监测。印发《永州市 2022 年受污染耕地安全利用工作方案》，全市受污染耕地安全利用率达到 90%以上。强化畜禽养殖污染防治，11 个县市区均实施畜禽粪污资源化利用整县推进项目，畜禽粪污资源化利用率达 94.51%，畜禽规模养殖场粪污处理设施装备配套率达到 100%。强化农业面源污染治理，实施减肥、减药行动，2022 年化肥使用量为 21.86 万吨（折纯量），比 2021 年减量 0.62%；农药使用量 3511.98 吨，比 2021 年减量 1.69%。

四是持续推进污染防治攻坚战"夏季攻势"。坚持高点谋划、高效落实、高位推动。市委书记、市长亲自挂帅，市生态环境保护委员会牵头调度督导，各部门分头部署推进，县市区具体抓好落实，形成了全市"一盘棋"工作格局。市委、市政府先后 8 次召开动员会、推进会、点评会强力部署推进，市生环委组织 7 个督查帮扶组，每月深入县市区指导帮扶，生态环境、卫健、住建、城管、自然资源等部门全力攻坚克难。在全省率先完成 286 项省"夏季攻势"任务并作典型发言，永州市农村千人以上饮用水水源地问题整治工作、零陵区医疗机构医疗废水整治工作分别入选全省"夏季攻势"市级、县级十佳典型案例。

（三）突出环境问题整改坚决有力

坚持把人民至上作为生态环保工作的出发点和落脚点。建立领导包案制度、双重交办制度、督办问责制度"三项制度"，健全"联片包干""精准画像"等工作机制，落实"六步"工作法，较真碰硬抓整改，解决了一大批历史遗留问题和老百姓身边的环境问题。16项中央、省环保督察反馈问题和长江经济带披露问题按期完成整改，自然保护地规划缺失问题等5项问题提前销号，全市突出环境问题整改完成率82.4%，在全省排位较2021年前进5位。长鑫建材问题整改入选省突出生态环境问题整改"十大典型案例"。

（四）聚力绿色发展提速增效

一是深入推进碳达峰碳中和。出台《永州市碳达峰实施方案》，构建以13个重点行业领域、5家重点用能企业为重点的"1+13+5"碳达峰政策体系。全力打造全省"风光水火储"一体化能源产业基地，全市"十四五"获批风电光伏项目124个、装机规模1210.5万千瓦，新能源项目入规、项目入库、用地入窗、建设投产入统均排全省第一。狠抓节能降耗措施落实，严把"两高"项目立项关，强化能耗双控、减煤降碳硬约束，全年能耗强度下降4%，超额完成省定目标任务。

二是深入推进清洁生产。常态化开展推动落后产能退出和错峰生产工作，对全市501户"散乱污"企业实行动态管理，未出现反弹现象。出台《永州市自愿性清洁生产审核实施方案（2022—2025年）》，11家企业通过自愿性清洁生产审核评估验收。

三是严格落实"三线一单"管控要求。实施环评审批正面清单，创新环评审批容缺办理机制。永州市本级对236个招商引资项目进行审核，对203个"十四五"风电、光伏发电项目出具审查意见，经济增长"含绿量""含金量""含新量"不断提升。

四是组织实施十大生态环保项目，完成投资40余亿元，湘江流域生态

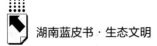

综合治理、中心城区建筑垃圾处理再生利用、祁阳生活垃圾焚烧发电、城乡污水处理设施提质扩容等项目加快实施，生态环境保护基础更牢固。

五是加速构建绿色制造体系。出台《永州市绿色制造体系建设实施方案（2022—2025年）》，2022年新增4家省级绿色工厂、国家级绿色工厂1家；全市省级绿色园区5家，数量名列全省前茅。制定《永州市金融支持绿色低碳发展工作方案》，建立金融支持绿色低碳发展联席会议机制，引导金融机构聚焦能源转型等领域创新绿色金融产品服务。2022年全市绿色信贷同比增长58.15%，高于同期40.45个百分点。

六是加快调整交通运输结构。持续推动大宗货物运输"公转铁""公转水"，永州火车站扩能改造完成，永州国际陆港加快推进，全市货物发送量和集装箱铁水联运量均实现大幅增长，单位运输周转量能耗和排放量持续下降。2022年获评"全国绿色出行创建达标城市"。

（五）生态保护执法监管动真碰硬

坚持用最严密制度、最严格执法保护生态环境。深入开展打击"洗洞"盗采金矿等矿产资源领域违法、违规行为专项整治行动，立案191起，没收违法所得及处罚金额647万余元。深入开展防范化解重大生态环境风险隐患"利剑"行动，全市排查环境风险隐患820个，全部完成整改或风险管控，考核排名全省第一，在省政府"利剑"行动推进会上做典型发言，永州市本级、零陵、祁阳和江华被评为省先进。对生态环境违法行为"零容忍""零懈怠""零缺位"，率先实施有奖举报，全市查处环境违法案件228件，罚款金额1500余万元，实现了较大及以上环境污染事故和生态破坏事件"零发生"、生态环境群体性事件"零出现"、生态环境负面影响的舆论事件"零产生"，有力维护了湘江源头生态环境安全。

（六）生态保护修复卓有成效

坚持把"生态立市"纳入全市总体发展思路，倾力打造"一江两岸烟雨潇湘百里生态走廊"，擦亮永州最靓名片。一是抓好生态创建。金洞成功创建国家级"绿水青山就是金山银山"实践创新基地，实现历史性突破。冷水滩、江永、金洞创建省级生态文明建设示范区，15个乡镇通过市级生态文明建设示范乡镇现场核查。二是抓好生态保护。加强自然保护地监管，进一步完善自然保护地整合优化方案，持续推进森林督查、林地保护专项行动，全面完成中央环保督察反馈的生物多样性相关问题整改销号。三是抓好生态提质。科学开展国土绿化，全面完成营造林任务，高标准推进湘江零陵—祁阳段生态廊道示范点建设，加强湿地生态保护和修复，持续改善林草生态质量。四是抓好生态惠民。做优做强油茶产业，高质高效完成油茶生产任务，积极推动中林集团油茶和国家储备林项目落地实施，大力发展竹木、生态旅游和森林康养、林下经济、林业碳汇等绿色产业，进一步畅通"绿水青山"向"金山银山"转化通道，积极服务乡村振兴。

二 永州市生态文明建设存在的主要问题

尽管近年来永州市生态环境质量不断改善，生态环境工作成效明显，但总体上仍处于压力叠加、负重前行的关键期，工作中仍面临一些困难和问题：一是个别地区保持生态文明建设战略定力不够。在经济发展困难增多、下行压力增大的形势下，个别地区承接"两高"项目的冲动有所抬头，对生态环保的重视程度有所减弱、保护意愿有所下降、行动要求有所放松、投入力度有所减小。部分企业存在环保设备不正常运转、违法超标排污等现象。二是部分历史遗留问题化解压力较大。一些历史遗留问题较为复杂，解决难度大，彻底治理到位需要的时间长、整改任务重、压力大。如零陵珠山锰矿区、非煤矿山遗留废渣等工矿污染历史遗留问题还比较多。一些地方在消化存量、遏制增量方面力度还不够，效果还不明显。三是提升基层监管能力任重道远。个别地区精准治污、科学治污、依法治污落实还不到位，污水管网、垃圾填埋场等城乡环境基础设施建设历史欠账仍然较多。基层环保队伍人员力量和装备保障薄弱，生态环境系统业务能力建设亟须加强，干部队伍素质有待进一步提高。

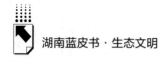

三 2023年永州市生态文明建设工作重点

2023年是党的二十大开局之年，也是实施"十四五"规划的关键之年。永州市将坚持以习近平新时代中国特色社会主义思想为指导，一以贯之践行好习近平生态文明思想，全面贯彻落实党的二十大精神，以改善生态环境质量为核心，统筹产业结构调整、污染治理、生态保护、应对气候变化，协同推进降碳、减污、扩绿、增长，努力建设人与自然和谐共生的现代化新永州。

（一）以更高标准推进环境质量改善

坚持生态立市、生态强市战略，将生态文明建设作为强化"四个意识"的鲜明体现、树牢正确政绩观的有效检验、坚持以人民为中心的必然要求、推动永州高质量发展的迫切需要，推动生态文明建设迈上新台阶。

具体目标：地表水国考断面水质保持全国前二十、全省第一，国考、省考断面水质优良率达到100%，集中式饮用水水源水质100%达标。11个县市区全部达到国家空气质量二级标准，中心城区环境空气质量优良率达到90%以上，PM2.5平均浓度控制在33微克/米^{3}以内，重度及以上污染天数不超过1天。重点建设用地安全利用得到保障，受污染耕地安全利用率达到91%，不发生重大及以上环境污染事故和生态破坏事件。

（二）以更实举措打好污染防治攻坚战

一是深入打好蓝天保卫战。锚定环境空气质量改善"一年见成效、两年大提升、三年大变样"目标，强力推进大气污染防治攻坚行动，建立"日巡查、周研判、月调度、季通报、年考核"工作机制，统筹大气污染防治与"双碳"目标要求，制定并落实十大领域实施方案，全力推进九大攻坚行动，确保任务完成、目标实现。二是深入打好碧水保卫战。统筹农业面源污染管控，积极推进畜禽粪污资源化利用整县推进，深入推进化肥农药减量增效，主要农作物测土配方施肥技术覆盖率稳定在90%以上。突出生活污水治理，推进污水收集管网排查整治，努力提升城镇污水处理厂进水化学需氧量浓度，推进乡镇污水处理设施正常运行，新增完成85个行政村农村生活污水治理。开展园区污水收集处理专项行动，加强涉水工业企业监管，确保水污染排放稳定达标。建立并完善生态流量重点监管清单，做好重点湖库蓝藻水华防控，巩固城市黑臭水体治理成效。三是深入打好净土保卫战。坚持控增量、降存量，实现污染土壤零增长，现有污染土壤逐步清零。全面排查整治涉镉等重金属关停企业历史遗留固体废物，持续开展重点行业企业用地调查和典型行业周边土壤环境调查，摸清污染地块底数和污染成因，形成新一轮整治清单。按照分期分批治理的原则，对列入优先监管清单的地块落实风险防控措施。四是强力推进"夏季攻势"。将中央和省级交办的突出生态环境问题年度整改任务、入河排污口整治、农村千人以上集中式饮用水水源保护区问题整治、重点建设用地安全利用、生活垃圾填埋场问题整改、历史遗留矿山生态修复、乡镇污水处理设施正常运行等任务纳入"夏季攻势"任务清单，逐个逐项倒排工期、挂图作战、严格考核，确保质量过关、进度领先，确保各项工作取得实效。

（三）以更大决心抓好突出环境问题整改

扛牢扛实政治责任，狠抓中央、省环保督察问题整改，完成10个突出生态环境问题整改销号的硬性任务，提前完成21个问题整改销号，打造一批整改成效典型案例。持续推进"利剑"专项行动，组织开展五大专项执法行动，分类建立环境风险隐患清单，落实风险隐患问题整改措施，确保生态环境安全，实现"三个不发生"，即不发生较大以上的环境污染事件和生态破坏事件，不发生因环境污染引发的群体性事件，不发生影响恶劣的生态环境舆情事件。

（四）以更严执法打击环境违法行为

坚持"打"字开路，"严"字开头，进一步完善举报奖励制度，发布查

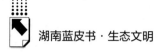
处环境违法行为典型案例，严厉打击环境污染犯罪。组织开展专项执法，严厉打击涉危险废弃物、自动监控数据造假、涉重金属污染等环境违法犯罪行为，持续推进"两打"、医疗机构废水、排污许可执法等专项行动，组织开展第三方环保服务机构弄虚作假问题专项整治行动。

（五）以更高水平保障生态环境安全

坚持和加强党的全面领导，强化生态环境保护履职尽责、督察问责和正向激励、监督保障。加强监测平台和网络建设，做好"十四五"新建水站的前期工作，完成国控、省控空气自动站的新一轮仪器更换。加强基层监测能力建设，推进生态环境保护综合行政执法机构规范化建设，2023年年底前永州市本级、新田、双牌、宁远、祁阳完成规范化建设。加强生态环境系统干部培训力度，组织执法大练兵、技术大比武等技能竞赛和业务培训，建立和完善干部队伍管理机制，全面提升队伍整体素质，打造能力作风过硬的生态环保铁军。

（六）以更优节奏推进碳达峰碳中和

加强统筹协调力度，组织各行业领域编制好碳达峰实施方案，突出抓好工业、建筑、交通、能源、农业农村、公共机构等重点行业领域的碳达峰工作，科学合理控制能源消耗总量，持续提升能源资源利用效率，实现年度能耗强度目标圆满达标。加速新能源项目落地建设，突出把新能源项目建设打造成为全省的特色亮点，力争2023年风光项目建成并网135万千瓦，争取2023年内开工双牌天子山、江华湾水源抽水蓄能项目，100万千瓦电化学储能项目全部开工建设，祁阳市生活垃圾焚烧发电项目建成投产。积极培育绿色金融产品，加大对绿色新能源项目信贷支持力度。

（七）以更高质量推进绿色永州建设

深入推进新时代中国特色生态文明建设，让绿色成为永州高质量发展的最亮底色。加快推动经济社会发展全面绿色低碳转型，优化调整产业结构、能源结构、交通运输结构，健全绿色低碳循环发展经济体系。加快推进十大生态环保项目，年内完成投资 28 亿元以上。持续推进生态系统治理和修复，实施新田、宁远、道县、东安、江永、江华、祁阳等省级历史遗留矿山生态修复项目，统筹推进生态廊道建设，重点抓好湘江零陵—祁阳段生态廊道示范点建设，着力打造"一江两岸烟雨潇湘百里生态走廊"。深化生态文明示范创建，努力创建国家生态文明建设示范区和"绿水青山就是金山银山"实践创新基地。

B.22
坚持示范引领　推进绿色发展

——怀化市 2022~2023 年生态文明建设报告

怀化市生态环境局

摘　要： 怀化市始终坚持以习近平新时代中国特色社会主义思想为指导，深入贯彻落实习近平生态文明思想，遵循新发展理念，主动扛起生态文明建设政治责任，坚定绿色发展的信念和信心，统筹推进全市生态文明建设和生态环境保护工作。以奋力建设生态绿色之城为抓手，坚持高位推进，建立健全生态文明建设体制机制，加快推进生态创新融合发展，统筹各类城乡建设，加强突出生态环境问题整治，深入打好污染防治攻坚战，市域生态环境质量稳中向好，绿色高质量发展成效凸显。

关键词： 生态文明建设　生态环境保护　怀化市

一　2022年怀化市生态文明建设做法与成效

（一）高度重视生态文明建设，着力健全生态文明建设机制体制

2022 年，怀化市委、市政府始终坚持将生态文明建设摆在重要位置，高度重视高位推进，着力健全机制体制，统筹推进全市生态文明建设和生态环境保护各项工作。

1. 坚持高位推进

怀化市委、市政府深入贯彻习近平生态文明思想，紧紧围绕全面落实

"三高四新"战略定位和使命任务,以"奋力建设生态绿色之城"为目标,持续推动全市生态文明建设水平和生态环境质量不断提升。2022年市委六届四次全会做出了深入实施"五新四城"战略的总体部署,提出要"奋力建设生态绿色之城",明确"深入推进环境污染防治,坚持精准治污、科学治污、依法治污,持续深入打好蓝天、碧水、净土保卫战"。围绕建设生态绿色城市,将生态环境保护作为重要切入点,成立了由市主要领导任组长的市突出环境问题整改工作领导小组、市生态环境保护委员会及生态文明建设示范市创建等专项工作领导小组,统筹推进生态文明建设和生态环境保护。在工作推进中,始终坚持领导带头、高位推动、重点调度,2022年市委常委会先后召开12次会议,市政府先后召开15次会议,市生环委召开3次全体会议,及时研究部署和推动全市生态环境保护各项工作。在督办落实上,进一步完善市级领导联县督导制度,强化领导督查督办,督促工作推进落实。

2.健全体制机制

始终围绕"生态立市"理念,立足近年来生态文明建设实际,从"建立生态文明示范建设长效机制""生态文明体制改革"等方面入手,进一步探索生态文明建设和生态环境保护的有效机制和方法。制定出台了《怀化市关于构建现代环境治理体系的实施方案》,进一步压紧压实各级党委、政府和部门生态环保职能和责任,切实构建科学有效的现代环境治理体系。颁布实施《怀化市环境污染强制责任保险试点工作实施方案》,推动构建"政府引导、企业负责、社会参与"的环境污染强制责任保险机制,厘清对环境造成污染对象的相关法律责任。将生态文明建设和生态环境保护相关工作作为重要内容纳入绩效考核,不断增加权重,并严格开展考核和结果运用,督促各级、各部门带着责任和压力抓好工作落实。深化生态环境管理体制改革,认真做好市、县生态环境部门垂直管理改革后续相关工作,不断完善垂改机制成效,自2021年以来,通过高层次人才引进、公开遴选、公开招考等形式,全市生态环境系统引进专业技术人才46人。

3.凝聚工作合力

通过强化领导高位推动和健全机制抓落实,切实构建"党委领导、政府主导、部门负责、社会参与"的齐抓共管生态文明建设和生态环境保护工作格局，全市各级各相关部门切实做到各司其职、协同发力、抓好落实。比如，在生态文明示范创建方面，各县市区围绕创建目标和指标要求落实各项创建举措，积极推动国家、省级生态文明建设示范区及示范镇村创建，全市营造了浓厚的创建氛围，生态文明示范创建成效位列全省前列。又如，在突出环境问题整改方面，针对中央、省环保督察及相关专项督察交办的问题，各级各相关部门根据市委、市政府的责任分解，持续抓好资金投入和技术扶持，确保了各项问题如期完成整改销号。与此同时，为督促各级各部门各司其职、各尽其责，压紧压实相关职能部门责任，建立了部门联动的督导工作机制，加强定期督查、定期调度，并严格开展工作考核。2022年，市委、市政府督查室、市纪委监委、市整改办以及市生态环境局、市住建局、市自然资源和规划局、市城管执法局等市直单位针对环保督察信访交办件"立行立改月"、污染防治攻坚战"夏季攻势"、"利剑"行动等开展专项督导行动10余次，对推进滞后的项目提前研判分析，适时下发提醒函，对重点难点任务建立"四码"管理清单，强力推进问题整改。

（二）强化生态文明示范创建引领，促进生态创新融合发展

1. 持续推动生态文明示范创建

2018年，怀化市委五届五次全会提出了争创国家生态文明建设示范市目标，同年市五届人大常委会通过了《关于加快创建国家生态文明建设示范市的决定》。2022年2月正式成立由市政府主要领导任组长的创建工作领导小组，颁布实施创建规划并印发创建工作方案，将创建目标任务分解到年度，压实到相关市直部门、县市区人民政府，纳入绩效考核，统筹推进市、县同创。2022年12月再次将创建国家生态文明建设示范市纳入市委六届四次全会决议中。在具体创建工作中，坚持"自下而上、全域推进"的生态文明示范创建工作模式，充分发挥已获得国家、省级命名的县市区的示范样板带动作用，将生态文明建设示范区、"两山"实践创新基地创建过程中的有效做法和

经验，比如健全生态制度机制、优化生态发展空间、挖掘"两山"转化典型案例、弘扬绿色生态文化、带动社会共同参与、讲好绿色生态故事等，传递给其他县市区，在全市形成比学赶超、积极争创的浓厚氛围。截至2022年底，全市有3个区县获国家生态文明建设示范区命名，1个县获国家"两山"实践创新基地命名，11个县市区获省级生态文明建设示范区命名，总命名数、省级命名数均位列全省各市州第一。尤其是靖州县聚焦"五林"生态经济模式，发掘出独具地方特色的"两山"转化路径，成为怀化市首个"两山"实践创新基地。同时，怀化启动市级生态文明建设示范镇村创建，打造示范创建的美丽"细胞单元"，截至2022年底，全市共创建三批次49个绿色生态、特色鲜明的市级生态文明建设示范乡镇或村。

2. 着力促进生态创新融合发展

依托生态文明示范创建和"两山"基地创建，积极探索可行的生态产品价值实现模式，编制发布怀化生态产品总值核算报告，成为全国首个发布生态产品总值核算规范的地级市，"溆浦雪峰山文旅融合""会同林权贷""靖州茯苓产业发展"入选全国生态产品价值实现典型案例。完善绿色信贷机制，在全国首创绿色金融不动产登记产权证制度。在生态农业方面，大力推动中药材、杂交水稻、柑橘、油茶等本土优势种植产业，获批省级林下经济示范基地7个，全国茯苓中药材电子贸易平台成功上线运营，湖南补天药业获批省标杆龙头企业。在生态工业方面，净增规模工业企业80家，新增国家级专精特新"小巨人"企业2家、省级专精特新中小企业30家，超威新材料等新型工业企业成功进驻，中国电力、大唐华银等生态能源项目进展顺利；"五好"园区建设强力推进，园区规模工业增加值增长9.5%，占比67%，园区新样板模式获省政府通报表扬。在生态文化旅游方面，推出"怀化，一个怀景怀乡怀味的地方"旅游宣传口号，奋力打造全国知名旅游目的地，成功举办首届全市旅游发展大会；"旅游金三角"加快建设，洪江古商城通过5A级景区景观质量省级初评；鹤城、溆浦、新晃、麻阳、通道5个区县入列全省首批中医药康养旅游精品线路，获批省级康养基地8个，麻阳被联合国授予"世界长寿之乡"。

3.打造生态宜居绿色新家园

统筹推进全国文明城市、国家园林城市、国家卫生城市等各类城市建设，以城市创建为契机，重点提质升级中心城区，塑造城市形象。推进国土空间总体规划编制，完成省级文明城市届满重新申创，深入推进"智慧城管"建设。进一步推动城市公园、道路绿化和滨水绿地等创园绿化项目建设，强化绿线管控，提升绿化日常养护管理水平。以扬尘污染防治为重点，持续推进城区大气环境质量监管，连续3年达到国家环境空气质量二级城市标准。水域生态环境持续向优向好，美丽生态河湖不断涌现，舞水芷江段、溆水思蒙段成功入选湖南省级美丽河湖优秀案例。开展林业碳汇县级试点探索，通道县、沅陵县成功入选全省林业碳汇工程试点县，进一步完善林业碳汇计量监测体系，探索建立林业生态产品价值实现机制及森林碳汇交易模式。开展公共机构垃圾分类示范单位创建，以点带面推动公共机构垃圾分类示范，全市共有47个示范单位成功入选。在市主城区（鹤城区）、洪江市探索构建城市生活垃圾分类处置全链条闭环管理体系，出台实施方案及指南文件，完善公共配套设施，推动城市生活垃圾实现减量化。加速推进市全城污水处理厂扩容、市生活垃圾焚烧发电项目等环境工程建设。加强农村人居环境整治，截至2022年底，完成农村户厕改造64976户，新建农村公厕82座，积极推动农环整治"全域统筹治水""打擂台"等相关工作，深入实施农村畜禽养殖废弃物综合治理和综合利用。

4.不断完善生态环境保护工作制度

深入推进"放管服"改革，创新环境准入审批模式，推出"容缺受理"和"编审同步"，缩短项目审批时间，加快审批流程进度，审批工作创新被中国环境报等专业融媒作为典型专题报道。持续巩固排污许可全覆盖成果，推行排污许可"一证式"监管执法机制，推动固体废物纳入排污许可管理，不断强化排污许可证制为核心的固定污染源监管制度体系建设，截至2022年底，全市共核发排污许可证693家，其中重点管理281家、简化管理412家。探索排污权有偿使用和交易创新服务机制，完成全市第一批排污权指标政府有偿储备，创新性推出首笔排污权质押贷款备案登记试点，试点经验在全省推广。编制

《怀化市"十四五"应对气候变化规划》《怀化市生态系统价值核实报告》《怀化市碳达峰研究报告》《怀化市两山银行试点实施方案》等相关文件，积极探索推动"双碳"及应对气候变化各项工作。积极组织开展绿色环保公益活动、"世界环境日"等主题宣传活动，引导社会公众践行绿色生产生活方式。

（三）抓牢突出生态环境问题整治，持续提升生态环境质量

1.开展污染防治攻坚战及"夏季攻势"

印发实施《2022年怀化市深入打好污染防治攻坚战工作方案》、《2022年怀化市污染防治攻坚战"夏季攻势"任务清单》、《2022年怀化市深入打好污染防治攻坚战考核细则》，对涉及全市9个方面315项任务，逐一明确责任单位、完成要求、完成时限，切实推动各级、各部门有序推进各项任务落实。截至2022年底，315项任务全部完成认定销号，完成率为100%。其中乡镇污水处理设施建设工作入选全省污染防治攻坚战"夏季攻势"十大典型案例，在全省推介。同时，持续开展空气质量达标城市创建工作，不断加强对市区重点区域、场所的日常巡查监管和特护期管控，共出动执法人员1547人次，巡查建筑工地和企业1549个，下达督办函1份、交办函26件、现场口头交办问题614个，各项问题全部如期整改到位。通过狠抓污染防治和环境管控，全市生态环境质量稳中向好。2022年，市城区空气质量综合指数排名全省第三，六项考核指标连续第三年达到国家二级标准；全市水环境质量综合指数排名全省第四，连续两年进入全国前30位；全市公众生态环境满意度达到97.58%，排名全省第一。

2.抓好环保督察问题整改和执法整治

持续抓好环保督察问题整改落实，截至2022年底，2017年以来五轮中央、省生态环保督察及"回头看"交办信访件974件已全部办结，180个反馈问题完成整改销号155个，国家长江办、省生态环境警示片11个披露问题全部完成整改销号。溆浦县江龙锰业老渣库污染问题整改，入选省2022年度突出生态环境问题整改"十大典型案例"。在环境执法方面，持续强化污染源自动监控日常监管，深入开展环境安全隐患大排查、污染源日常监管随机抽查、

"利剑"行动等专项执法检查行动，2022年全市累计排查整治风险隐患问题
456个，查处违法问题60余起，"利剑"行动每月排名位居全省各市州前列，
怀化"三个跨越执法""挂图作战"等经验做法多次被全省推介。

3. 深入推进林长制改革

坚持围绕高标准高要求打造林长制"怀化样板"，进一步压实相关职能
部门责任。2022年全年开展巡林559次，交办问题191个，已协调解决问
题185个。怀化成功纳入国家林草局林情信息直报市，为全省唯一入选国家
储备林试点市的地级市，推动开展县级林业贷款、林权登记等林业金融试
点。持续实施千万亩封山育林工程，开展古树名木保险试点，推动野生动物
致害保险和野生动物致害综合防控试点县建设。5大类36项国家森林城市
创建指标已基本达到国家验收标准。制定出台《怀化市自然保护地全面监
督工作方案》，推动构建"天地空、立体式、全天候"森林防火管护监测。
市人大常委会审议通过《关于推动林长制工作走深走实的决议》，出台《关
于加快推进油茶产业高质量发展的实施意见》，在洪江市大力推行"林长+
油茶"产业发展模式。

4. 深入推进河长制改革

2022年全市各级河长开展巡河15.51万次，共整改河湖突出问题930
个。开展沅水采砂历史尾堆清理，共清理采砂历史尾堆3165万吨，清理河
道101千米。开展妨碍河道行洪突出问题整治，共排查整改妨碍河道行洪突
出问题39个，工作做法在全省做典型经验交流。完成"洞庭清波"专项行
动问题整改清单5大类涉河问题的整改工作，完成7处规范提升类码头整
治。完成全市"千人以上"饮用水水源地排查整治，完成39处医疗机构污
水处理问题整改及35个乡镇污水处理设施建设。推进中方县农药包装废弃
物回收示范区、靖州县绿色种养循环农业试点建设，完成河道划界成果复核
及河流岸线利用规划编制，进一步强化水域岸线管控基础，助力河岸"增
绿护源"绿化补植、生态修复工程。有效推动"河长+警长+检察长+民主监
督"协作工作机制建立，与贵州省铜仁市、玉屏县及广西壮族自治区三江
县签订跨界河流联防联治相关协议，推动开展跨区域联合巡河护河活动。洪

江市沅水安江电站库区、新晃平溪、沅水溆浦段、沅水辰溪溪口村段 4 处河湖段入选 2022 年度湖南省"美丽河湖"名单。

二　2023年怀化市生态文明建设思路

2023 年，怀化市将继续坚持以习近平新时代中国特色社会主义思想为指导，深入贯彻习近平生态文明思想，全面贯彻落实党的二十大、省委十二届三次全会精神，认真落实中央和省委经济工作会议部署及省政府工作报告安排，坚定绿色发展的信念和信心，聚焦实现"三高四新"美好蓝图，以奋力建设生态绿色之城为统领，持续推进全市生态文明建设和生态环境保护，推动全市生态环境质量不断向优向好。

（一）持续推动生态文明建设示范创建走深走实

全面推进怀化市本级创建生态文明建设示范市，根据市本级创建规划及实施方案明确的指标任务及年度目标，协调各相关责任单位统筹落实各项措施，围绕指标达标推动创建相关工作。同时，始终坚持市县同步、共同推进的原则，重点推进国家、省级生态文明建设示范区创建，争取在 2023 年实现国家生态文明建设示范区再"+1"，实现省级生态文明建设示范区全覆盖。加强探索具有深度特色的"两山"转化可行路径，继续推动国家"两山"实践创新基地创建，指导有条件的县市区，生动挖掘可复制可推广的"两山"转化典型案例。以乡村振兴、农村人居环境整治、生态文明示范创建等为抓手，持续推进市级生态文明建设示范镇村创建，让生态文明理念深入乡镇、街道和村落，进一步发掘更多符合生态文明示范特色、创建指标稳定达标的高质量生态镇村。

（二）着力壮大特色优势产业

大力推动生态产品价值实现，构建 GEP（生态系统生产总值）核算结果应用长效机制，常态化开展 GEP 核算。积极开展以水权、林权、林下经济经营权等生态产权为重点的生态产品价值实现试点，打通"两山"金融转化渠道，为推动绿色产业发展提供强有力资金保障。加快国家储备林一期建设，不断推动林业碳汇工程试点。加快新能源绿色工程项目建设进程，进一步完善生态保护补偿制度。全面实施"碳达峰十大行动"，开展重点领域节能降碳，推广新能源汽车，推行绿色生活生产方式，打造绿色机关、社区等，让绿色低碳简约的生活方式蔚然成风。深入实施"六大强农行动"，发展壮大种业、水果、油茶等特色优势产业，加快建设全国绿色农产品供应和加工基地。推动建设省级国家中医药综合改革示范区先导区，打造全国茯苓加工和交易中心，依托"世界长寿之乡"品牌，加快发展康养产业。高质量建设怀化"旅游金三角"，支持芷江抗战胜利受降旧址、洪江古商城创建5A级景区，安江杂交水稻国家公园争创4A级景区，大力创建雪峰山、万佛山、黄岩、借母溪国家级旅游度假区。

（三）加强环境综合治理

深入推进污染防治攻坚及"夏季攻势"行动，切实巩固空气环境质量达标城市成果，确保全域地表水稳定保持Ⅱ类标准，确保污染地块、受污染耕地安全利用率达到全省考核要求。切实加强农业农村面源污染治理，深入开展化肥农药减施增效行动，加强畜禽水产养殖污染治理。统筹抓好城乡环境综合整治，不断提升群众对生态环境的满意度、获得感。全面推进历史遗留废弃矿山生态修复示范工程，扎实做好第三次全国土壤普查。以环保督察问题整改为抓手，扎实推进各级环保督察及"回头看"和专项督察交办问题整改，尤其是进一步完善市委常委会成员联县督导制度，积极开展专项督导，对未完成整改任务的加强督查督办，严格督促按照时限要求完成整改任务。深入落实河长制、林长制。重点实施国家湿地公园系列开发保护行动，强化水环境修复治理。加大石漠化综合治理力度。

（四）进一步夯实环境基础能力

加强生态环境基础设施建设，包括市政、交通、能源、信息通信、环保、生态服务等各个领域，重点统筹规划建设城市供水水源、给排水、污水和垃圾焚烧处理等基础设施，提升污水处理系统和垃圾收集处理系统功能，使之适应城市发展需求。加强生态环境管理能力建设，不断提升现代环境治理能力，积极推动生态文明和生态环境保护体制机制改革，持续提升生态环保队伍专业化水平。

（五）加大生态文明建设宣传力度

完善生态文明建设宣传体系，扩大生态文明宣传覆盖面，拓宽宣传渠道，提升宣传质量，增强全民生态环保意识，推行绿色低碳生活方式。大力推动开展环保公益活动等，动员和引导社会公众参与生态文明建设和生态环境保护，把奋力建设生态绿色之城、生态美市转化为人民群众的自觉行动，实现生态文明建设全民参与、共建共享。

B.23

娄底市2022~2023年生态文明建设报告

娄底市生态环境局

摘　要： 党的二十大报告指出："中国式现代化是人与自然和谐共生的现代化。"2022年，娄底市把生态环境保护放在经济社会发展全局的突出位置，在生态文明建设方面取得了较大进步。2023年是全面贯彻落实党的二十大精神的开局之年，是推进生态文明建设的关键之年，做好生态环境保护各项工作，意义重大，责任重大。

关键词： 生态文明建设　生态环境保护　污染防治　娄底市

一　2022年娄底市生态文明建设基本情况

2022年，是娄底市生态环境保护工作砥砺前行的一年。面对疫情持续反复冲击和极端干旱天气影响下越发艰巨繁重的污染防治攻坚任务，全市生态环境保护工作在市委、市政府和省生态环境厅的坚强领导下，各级各部门密切配合，知重担当、克难而上，坚决打赢蓝天、碧水、净土保卫战，生态环境质量稳中向好，生态环境安全进一步巩固，生态环境保护工作取得新成效。全市生态环境满意度达93.76%，取得全省A类地区排名第3的历史最好成绩，成功实现了市委、市政府年初提出的"四零"目标（国家长江经济带生态环境警示片"零镜头"、省生态环境警示片典型问题"零镜头"、较大以上的突发环境事件"零发生"、影响恶劣的生态环境舆情事件"零发生"）。

（一）突出生态优先、绿色低碳，助力经济社会转型发展

紧密加强"三线一单"与政策环评、规划环评、项目环评、排污许可等环境准入制度之间的衔接，严把新改扩"两高"项目审批。优化环评审批服务，实现了减时限、减环节、减材料、减跑动的"四减"目标。组建工作专班，着重推进斗笠山工业园、华菱涟钢冷轧硅钢一期等一批重点项目建设。深入推进双碳工作，合理分解下达各县市区能耗双控指标，引导重点用能单位实施节能减煤降碳技术改造，快速推进娄底生态治理光伏项目建设，实现能源消费总量和强度双控。编制《娄底市减污降碳协同增效实施方案》，超额完成主要污染物年度减排任务。加快推进碳排放权交易，完成11家温室气体重点排放单位的碳排放报告核查及复核，组织开展发电行业重点排放单位碳排放配额分配与清缴。

（二）坚持方向不变、力度不减，深入打好污染防治攻坚战

打好蓝天保卫战，出台《娄底市蓝天保卫战"铁腕整治"工作措施》《娄底市2022年特护期大气污染防治攻坚行动方案》等一系列制度、方案，围绕"工业窑炉及锅炉稳定达标排放""工地、道路扬尘治理""VOCs（挥发性有机物）重点行业废气治理""移动污染源治理""全面禁燃禁烧""餐饮油烟整治""重污染天气应对"7个方面持续开展攻坚行动。打好碧水保卫战，完成全市主要河流入河排污口排查、监测、溯源和39处入河排污口设置行政审批，80处列入省定重点民生实事的乡镇"千人以上"饮用水源地环境问题整治和47家医疗卫生机构废水治理突出环境问题整治；新化县城二水厂球溪取水及原水输水工程提前建成通水；全市143个行政村农村生活污水处理、24个农村黑臭水体治理任务全面完成。打好净土保卫战，深入开展涉镉等重金属重点行业企业排查整治；严格各类重点用地环境监管及用途变更准入管理，完成103块用途变更为"一住两公"地块的场地调查评估、20个超标地块的详查及风险管控，全市受污染地块安全利用率达100%。打赢"夏季攻势"，年度污染防治攻坚战"夏季攻

势"253 项任务提前 1 个月完成,其中部署的 16 项乡镇污水处理厂建设任务提前 3 个月完成,成功入选全省污染防治攻坚战"夏季攻势"十佳典型案例。

(三)着力抢抓机遇、系统治理,提升资江流域、锡矿山区域环境综合整治成效

进一步优化应急处置体系,联合益阳市、邵阳市建立资江流域三市突发水污染事件联防联控机制。持续开展溯源排查、面源整治,从源头削减了锑污染物排放。完成冷水江涟溪河、新化青丰河入资江河口水质自动监测站建设。扎实推进锡矿山地区历史遗留砷碱渣处置,全年共处置无主砷碱渣8752.99 吨。针对 2022 年下半年持续干旱的极端天气,通过采取科学管控、全面应对措施,严格控制锡矿山地区锑污染物排放总量,牢牢守住了资江娄底段饮用水安全底线。地下水污染防治试验区建设顺利通过生态环境部年度考核,新化县宏达煤矿和羊牯岭煤矿 2 个试点示范项目取得实质性进展,成功实现涌水量减少 30%,削减铁、锰、硫酸盐等污染物达到 73%。

(四)加强上下联动、齐抓共管,致力突出生态环境问题整改

持续推动中央、省环保督察反馈问题、长江经济带生态环境警示片、省生态环境警示片披露问题以及各级人大常委会执法检查发现问题整改。到年底,上级反馈、披露的 138 个问题已完成整改销号 100 个,剩余 38 个达到序时进度,其中 12 个年度整改任务按期销号,实现了年初制定的"年度任务按时销号,已销号问题不反弹"目标。中央、省级交办的 1370 个信访件已办结 1368 件。各级人大执法检查共交办的 103 个问题,已完成整改 59个,剩余问题为共性问题或持续整改问题,均达到序时进度。

(五)强化底线思维、问题导向,切实防范化解各类生态环境风险隐患

提前谋划、强力推进"利剑"行动,2022 年全市排查出的 434 个环境

风险隐患已全部整治完成或管控到位，娄底获评省"利剑"行动表现优秀市州。积极推进安全生产危废专项整治三年行动和涉危领域环境安全隐患排查治理利剑行动，锡矿山区域水环境质量逐步改善，青丰河、涟溪河断面砷浓度值稳定达标，锑浓度值同比大幅下降。制定《娄底市新型冠状病毒感染的肺炎疫情医疗废物应急处置方案》，积极部署医疗废物收集、转运、处置工作，确保了医疗废物"日产日清"。全面排查全市核技术利用单位辐射安全隐患，严格审批输变电项目报告表，有力保障了核与辐射安全。进一步理顺信访工作体制机制，信访举报快查快处，反映属实的环境问题彻查彻改，群众满意率有效提升，信访投诉举报总量同比下降35.3%。

（六）致力夯基固本、补齐短板，持续推进生态环境治理体系和治理能力现代化

有效提升生态环境监管执法水平，积极推进生态环境保护综合行政执法机构规范化建设，持续开展执法大练兵，在2022年全省生态环境保护综合行政执法大比武活动中获得团体三等奖；通过"双随机 一公开"检查加强日常监管，并将66家企业纳入监督执法正面清单；开展重金属、危险废物、重点化工、重点涉水、产业园区、生活垃圾填埋和焚烧、环境监测数据七个专项执法行动，保持环境违法高压打击态势；同时强化审慎包容监管，进一步优化营商环境。全年全市共立案查处环境违法案件191件，同时对27家企业做出不予处罚或从轻处罚决定；启动办理生态环境损害赔偿案件86件，已追缴赔偿金额252.94万元。全面启动生态文明建设示范创建，娄星区各项指标均达到创建要求，涟源市已开展规划编制工作。大力开展生态环境保护宣传，举办六五环境日系列宣传活动，娄底市生环局同市教育局联合举办环保征文比赛，开展环保知识线上有奖问卷和环保知识进企业、进社区等"四进"活动，制作《从这里看美丽娄底》《感受娄底的美》等一系列环保宣传电子作品，打造"生态文明娄底"新形象，生态文明和绿色发展理念更加深入人心。

同时，娄底市生态环境保护工作仍有诸多短板和不足。一是环境质量形

势依然严峻。2022年娄底市通过"铁腕治污"等措施，环境空气质量得到一定改善，但是中心城区未达到国家二级标准，空气质量优良率和PM2.5年均浓度均未达到年度目标。县市城区环境空气质量管控效果仍不尽人意，要稳定达到国家二级标准还有很大困难。二是历史遗留问题依然突出。锡矿山区域后续修复和产业转型、砂石土矿整治、关闭矿山生态修复、关闭煤矿涌水污染治理等任务仍然十分繁重，治理技术仍是难点，资金投入缺口巨大。尤其是锡矿山区域重金属污染问题还未从源头彻底解决，仍需不断通过应急手段来控制。三是生态环境风险隐患仍然存在。畜禽养殖污染仍较严重，采石场越界开采、违规挖河取砂、毁田取土现象时有发生，部分行业、企业超排偷排现象仍然存在，部分区域、断面、水库污染因子异常引起舆情事件的风险仍可能发生。四是环保基础设施建设有待加强。城区生活污水管网、雨污分流设施和城乡生活垃圾处理设施仍不完善，已建成的乡镇污水处理设施存在技术不足、配套不到位、运维经费短缺等问题，没有发挥应有的效能。

二 2023年娄底市生态文明建设思路和重点

2023年，娄底市生态环境保护工作的总体思路是：以习近平生态文明思想为统领，深入贯彻党的二十大以及全国、全省生态环境保护工作会议精神，坚持稳中求进工作总基调，以稳定改善生态环境质量为核心，以精准治污、科学治污、依法治污为方针，统筹协同四大任务（加快发展方式绿色低碳转型、深入推进环境污染防治、提升生态系统功能、积极稳妥推进碳达峰碳中和），全面推进七大战役（重污染天气消除、臭氧污染防治、柴油货车污染治理攻坚战；长江保护修复、城市黑臭水体治理攻坚战；农业农村污染治理、重金属污染治理攻坚战），扎实开展四项行动（春风行动、夏季攻势、利剑行动、守护蓝天），持续强化八大机制（清单管理、调度通报、研判报告、推进帮扶、汇报沟通、预警督办、考核奖惩、重点工作统筹协调推进机制），全力实现年度工作目标，不断提升人民群众对生态环境的获得感、幸福感、安全感，以生态环境高水平保护推动经济社会高质量发展。重点做好以下九个方面的工作。

（一）推进绿色低碳发展

落实《娄底市减污降碳协同增效实施方案》，积极稳妥推进碳达峰行动。推动"三线一单"（生态保护红线、环境质量底线、资源利用上线和生态环境准入清单）成果在区域产业布局、城镇建设、产业园区、专项规划等领域的运用，强化"三线一单"分区管控措施。推动危险废物优先资源化利用，持续推进塑料污染治理，推广绿色低碳技术，倡导绿色低碳生活。组织落实"十四五"应对气候变化重点任务，加强重点排放单位数据报送、核查和配额清缴履约等监督管理，开展气候投融资试点。

（二）深入打好污染防治攻坚战

一是深入打好蓝天保卫战。组织开展能源结构调整、交通运输结构调整、产业结构调整、臭氧污染防治、柴油货车污染治理、面源系统整治、重污染天气消除、能力提升八大重点攻坚工程；持续推动钢铁行业超低排放改造、工业窑炉大气污染物综合治理以及水泥、石化、化工、工业涂装等重点行业深度治理，开展"守护蓝天"行动。

二是深入打好碧水保卫战。以"四水三库"（资江冷水江新化段、涟水、孙水、侧水，白马水库、水府庙水库、双江水库）为主战场，扎实推进长江保护修复、城市黑臭水体治理等标志性战役；继续推进"千人以上"饮用水水源地规范化建设和问题整治；加强入河排污口排查、问题整治与监管；加强枯水期水生态环境管理，做好重点湖库蓝藻水华防控；持续推进资江流域锑污染问题整治。

三是深入打好净土保卫战。扎实推进农用地土壤镉等重金属污染源头防治行动，开展新化县、涟源市、双峰县受污染耕地土壤重金属成因排查，启动实施列入国家考核任务的湖南煤化新能源有限公司等3个土壤污染源头管控工程项目；加强重点建设用地安全利用监管，强化建设用地准入管理，完成 26 个优先监管地块的调查评估及管控修复；持续推进娄底市地下水污染防治试验区建设，完成地下水污染防治重点区划定体系建立等 5 项列入国家考核的年度任务，有序开展拟实施的 38 个地下水污染防治试验区建设项目；打好农业农村污染防治攻坚战，完成 113 个农村环境整治、197 个农村生活污水和 27 条黑臭水体治理任务。

四是加强固体废物和重金属污染防治。推进"无废园区""无废乡镇""无废社区"建设；持续巩固湘江铊、资江锑专项整治成效；推进危险废物监管和利用处置能力改革；落实重点重金属排污许可制；开展新污染环境信息调查；加强矿涌水污染管控治理。

五是持续发起污染防治攻坚战"夏季攻势"。坚持问题导向，倒排工期、挂图作战，集中力量补短板、强弱项。

（三）推进突出生态环境问题整改

统筹推进中央、省生态环境保护督察、长江经济带生态环境警示片、省生态环境警示片指出问题，各级人大常委会执法检查、各级政协民主监督反馈问题，以及上级批示问题整改，加强督查督办，严格落实整改销号制度，确保按时保质完成年度整改任务，严防整改不力、虚假整改和问题反弹回潮而影响污染防治攻坚战考核。

（四）服务推动高质量发展

组织开展"春风行动"，落实推动经济高质量发展的十条措施，积极开展助企纾困增效工作，落实"对企开放接待日"制度。持续推进"五好"园区建设，推进园区环境污染第三方治理工作，开展产业园区规划环评和跟踪评价，加快园区环境基础设施建设。深化环评"放管服"改革，落实环评审批"三本台账"（指国家、地方、外资三个层面重大项目环评审批服务清单）和重大项目环评要素保障机制，探索审批权限动态管理。鼓励企业与高校科研院所合作开展技术攻关，推介企业先进生态环境污染治理技术，加大政银企合作力度。

（五）加强生态保护修复

加强自然保护地和生态保护红线监管，对 2017 年以来纳入"绿盾"工作台账的问题开展复核，对问题（线索）开展实地核查，依法查处、推进整改。加强生物多样性保护法律法规、科学知识、典型案例的宣传力度。强力推进娄星区、涟源市完成省级生态文明建设示范创建。开展娄底市第二批生态文明建设示范镇、村评选与命名。

（六）加强生态环境监管执法

深入推进生态环境保护综合行政执法改革，将"双随机、一公开"作为基本监管手段。开展枯水期、特护期等专项执法行动，推进排污许可清单式执法。持续推进医疗机构废水、涉铊涉锑、生活垃圾焚烧发电、第三方环保服务机构弄虚作假问题等专项整治行动。强化"两法"衔接，严厉打击涉危险废物、自动监测数据造假、涉重金属污染等环境违法犯罪行为。加强基层执法能力建设，推进全市生态环境保护综合行政执法队伍机构规范化建设，开展执法大练兵活动。进一步完善举报奖励制度，充分发动群众监督。

（七）防范化解生态环境风险

持续开展"利剑"行动，对重点领域、重点行业、重点区域全面开展生态环境风险隐患排查，消除安全隐患。持续完善娄底与邵阳、益阳跨市资江流域上下游突发水污染事件应急体系及联防联控机制，开展应急演练。强化娄底市资江、涟水、孙水、测水水系"一河一策一图"等工作成果应用。开展危险废物专项治理行动，持续开展危险废物规范化环境管理评估。完善尾矿库预警监测体系，做好汛期尾矿库环境管理。顺畅运行核安全协调机制，加强重点核技术利用单位的辐射安全监管，加强核与辐射执法、监测和应急能力建设。

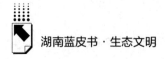

（八）加强生态环境监测

增设生态环境质量监测站点，推动建立各类环境要素的全市环境质量监测网络。重点加强县级生态环境监测能力建设，按规定逐步补充人员力量及仪器装备。加强监测数据收集运用和分析研判，强化环境风险预测与预警。建立健全监测、执法、应急联络协商机制，确保工作联动和快速响应。

（九）提升生态环境治理水平

加强习近平生态文明思想、生态环境保护法律法规宣传普及，加大污染防治攻坚战举措成效的宣传。继续推进环保设施向公众开放，推动生态环境保护志愿服务活动。加强环境应急指挥信息化建设，开展环境应急演练。完成排污许可限期整改"清零"，深化排污权有偿使用和交易，开展排污许可质量核查。深化监测监察执法垂直管理制度改革，探索加强乡镇基层生态环境保护机构和队伍建设。持续推进生态环境损害赔偿制度、企业环境信息依法披露制度改革和环境污染强制责任保险试点，完善生态环境补偿等制度。

B.24

湘西自治州2022~2023年生态文明建设报告

湘西土家族苗族自治州人民政府

摘　要： 2022年，湘西州生态文明建设成效显著，环境空气质量排名全省第一、是唯一达到国家一级标准的市州，"锰三角"污染治理取得实质性进展，生态创建成果丰硕。2023年，以建设人与自然和谐共生中国式现代化为统领，以改善生态环境质量为核心，统筹结构调整、污染治理、生态保护、应对气候变化，协同推进降碳、减污、扩绿、增长，着力打造全国生态文明样板州。

关键词： 生态湘西　人与自然和谐共生的现代化　湘西自治州

2022年，是党和国家历史上极为重要的一年。党的二十大胜利召开，描绘了全面建设社会主义现代化国家的宏伟蓝图，将人与自然和谐共生作为中国式现代化重要特征。在省委、省政府的坚强领导和省生态环境厅的悉心指导下，湘西土家族苗族自治州深入贯彻习近平生态文明思想，坚守使命、胸怀大局，知责担责，有效应对经济下行、疫情防控、极端气候等多重冲击对生态环境保护工作带来的困难和挑战，全州各级各部门协同配合，纵深推进污染防治攻坚战，生态环境质量持续改善，全州生态环境保护工作取得来之不易的新成效。湘西州考核城市吉首市环境空气优良天数比例98.1%，环境空气质量综合指数2.62，排名全省第一，是全省唯一达到国家一级标准的市州。

一 2022年湘西州生态文明建设基本情况

（一）坚持高位推进，生态文明建设构筑新格局

加强党对生态环境保护工作全面领导，推动形成生态文明建设新格局。

一是推进机制持续完善。州生态环境保护委员会升格为州委书记、州长任主任的"双主任"制，2022年先后召开州委常委会、书记办公会、州政府常务会、州生环委全会等会议20次，专题研究部署生态环境保护重点工作，将生态环境保护工作纳入州对县市区和州直相关单位的五个文明绩效、高质量发展、五好园区等考核，压紧压实生态环境保护"党政同责、一岗双责"和部门"三管三必须"责任。

二是生态创建成果丰硕。2022年凤凰县获评第四批省级生态文明建设示范区，成为湘西州首个省级生态文明建设示范区，其污染防治经验获省2022年污染防治攻坚战"夏季攻势"县级十佳典型案例推介。培育推荐州溶江小学入选湖南省首批生态环境科普基地，成为全省首个教育培训类生态环境科普基地。

三是生态保护成效明显。湘西州探索生物多样性保护立法、推动"三线一单"落地运用两项工作荣获生态环境部表彰；花垣县环境空气质量改善幅度在全省90个县市中排名第一，获省政府生态环境领域真抓实干督查激励表彰；启动生态环境损害赔偿案件120件，生态环境损害赔偿典型案例获评全省第一。

（二）坚持示范引领，生态文明样板州取得新成效

成立了打造全国生态文明样板州工作领导小组，由州委书记、州长任组长，下发了《关于印发〈湘西州打造全国生态文明样板州实施方案〉的通知》（州办发〔2022〕3号），湘西州逐年分解任务，扎实推进各项工作任务，打造生态文明样板州成效逐步显现。

一是构建碳达峰碳中和总体框架。成立了州碳达峰碳中和工作领导小组，明确了湘西州碳达峰碳中和"1+13"政策体系，建立了碳达峰碳中和联席会议机制。完成《湘西自治州碳达峰实施方案》编制工作并报省审核。强化"两高"（高耗能、高排放）项目管理。建立了全州"两高"项目管理清单，适时动态更新。

二是生态保护修复成效显著。156个危废专项行动问题整改、34.62万亩省定受污染耕地安全利用任务、49座尾矿库整治任务已全部完成。"三区三线"（根据生态空间、农业空间、城镇空间划定的生态保护红线、永久基本农田和城镇开发边界三条控制线）成果获自然资源部批复，全州划定生态保护红线371519.32公顷，占州域国土总面积的24.01%。完成营造林面积17.26万亩，森林覆盖率可达到70.5%以上，已建成吉首峒河、保靖酉水、泸溪武水、花垣古苗河、永顺猛洞河5个国家湿地公园；完成中药材建设5.816万亩，4个国家级、23个省级林下经济示范基地均已完成运营情况监测。

三是生态文明示范创建有序推进。全州8县市已全面启动生态文明建设示范区或"绿水青山就是金山银山"实践创新基地工作，已完成规划编制，制定《湘西州生态文明建设示范镇村管理规程（试行）》和《湘西州生态文明建设示范镇村建设指标（试行）》。

（三）坚持以人为本，生态环境质量迈上新台阶

始终坚持以习近平生态文明思想为指引，践行"绿水青山就是金山银山"理念，推动生态环境质量持续改善。

一是环境空气质量稳步提升。2022年全州环境空气质量综合指数2.87，同比改善0.7%，PM2.5平均浓度26微克/米^3，同比改善3.7%，PM10平均浓度39微克/米^3，同比改善9.3%。

二是水环境质量达标率100%。全州39个国、省考核断面Ⅲ类水质达标率100%，其中Ⅱ类以上水质占比97.4%，同比提高10.3%；全州14个县级及以上城市集中式饮用水水源地水质达标率100%，均为Ⅱ类水质。

三是土壤环境质量总体安全可控。全州落实受污染耕地安全利用和管控

措施 34.8 万亩，完成 95 个地块建设用地土壤环境状况调查，建设用地安全利用率达 100%。

四是环境风险隐患问题实现全部降级。全州聚焦 6 项任务、14 个类别，开展"利剑"行动，全年排查环境风险隐患问题 467 个，查处涉环境问题违法案件 109 起，并全部完成隐患问题降级，实现了生态环境领域不发生突发事件、舆情事件、群体事件的目标，人民群众对生态环境的满意度和获得感明显提升。

五是严格执法筑牢生态安全屏障。全年累计完成随机抽查检查企业 1458 家（次），共办理环境违法案件 127 起，行政处罚金额 863.93 万元，违法案件数量同比增长 22%。畅通 12345 政务服务热线等投诉渠道，做到"件件有着落，事事有回音"，全州共办理环境信访件 409 件，办结率为 100%。

（四）坚持综合施策，生态环境问题整改取得新突破

州委、州政府高度重视突出生态环境问题整改工作，专题研究部署，多次到现场一线调研督办问题整改。各县委、县政府和州直相关部门保持定力、持续攻坚，全力推动全州突出生态环境问题整改。

一是狠抓突出生态环境问题整改销号。2017 年以来，全州共收到中央、省生态环保督察交办和长江经济带警示片披露的 560 个问题，完成销号 525 个，销号率 93.75%，解决了一大批历史遗留问题和群众身边的突出环境问题。

二是以强烈政治担当开展花垣"锰三角"污染综合整治。省定 2022 年度 17 项目标任务和上级交办的 30 个突出环境问题全面完成，矿业整合取得重大实质性进展，11 个"锰三角"专项监测断面锰浓度达到国家考核目标。花垣县环境空气质量改善幅度在全省 90 个县市中排名第一，获省政府生态环境领域真抓实干督查激励表彰。

三是稳步推进生态环境损害赔偿。全州启动生态环境损害赔偿案件 120 件，办结 85 件，办结率 70.8%，除自行修复、替代修复外，缴纳生态环境损害赔偿金 218 万元。花垣文华锰业生态环境损害赔偿案例，协议赔偿金额 3890 万余元，为全省数额最高，在省级典型案例评选中荣获第一。

（五）坚持久久为功，污染防治攻坚战收获新进展

制定《2022年湘西州深入打好污染防治攻坚战工作方案》，全面完成2022年"夏季攻势"省定9个方面244项任务，争取中央、省污染防治资金1.23亿元，州本级安排专项资金0.7亿元。

一是深入打好蓝天保卫战。关闭天源建材水泥生产线，完成酒鬼酒公司等6家企业氮氧化物和挥发性有机物治理工程，实施特护期大气污染防治攻坚专项行动，确保不发生重污染天气。

二是深入打好碧水保卫战。新建改造城市污水管网42千米，新建30个乡镇污水收集处理设施，完成45个村生活污水治理、2个垃圾填埋场、21个医疗机构废水、50个"千人以上"饮用水水源地环境问题整治销号，开展重点流域入河排污口排查整治，确保极端干旱气候条件下国、省考核断面水质达标。

三是深入打好净土保卫战。完成49座尾矿库闭库治理销号和91座尾矿库污染治理任务，持续开展危险废物专项整治行动，开展农用地涉重金属污染源排查整治，全面完成受污染耕地和建设用地安全利用目标任务。开展"绿盾"专项行动"回头看"，完成自然保护区93个遥感监测问题现场复核和33个重点问题整改销号。

四是超目标完成主要污染物减排任务。2022年累计上报减排化学需氧量2043吨、氨氮171.6吨、氮氧化物825吨、挥发性有机物191吨，分别为省定任务的130.7%、110.7%、117.4%、107.9%。

二 湘西州生态文明建设存在的主要问题

面对新时代对生态文明建设的新要求和人民群众对美好环境的新期盼，湘西州生态环境保护工作任重道远，还存在一些问题和差距。一是突出环境问题整改任务艰巨。湘西州废弃矿山、尾矿库、矿涌水、重金属污染地块等历史遗留问题点多面广，历史遗留矿业污染问题依然是生态环境保护工作的

重中之重，需要下大力气加以整治。二是环境基础设施建设滞后。城乡污水收集管网不完善、不配套，乡镇污水处理运营保障机制有待建立完善。三是生态环境质量不够稳定。参与考核城市吉首市空气质量在全省 14 个市州虽然保持全省第一，但其他县优良天数比例还不稳定，进入全国前 30 名压力较大。四是生态环境监测执法能力薄弱。湘西州区域环境监测站尚未建成，县市环境监测机构与标准化建设要求差距较大，产业园区和乡镇生态环境保护机构不健全，综合监测执法能力和水平有待提高。

三　2023年湘西州生态文明建设目标、任务及主要措施

2023 年，湘西州坚持以习近平新时代中国特色社会主义思想为指导，深入学习贯彻党的二十大精神，全面贯彻习近平生态文明思想，深入践行"绿水青山就是金山银山"理念，坚持以人民为中心的发展思想，以建设人与自然和谐共生中国式现代化为统领，坚持稳中求进工作总基调，聚焦实现"三高四新"美好蓝图，围绕打造"三区两地"（脱贫地区乡村振兴示范区、民族地区团结奋斗共同富裕标杆区、全国绿色低碳发展样板区、武陵山区承接产业转移新高地、国内外享有盛名的旅游目的地）目标任务和建设"五个湘西"（擦亮红色湘西名片、放大生态湘西优势、厚植文化湘西底蕴、激发开放湘西活力、追逐幸福湘西梦想）主攻方向，以改善生态环境质量为核心，统筹结构调整、污染治理、生态保护、应对气候变化，坚持依法治污、科学治污、精准治污，协同推进降碳、减污、扩绿、增长，奋力打造全国生态文明样板州。

（一）深入打好污染防治攻坚战

制定落实《2023 年湘西州深入打好污染防治攻坚战工作方案》等，以更高标准打好蓝天、碧水、净土保卫战。

一是深入打好蓝天保卫战。组织开展重污染天气消除、臭氧污染防治、柴油货车污染治理等标志性战役；制定《湘西州大气污染防治攻坚行动实

施方案》，开展"守护蓝天"行动，保持环境空气质量排名全省第一。

二是深入打好碧水保卫战。扎实推进长江保护修复、城市黑臭水体治理等标志性战役；继续推进"千人以上"饮用水水源地问题整治，开展入河排污口整治，加强枯水期水生态环境管理，做好重点湖库蓝藻水华防控，强化流域治理，力争国控断面水质进入全国前30。

三是深入打好净土保卫战。推进农用地土壤镉等重金属污染源头防治行动，开展重点县市受污染耕地土壤重金属成因排查，加强重点建设用地安全利用监管，强化建设用地准入管理，推进土壤污染防治先行区、地下水污染防治试验区建设。

四是打好农业农村污染防治攻坚战。完成农村生活污水治理任务。推进危险废物监管和利用处置能力改革，落实重点重金属排污许可制，配合开展新污染物环境信息调查。

五是持续开展"夏季攻势"。按时完成省定污染防治攻坚战"2023年夏季攻势"任务8类140项。

（二）推进突出生态环境问题整改

一是抓好"锰三角"污染治理。坚持把"锰三角"矿业污染综合整治作为重中之重的任务，以习近平总书记等中央领导同志重要批示精神为遵循，认真落实省委、省政府领导批示和省州整治规划方案要求，突出目标、项目、责任"三个清单"，集中精力抓好突出环境问题整治、重点项目谋划申报和绿色转型发展等工作，确保2023年底前基本完成治理任务，2025年底前全面完成治理任务。

二是突出中央、省交办问题整改。全力配合做好中央第三轮、省第二轮生态环境保护督察和2023年长江经济带生态环境警示片、3月上旬省委巡视、省生态环境警示片拍摄等工作，严控新增生态环境问题交办数量，切实解决人民群众密切关注的生态环境问题。

三是开展生态环境"利剑"行动。对重点领域、重点行业、重点区域全面开展生态环境风险隐患排查，全面消除环境风险隐患。深入实施重点河流突发水环境污染事件"一河一图一策"，建立健全流域水污染事件应急体系。加强"一废一品一库"（危险废物、危险化学品、尾矿库）环境风险监管，扎实开展尾矿库污染治理"回头看"和历史遗留固体废物排查。

（三）推进绿色低碳循环发展

一是加强生态文明样板州建设。积极推进碳达峰碳中和、生态保护修复、生态文化旅游提质、绿色矿业转型、绿色食品培育、生态宜居城乡、绿化湘西、绿色生产生活、智慧城市建设、合作共建等十大工程，着力放大湘西绿色生态优势。帮扶指导凤凰县创建第七批国家生态文明建设示范区和"绿水青山就是金山银山"实践创新基地遴选，支持其余县市参与第五批湖南省生态文明建设示范区评选。

二是加强生态环境保护修复。构建自然保护地管理体系，积极推动以小溪、高望界、白云山三个国家级自然保护区为主体的重要保护区域保护。大力开展国土绿化行动，巩固国家森林城市创建成果，确保森林覆盖率70%以上，加快推进"五彩森林"建设暨生态修复12800亩。实施植被保护与生态恢复工程，为全国南方石漠化地区综合治理打造"湘西样板"。

三是加快发展生态产业。培育发展林下经济，建设一批省级多类型林下经济产业体系、示范基地，创建一批省级油茶小镇、油茶庄园。

（四）提升生态环境治理水平

一是加强生态环境监管执法。开展枯水期、特护期等专项执法行动，推进排污许可清单式执法，组织开展第三方环保服务机构弄虚作假问题专项整治行动。加强生态环境执法，聚焦重点行业、重点区域和重点时段，采取交叉检查、专案查办等方式，探索建立州县环境执法一体化管理模式，严肃查处环境违法行为。进一步完善举报奖励制度，充分发动群众监督。强化"两法"衔接（行政执法与刑事司法衔接），充分发挥联席会议和公检法驻生态环境部门联络室作用。加强基层执法能力建设，推进全州生态环境保护综合行政执法队伍机构规范化建设，开展执法大练兵、大比武活动。

　　二是推进环境监测能力建设。切实加强生态环境监测工作组织领导，建立和完善生态环境监测工作机制，统筹推进州区域生态环境监测站和8县市生态环境监测站能力建设，采取有效措施推动《2022—2025年县级监测能力建设工作方案》实施，逐步补齐生态环境监测能力短板；推进生态环境监测预警溯源规范化、精选化，不断强化对深入打好污染防治攻坚战的支撑保障能力。配合做好2023年度国家重点生态功能区县域生态环境质量考核，力争实现生态环境质量"变好"评价等级目标。

　　三是提升生态环境治理能力。推进《湘西土家族苗族自治州环境保护条例》等地方生态环境保护法规的修订。完善生态环境行政执法与刑事司法、公益诉讼衔接机制，认真落实检察机关生态环境检察建议，积极推进生态环境损害赔偿。办好六五环境日系列活动。实施环境基础设施补短板行动，加快城乡生活污水收集处理设施、生活垃圾收集转运能力和永顺垃圾焚烧发电项目建设，探索乡镇污水处理设施、垃圾焚烧发电运营长效机制。推进县级监测执法机构标准化建设，探索乡镇生态环境机构设置，持续加强生态环境保护铁军建设，提升生态环境治理水平。

专题报告
Special Reports

B.25
守护好一江碧水

——洞庭湖总磷污染控制与削减攻坚的实践与思考

潘碧灵　赵嫒嫒　彭晓成*

摘　要： 党的十八大以来，以习近平生态文明思想为指引，湖南省始终保持战略定力，持续加强洞庭湖生态环境保护修复。2021年开始，启动洞庭湖总磷污染控制与削减攻坚行动，推进实施一批重点工程项目，取得了积极成效。但"十四五"期间，仍面临较多问题和困难，还需要以问题为导向，集中资源、集中力量持续攻坚克难、系统精准施策。

关键词： 洞庭湖　总磷污染　污染控制

---

* 潘碧灵，湖南省政协副主席、民进湖南省委主委、湘潭大学校长；赵嫒嫒，湖南省环境保护科学研究院副研究员；彭晓成，湖南省生态环境厅水生态环境处副处长。

作为长江之肾，洞庭湖在维护长江中下游生态平衡和江湖关系上起着不可或缺的重要作用。2018 年 4 月，习近平总书记视察岳阳市时嘱咐湖南"守护好一江碧水"；2020 年 9 月，在湖南考察时强调要"做好洞庭湖生态保护修复"。2016 年以来，湖南省委、省政府先后推进水环境综合整治五大专项行动，制定生态环境专项整治三年行动计划，实施水环境治理八年综合整治规划，有效改善了洞庭湖生态环境质量。但与长江流域类似湖泊一样，总磷污染问题仍然突出，还需全省上下保持战略定力，坚持问题导向、目标导向和结果导向，深入推进洞庭湖总磷污染控制与削减攻坚行动（以下简称洞庭湖总磷污染攻坚），在保护长江母亲河上贡献更多力量。

一 洞庭湖总磷污染攻坚的具体实践

（一）高位统筹推动，严格落实责任

湖南省委、省政府历来高度重视洞庭湖生态环境保护，尤其是"十四五"以来，将洞庭湖总磷污染攻坚摆在更加突出的重要位置，作为坚定拥护"两个确立"、坚决做到"两个维护"的具体体现，省委、省政府主要领导多次专题研究部署，并现场督促检查相关工作，层层压紧、压实工作责任。一是严格考核奖惩。将洞庭湖总磷污染攻坚纳入省政府绩效考核、生态环境保护督察、"洞庭清波"等工作中统筹，推动各地各部门守土有责、守土尽责。二是强化部门协同。省直相关部门加强协调配合和工作统筹，对重点任务"一月一调度、一月一通报、一季一督查"，狠抓重点领域源头治理、系统治理、综合整治。三是深化区域联动。严格落实湖区三市一区（岳阳、益阳、常德三市及长沙望城区）政府主体责任，不断完善"一江一湖四水"联防联治机制，推动形成"上下游同步推进、干支流同步治理、各领域同步发力"工作格局。

（二）科学谋划部署，系统精准施策

对标对表《长江保护法》等文件要求，根据总磷主要来源及流域时空分布，在充分论证的基础上，2022年6月，省政府办公厅印发《洞庭湖总磷污染控制与削减攻坚专项行动计划（2022—2025年）》，明确了"十四五"攻坚任务书、路线图和时间表。一是明确工作目标。坚持"稳中求进"的原则，明确要求湖体总磷浓度持续下降，在稳定达到国家考核目标（小于0.07毫克/升）的同时，力争2/3以上国家考核断面水质达到Ⅲ类，重点内湖、内河水质稳定提升。二是明确攻坚范围。按照"统筹兼顾、突出重点"的要求，明确集中攻坚的重点区域、领域，如湖区三市一区、农业农村污染防治及城镇生活污染治理等。三是明确重点任务。坚持"聚焦重点、集中攻坚"的原则，明确狠抓农业农村污染防治、深化城镇生活污水收集处理等7项重点任务和1项"禁磷限磷"专项行动，并细化为18类具体任务，确保任务可量化、可考核、可评估。

（三）狠抓项目建设，补齐治理短板

按照"任务项目化、项目工程化"的要求，结合污染防治攻坚战"夏季攻势"、长江经济带环境污染治理"4+1"（沿江城镇污水垃圾处理、化工污染治理、农业面源污染治理、船舶污染治理和尾矿库污染治理）工程实施等工作，2021年以来累计实施完成600余个重点整治项目，加快补齐了治理短板。一是加强农业面源污染治理。持续在湘阴等9个县市区积极实施长江经济带农业面源污染治理项目，试点县畜禽粪污资源综合利用率均达90%以上，累计完成12.6万亩水产养殖池塘生态化改造。二是加强城乡生活污染治理。2022年新建污水收集管网432千米，城市生活污水集中收集率上升至70.97%。推进农村人居环境整治，累计完成356个任务村整治。三是加强工业污染整治。湖区28家省级及以上产业园区全部建成污水收集处理设施，并全面实现环境污染第三方治理全覆盖。持续巩固"三磷"企业整治，34家化工企业关闭退出或异地迁建。四是加强入河排污口管控。综合采取控源截污、生态提质、环境扩容等综合措施，分期分批加快推进重点入河排污口整治，持续降低流域污染负荷。

（四）强化保护修复，夯实生态本底

以洞庭湖区域"山水林田湖草沙"一体化保护和修复工程项目为契机，

加快实施生态系统保护和修复重点工程。一是加强湿地保护修复。开展洞庭湖湿地保护修复"六大行动"（资源管控、生态修复、候鸟保护、统一监测、联合执法、生态补偿），实施"五大工程"，累计修复生态湿地 46349 亩，恢复湿地植被 900 公顷。二是加强内湖（河）修复。按照"一湖（河）一策"，强化大通湖、黄盖湖、华容河等内湖（河）生态保护修复，突出抓好河湖岸边生态缓冲带建设、水生植被修复等工作。三是加强黑臭水体治理。巩固提升地级城市黑臭水体整治成效，加快推进县级城市黑臭水体整治，全面推进农村黑臭水体整治，2021 年以来累计整治农村黑臭水体 72 条。四是加强水系联通。持续推进湖区生态水网体系建设，加快实施洞庭湖北部地区分片补水二期工程，突出抓好河湖连通和清淤疏浚等工作。2022 年，洞庭湖北部补水二期工程连通水系 41 千米，湖区三市小水源供水能力恢复工程新增蓄水能力 921 万立方米。

（五）推动绿色发展，加快转型升级

坚持生态优先，绿色发展，持续推动洞庭湖生态经济区建设，加快经济社会发展绿色转型。一是加快推动农业绿色发展。在湘阴等 9 个县市区持续开展绿色种养循环农业试点，深入实施水产绿色健康养殖"五大行动"，建成一批高标准生态渔业养殖基地，常德澧县入选全国农业绿色发展典型案例。二是不断深化工业绿色转型。严控涉水重污染行业发展，积极引导石化、印染、农副食品加工等行业企业开展清洁生产改造。岳阳市高标准建设长江经济带绿色发展示范区，加快培育了"12+1"（指岳阳市的石油化工及新材料、食品加工、电力能源、现代物流、电子信息及人工智能等 12 条优势产业链和文化旅游产业）优势产业链。三是积极引导形成绿色生活方式。在湖区全面部署洗涤用品"禁磷限磷"专项行动，益阳市连续 4 年开展大通湖流域洗涤用品市场专项治理。

（六）夯实支撑保障，提升能力水平

按照任务与保障相匹配的原则，积极夯实工作基础，不断深化改革创新，着力建立健全长效整治体制机制。一是提升监测监管能力。生环、水利

等部门联合出台加强枯水期、汛期生态环境管理的意见，启动洞庭湖水生态环境调查与监测，推进大通湖等重点河湖专项调查、汛期及枯水期加密监测。二是完善政策措施。颁布实施《湖南省畜禽规模养殖污染防治规定》等地方法规，制定出台《湖南省水产养殖尾水污染物排放标准》等地方标准。三是强化科技支撑。开展《一湖四水总磷浓度时空分析》《洞庭湖总磷污染来源解析及防控对策》等专题研究，开展长江生态环境保护修复"一市一策"驻点跟踪研究，组织百名生态环境领域专家深入基层指导帮扶。

通过努力，近年来，洞庭湖生态环境质量明显改善，全面达到国家考核要求。一是湖体总磷浓度持续下降。2022年，洞庭湖总磷浓度下降为0.06毫克/升。其中，西洞庭湖连续2年达到Ⅲ类，南洞庭湖突破性达到Ⅲ类。二是入湖河流总磷浓度持续下降。2022年，湘、资、沅、澧四水入湖总磷浓度平均浓度为0.046毫克/升，较2020年下降7%。三是重点内湖水质不断改善。南湖、黄盖湖、芭蕉湖等水质稳定达到Ⅲ类，华容东湖、大通湖等水质明显改善。四是湖区生态环境不断恢复。2022~2023年度越冬候鸟达到37.83万只，"鸟中大熊猫"中华秋沙鸭等也频繁现身。五是群众满意度不断提升。一批突出生态环境问题得到有效解决，湖区三市一区生态环境质量改善"公众满意度"连续提升。

二 洞庭湖总磷污染攻坚存在的主要问题

洞庭湖总磷污染涉及方方面面，受入湖河流输入、湖区污染排放、底泥释放、气候水文变化等多重因素影响，治理难度大、周期长，且容易反弹，是一项复杂的系统工程。虽取得较大成效，但湖区总磷污染防控形势依然严峻。2022年全省未达到Ⅲ类水质标准的断面有14个，其中13个在湖区，主要超标因子为总磷。综合各方面情况，还存在如下主要问题。

（一）环境质量改善不平衡

一是湖体总磷持续下降难度大。2017年以来下降幅度越来越小（且

2021年略有反弹，较2020年上升5%），后期受洞庭湖生态疏浚、湖区采砂规模扩大、湘阴虞公港建设、航道运行增加等因素影响，湖体总磷浓度或将反弹。二是东洞庭湖总磷浓度相对较高。与西洞庭湖、南洞庭湖相比，东洞庭湖总磷浓度长期偏高，后期持续下降压力巨大。其中，2022年为0.067毫克/升，超Ⅲ类标准0.34倍。三是部分内湖、内河水质不容乐观。大通湖、黄盖湖稳定达到国家考核目标压力大，尤其是大通湖受内源污染、汛期污染等因素影响，总磷要降到0.075毫克/升难度较大，华容河、新墙河、汨罗江等内河总磷浓度长期偏高。

（二）农业面源污染防治压力大

根据全国及湖南二污普数据、长江经济带专题报告，总磷污染主要来源为农业面源（占比60%以上）。洞庭湖区是湖南乃至全国的"米袋子""菜篮子"，农业生产造成的总磷污染问题更为突出，防治压力更大。一是畜禽养殖粪污处理及资源化利用水平有待提升。湖区畜禽养殖大县多，生猪养殖总户数30余万户，总养殖量1400余万头（出栏量），其中规模以下（500头以下）养殖量占比约35%左右，畜禽粪污产生量大、污染重，规模以下畜禽养殖粪污直排问题依然突出。二是种植业面源污染防控压力依然较大。湖区共有耕地1956.99万亩，耕地复种指数高，农田化肥施用强度达48.51千克/亩（折纯），为全国平均水平的1.6倍，氮磷流失量多，由此产生的面源污染不容忽视。三是水产养殖尾水治理能力较为薄弱。湖区水产养殖面积约310万亩，由于高密度养殖、过度投肥投饵等因素，水产养殖尾水总磷污染突出，尤其是冬季干塘时尾水集中排放，对洞庭湖及周边水体水质影响较大。

（三）城乡生活污水治理短板多

生活源是洞庭湖总磷污染的第二大来源，总磷贡献占比近20%。2021年，洞庭湖三市一区常住人口约1563万人，人口密度约为全省的1.57倍，污水处理任务重、短板多。一是城市生活污水提质增效水平不高。城市生活污水收集管网老旧破损、混错漏接、雨污合流等问题突出，污水处理设施进水污染物浓度偏低。2022 年，湖区 37 座县级及以上城镇污水处理设施进水化学需氧量在线监测浓度年均值仅 171 毫克/升。二是乡镇污水处理设施正常运转率低。乡镇生活污水收集管网建设滞后，污水处理设施运行维护能力不强，50%以上的乡镇污水处理设施负荷率尚不能满足稳定运行要求（稳定运行要求负荷率超过 60%）。三是农村生活污水治理能力有待提高。湖区农村生活污水治理尚处于起步阶段，污水收集处理率偏低。截至 2022 年底，湖区三市农村生活污水处理率仅 30%左右，个别区域不足 10%。

（四）生态系统保护修复任务重

湖区生态保护修复方面历史欠账多、修复任务重。一是生态水网受损严重。三峡工程运行以来，长江四口年分流量平均减少 187 亿立方米，洞庭湖枯水期提前并延长，枯水期河道断流现象普遍，四口水系除松滋西河全年通流外，其他河段年均断流达 137~272 天。同时，湖区部分沟渠塘坝淤塞严重，水体流通性差。二是重点河湖水生态恢复难度大。受历史投肥、投饵水产养殖影响，华容东湖、大通湖、兰溪河等重点内湖（河）水质差、底泥污染负荷重，沉水植物少，底栖动物和鱼类品种单一，"水下荒漠"问题突出，恢复水生态系统完整性及稳定性难度极大。三是湿地功能退化明显。受三峡工程及人类活动影响，部分区域湿地景观碎片化、洲滩草甸化。杨树入侵、沟河引入、芦南获扩张等对生态系统造成的负面影响（如植被群落单一化、湿地旱化等问题）尚未完全消除。

（五）支撑保障力度能力弱

与繁重的攻坚任务相比较，支撑保障能力还有较大差距。一是责任落实有差距。整治压力层层递减，区域联动、部门协同有待加强。部分地方筛选、上报、实施重点整治项目不积极，缺少系统谋划，难以支撑任务完成。二是资金投入有差距。根据测算，"十四五"期间洞庭湖总磷污染攻坚需投入 130 余亿元，地方财政困难，资金筹集难度大。有机肥料奖补、城市生活污水差异化收费与付费机制等政策缺失，社会资金投入积极性、主动性不够。三是科技支撑有差距。底泥磷污染分布与释放规律、农业面源污染时空排放特征等尚不明晰，洞庭湖水体磷污染机制等基础性研究不够。重点领域先进适用技术研发与示范推广力度有待加大，农业面源污染防治等领域标准和规范不健全。

三　深入推进洞庭湖总磷污染攻坚的几点建议

（一）加快推进产业绿色转型升级

一是积极发展生态循环农业。优化调整畜禽及水产养殖结构和布局，持续开展种养循环农业试点，加快推广多品种混养、稻渔综合种养、"设施养鱼"等生态养殖模式，积极探索形成生态循环农业"湖区样板"。二是提升涉磷行业绿色发展水平。加强涉磷企业准入与管控，持续开展食品加工、牲畜屠宰及肉类加工等重点行业企业专项排查整治，强化清洁生产改造，推动企业绿色转型升级。三是推动形成绿色生活方式。加大绿色产品供给，加强绿色生活理念全民教育，倡导绿色消费、低碳出行等生活方式，促进湖区形成绿色生活时尚。

（二）全面深化农业面源污染治理

一是提升畜禽养殖粪污处理及资源化利用水平。大力推广干清粪及下垫料等清粪工艺，大幅减少粪污水排放量。推进规模养殖场粪污收集处理设施升级改造，确保正常运行及达标排放。加快完善规模以下畜禽粪污资源化利用设施，积极拓宽利用渠道，加快粪肥还田利用。二是强化农田面源污染防控能力。持续开展化肥减量增效行动，采用生态沟渠、生态缓冲带等构建农田氮磷拦截系统，利用坑塘建设生态塘、人工湿地等末端净化系统，加快形成一批农田尾水"零排放"试点工程。三是系统推进水产养殖尾水处理。

全面规范 100 亩规模以上水产养殖池塘干塘或换水等尾水排放行为，加快推进水产养殖尾水处理设施建设，以大户自治、散户连片集中治等形式，因地制宜推广人工湿地、"三池两坝"（指沉淀池、曝气池、生态净化池和两级过滤坝）等水产尾水处理技术。

（三）着力提升生活污水收集处理效能

一是持续推进城市生活污水处理提质增效。以进水化学需氧量浓度偏低的城镇生活污水处理厂为重点，全面排查片区内生活污水收集管网现状，摸清污水收集空白区、管网漏损严重区等情况，加快推进污水收集管网建设、修复与改造。二是全面推动乡镇污水处理厂正常运行。加快乡镇污水处理厂配套管网建设，提高正常进水负荷。严格落实乡镇污水处理收费政策和征收管理制度，保障污水处理厂正常运行费用。完善乡镇污水处理厂运行管理机制，全面提高运营管理能力。三是加快农村生活污水处理设施建设。按照"黑灰分离、资源化利用、就近就地分散治理优先，适度集中处理与纳管处理"的治理思路，全面推进黑水和灰水分类收集处理，因地制宜建设分散式或集中式污水收集与处理设施。

（四）积极推动生态保护修复

一是加快修复河湖沟渠生态水网。积极推动洞庭湖生态复苏，加快实施四口水系整合、整治工程，提高长江四口分流入洞庭湖水量。持续推进沟渠、塘、坝清淤疏浚及河湖水系连通工程，改善水系连通。推进污水处理厂尾水深度处理，提高河道生态补水能力。二是科学系统开展河湖水生态修复。系统规划土著鱼类增殖放流、沉水植物补种、底泥生境改善等水生态修复工作，科学确定增殖放流量及底泥清淤量，基于水位变化情况，合理搭配沉水植物，探索研究有效种植技术。三是持续加强湿地保护修复。以杨树清理迹地、大面积洲滩等区域为重点，采取生态补水、微地形改造及植物恢复等措施，重塑湿地水文情势，重建湿地植被群落，加快恢复湿地生物多样性。

（五）切实加强监测监管能力

一是开展农业面源污染监测。开展农业面源污染通量监测与评估，确定农业面源污染监管的重点区域、重点时段。应用大数据、人工智能、遥感等新技术、新手段，建立农业面源污染监管平台，实时更新农业面源污染物产生和排放情况。二是完善监管标准规范体系。制定湖区畜禽养殖、水产养殖总磷污染排放特别限值，加强对《城镇污水处理厂主要水污染物排放标准》《农村生活污水处理设施水污染物排放标准》等地方标准的执行力度。三是加强数据整合与信息共享。统筹水环境、水资源、水生态，建立完善洞庭湖水质水量水生态监测预警体系和信息平台，定期更新有关信息，推动跨部门、跨层级数据信息共享，提高对各类数据信息关联分析与研判能力。

（六）不断提升支撑保障能力

一是加强科技支撑能力。集中优势科研力量研究制定重点领域污染治理项目建设标准或技术规范，加强农业面源及生活污水治理新技术、新模式、新装备研发推广，建设一批污染综合治理示范工程，加快形成可复制、可推广的经验。二是加大重点领域政策扶持力度。积极推动实施化肥购买实名制及使用定额制，加快出台有机肥补贴政策，推进水产养殖尾水处理养殖户收费政策，优先将畜禽粪污资源化利用设施（如粪肥还田机械）列入农技购置补贴，积极落实生活污水差异化收费政策。三是建立多元化资金投入机制。积极争取国家生态补偿资金，加强财政资金统筹整合，加大绿色信贷、绿色债券对污染防治的支持力度。规范有序推广政府和社会资本合作（PPP）模式，引导社会资本积极参与污水处理设施建设运营。

参考文献

《湖南省人民政府办公厅关于印发〈洞庭湖总磷污染控制与削减攻坚行动计划

（2022—2025 年）〉的通知》（湘政办发〔2022〕29 号），《湖南省人民政府公报》2022年第 12 期。

赵健、籍瑶、刘玥等：《长江流域农业面源污染现状、问题与对策》，《环境保护》2022 年第 17 期。

张之浩、李威、陈立伟等：《洞庭湖总磷污染现状及治理对策分析》，《湘潭大学自然科学学报》（自然科学版）2021 年第 4 期。

王丽婧、田泽斌、李莹杰等：《洞庭湖近 30 年水环境演变态势及影响因素研究》，《环境科学研究》2020 年第 5 期。

许友泽、赵媛媛等：《洞庭湖总磷污染来源与成因解析》，中国环境出版集团，2022。

B.26
湖南农业面源污染调查及对策研究

湖南省社会科学院（湖南省人民政府发展研究中心）调研组*

摘　要： 加强农业面源污染防治是建设农业强国、实施乡村振兴的重要内容和保障条件。湖南是全国农业大省，在农业面源污染防治领域存在诸多短板，污染治理压力大。下一步，湖南打好农业面源污染攻坚战应从健全共管共治机制、建设"一网一库"技术支撑体系、拓展多元融资渠道、提升监管服务能力、完善防治法治体系等领域发力，使全省农业高质量发展和农村生态环境高水平保护相互促进、相得益彰。

关键词： 农业面源污染　畜禽养殖粪污处理　农药化肥减量　污染防治法治

习近平总书记指出，农业发展不仅要杜绝生态环境欠新账，而且要逐步还旧账，要打好农业面源污染治理攻坚战。相比于工业、城市污染治理，农业面源污染防治工作起步晚、历史欠账多，治理压力大。湖南作为我国重要的粮食产区、生猪养殖和调出大省，肩负国家重要农产品稳产保供的政治责任，为全面统筹"保生产"和"保生态"目标，应着力创新农业面源污染治理体制，补齐技术、资金等短板，推动农业面源污染防治水平上一个新台阶。

---

* 调研组组长钟君，湖南省社会科学院（省人民政府发展研究中心）党组书记、院长（主任）。副组长：侯喜保，湖南省社会科学院（省人民政府发展研究中心）党组成员、副院长（副主任）；蔡建河，湖南省社会科学院（省人民政府发展研究中心）二级巡视员。调研组成员唐文玉、周亚兰、罗会逸，均为湖南省社会科学院（省人民政府发展研究中心）宏观经济研究部研究人员，执笔人周亚兰。

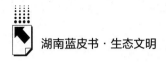

一 湖南省农业面源污染基本形势

以 2017 年第二次全国污染源普查为基准，结合《2020 年湖南省环境统计年报》，分析研判湖南省农业面源污染防治形势。

（一）总体态势

1.农业面源污染排放量大、占比高

农业面源污染主要来自农业生产（即农业源，主要包括种植业、畜禽养殖业、水产养殖业，下同）和农村生活。对比工业源和生活源，农业源污染物排放量大、占污染物排放总量的比重较高。第二次全国污染普查显示，2017 年全省水污染物排放化学需氧量 127.82 万吨，氨氮 7.23 万吨，总氮 19.23 万吨，总磷 2.23 万吨，其中农业源排放化学需氧量 65.36 万吨、氨氮 2.04 万吨、总氮 9.92 万吨、总磷 1.44 万吨，分别占全省水污染物排放总量的 51.13%、28.22%、51.59%、64.57%（见表 1）。

表 1　2017 年湖南省主要水污染物排放情况

水污染物(万吨)	排放总量	工业源	农业源	生活源	农村生活	农业源占比
化学需氧量	127.82	5.34	65.36	57.12	32.35	51.13%
氨氮	7.23	0.32	2.04	4.87	2.24	28.22%
总氮	19.23	0.67	9.92	8.64	4.25	51.59%
总磷	2.23	0.03	1.44	0.76	0.35	64.57%

资料来源：2017 年第二次全国污染源普查。

2.畜禽养殖、种植和农村生活是主要污染来源

畜禽养殖、种植、水产养殖及农村生活是湖南省农业面源污染的主要来源。以主要水污染物排放为例，2020 年，全省农业面源排放的化学需氧量以畜禽养殖业为主，约占农业面源污染（包括农业源和农村生活源，下同）

排放量的 79.28%；氨氮排放以农村生活、种植业为主，分别约占 41.27%、28.31%；总氮以畜禽养殖业、种植业排放为主，分别占 38.17%、36.31%；总磷排放以畜禽养殖业、种植业为主，分别占 58.67%、26.02%（见表 2）。

表 2　2020 年全省农业面源主要水污染物排放情况

单位：万吨

主要污染物	种植	畜禽养殖	水产养殖	农村生活	合计
化学需氧量	—	92.62	3.35	20.85	116.82
氨氮	1.07	0.99	0.16	1.56	3.78
总氮	5.08	5.34	0.54	3.03	13.99
总磷	0.51	1.15	0.05	0.25	1.96

资料来源：《2020 年湖南省环境统计年报》。

（二）具体形势

1. 畜禽养殖粪污综合利用率较高，但仍存隐患

2021 年，湖南省畜禽粪污综合利用率达 83%，规模养殖场、大型规模养殖场粪污处理设施装备配套率分别达 99.6%、100%，均超出国家规定目标要求，然而囿于设备运行成本高，畜禽养殖粪污处理设备实际运行率较低。相比养殖规模场，规模以下的养殖场和养殖户由于资金缺乏，普遍难以配套粪污处理设施，成为畜禽养殖粪污处理的重点薄弱领域。据湖南省农业农村厅统计，截至 2021 年底，湖南省出栏量 100~500 头的畜禽养殖场有 3 万余户（还不包括数量多、分布广、变化大的散养户），是不容小觑的污染隐患。

2. 化肥农药减量成效初显，但持续减量压力大

湖南省虽然化肥农药使用量连续 6 年保持负增长，但由于复种指数较高，持续推动化肥农药减量压力大。从全省历年化肥施用情况看，1990 年以来化肥施用量持续上升，至 2012 年达到最高峰 249.11 万吨（折纯，下

同），2013 年开始缓慢下降，2020 年降至 223.73 万吨，但施用强度（按农作物播种面积）总体呈上升趋势，直至 2019 年稍回落，2020 年降至 266.35 千克/公顷（见图 1），仍明显高于国际公认化肥施用上限 225 千克/公顷。从农药使用情况看，全省农药使用量在 2013、2014 年达到高峰，自 2015 年以来稳中有降，但增速明显波动（见图 2）。

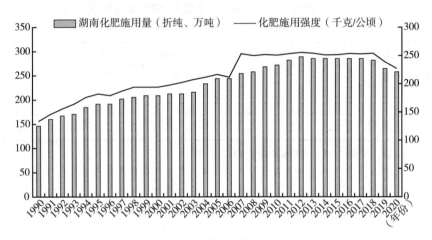

图 1　湖南省历年化肥使用情况

资料来源：湖南统计年鉴，化肥施用强度系笔者整理所得。

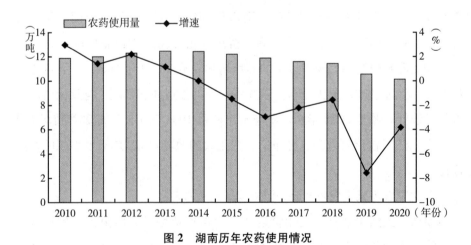

图 2　湖南历年农药使用情况

资料来源：湖南统计年鉴、国家统计局。

3. 农村生活污染治理成绩显著，但缺乏长效机制

农村人居环境整治取得明显成效，2021 年全省农村生活污水治理率达到 24.5%，农村卫生厕所普及率达到 80.88%，农村生活垃圾收运处置体系覆盖的行政村比例达 93.8%。然而，由于缺乏资金投入、建后管护标准等长效机制，全省农村生活污染处理设施后续管护普遍艰难。调研发现，全省已建的乡镇污水处理设施、农村厕所沼气工程等，因缺乏具体管护标准，又未建立社会化服务体系，多处于"荒废"状态。

二 制约湖南省农业面源污染防治的主要因素

（一）监督管理体制待健全

一是部门职责有待理顺。在上一轮机构改革后，省一级农业环保站划转至省生态环境厅，但诸多工作任务还保留在农业农村部门，两部门职责存在交叉重叠。如对规模以下畜禽养殖污染执法，由于部门职责不清，易造成推诿扯皮。又如农村生活污水治理涉及乡村振兴、农业农村、住建（城管）、生态环境等部门职责，但各部门治理标准和进度不统一、资金条块分割，难以统筹协同推进，影响总体治理成效。二是基层工作力量较薄弱。市州和县市农环站并未全面同步划转生态环境部门，基层普遍缺乏农业环境保护队伍，尤其是基层农技人员大量流失或年龄老化问题较为突出。据湖南省农业农村厅统计，全省 116 个农业县市区中，35 岁以下县一级植保技术人员，占比由 2010 年的 38.5% 下降到 2020 年的 15.5%，50 岁以上的占比由 2010 年的 19.6% 上升到 2020 年的 49.1%。三是责任分配不平衡。农业领域污染具有明显的外部性，农业生产主体往往缺乏履行污染防治主体责任的意识，造成"谁污染、谁治理"原则落空、政府被动"买单"的情形。从市场化治理方式来看，生态补偿、污染第三方治理等市场机制尚不成熟，各类主体参与的积极性不高，如生产中使用有机肥、生物农药等农产品难以通过市场机制实现优质优价，影响化肥农药替代措施的应用。

（二）技术、资金支撑能力待提升

一是监测预警体系不健全。污染源普查基本摸清全省污染物排放情况，但对污染具体来源、贡献率、分布等尚不明晰，各部门开展的调查、统计和监测较为零散，难以全面掌握农业源污染及其变化情况。如益阳市南县作为国家农业面源污染监测试点地区，2021年已着手开展农业面源污染监测试点，但仍面临河流监测点布局少、水文数据壁垒未打通等问题，影响监测评估的准确性。二是治理技术不成熟。农业面源污染治理技术研发、整合、集成、示范和推广应用等工作较为薄弱，与治理需求存在较大差距。如缺乏关于水稻病虫害绿色防控的大面积成熟应用技术、未形成对作物完整生长周期的施肥技术规范指导；测土配方施肥的配方单一、难以满足"按方抓药"需求，测土配方施肥手机专家系统由于功能少、覆盖品种不多，使用率低；水产养殖尾水治理"三池两坝"模式由于投入大、收益周期长，虽然容易复制，但不建议推广；秸秆还田虽然取得积极进展，但仍存在病虫害多发风险等。三是资金支持力度待加强。由于财政紧张，资金投入有限，加之农村收费难、项目小、效益少，难以吸引社会资本，农业面源污染治理资金极为短缺。以农村生活污水治理为例，关于污水治理设施的建设、运行和维护，除极个别集体经济状况较好的乡镇和村集体能自筹外，多数乡镇和村集体在建成设施后，因财力有限致使后期运维工作举步维艰。

（三）防治法制体系待完善

一是缺乏专门的农业面源污染法律法规。我国尚未出台专门针对农业面源污染防治的法律法规，有关规定散见于乡村振兴促进法、长江保护法、水污染防治法、农业法、清洁生产促进法等法律法规中，且多为原则性和概括性规定，可操作性不强。二是污染调查统计制度不健全。缺乏统一规范的调查统计规范，部门间数据分散、标准不一，对农业面源污染结构、贡献率等分析争议较大。如关于农药利用率计算，影响因素多、测算难度大，国家层面未发布实施农药利用率测算的规范性方法，导致农业农村部门与统计部门之间的数据测算存在较大差异。三是部分专业法规存在诸多立法空白。如规模以下畜禽养殖场的监管职责存在交叉重叠，未明确具体管理部门和处罚条款，导致对散养户污染执法困难。由于未对农药生产企业、经营单位和使用者之间的回收责任做出明确规定，在缺乏政府补贴的情况下，废弃农药包装物的回收落实难。

三 加强农业面源污染防治的对策建议

（一）健全"政府—市场—农民"共管共治机制

一是加强部门统筹协调。农业面源污染防治涉及众多部门职责，当务之急要明确部门职责界限，重点优化匹配农业农村与生态环境部门的工作任务与机构设置。强化高位统筹协调，推动建立由农业农村、生态环境、财政、发展改革委、科技、气象等相关部门组成的联席会议机制，密切日常沟通与工作衔接。健全考核评价机制，严格督查考核，持续跟踪问效，将农业面源污染治理工作纳入真抓实干奖励和绩效考核。二是健全社会化服务体系。充分发挥农资经销商作为信息传导枢纽的重要作用，推动农资企业发展农资绿色配售，引导农户清洁生产。积极培育扶持社会化服务组织，提升化肥统配统施、病虫害统防统治、粪肥还田、秸秆收储运等专业化服务水平。三是推动生态产品价值增值。完善绿色有机农产品标准化生产体系与生产规程，聚焦"两品一标"产品基地、优质农产品基地、现代农业特色产业示范园等认证管理，以更严格的认证标准倒逼绿色生产技术措施的应用落地。加强农产品溯源体系建设，拓展绿色农产品的供销渠道，实现生态农产品优质优价，让农民切实享受农业绿色发展红利。

（二）建设"一网一库"技术支撑体系

一是构建农业生态环境监测"一张网"。利用第二次全国污染源普查成果，深入分析农业农村各类污染源的基本信息，研究建立适合湖南农业面源污染防控、监测、评价指标体系。以重点流域、重点区域农村面源污染综合防控试点示范为引领，着力推动跨部门和流域的水文、土壤和水环境等基础数据共享，加快构建一张农业生态环境系统监测网络。重点加密农田氮磷流失、地膜残留国控省控监测点布设，支持建设农业生态环境野外观测超级站和农业面源污染监管平台，集中力量联合攻关研发农业面源污染估算模型和源解析技术方法等。二是建立污染防治"技术库"。加强技术研发推广，分区分类建立农业面源污染"源头减量—循环利用—过程拦截—末端治理"技术库。支持组建农业清洁生产、农业废弃物循环利用等农业科技创新联盟，遴选发布一批主推技术和管理规程。重点以果、菜、茶等经济作物开展有机肥替代化肥试点示范，推动绿色防控技术的成熟应用；在稻作区推广水稻机插同步侧深施肥技术，果茶园重点推广"有机肥+配方肥+机械深施"模式，设施农业园区示范推广滴灌施肥、喷灌施肥等水肥一体化技术；坚持因地制宜、分类施策，探索畜禽养殖粪污资源化利用、农村人居环境智慧化管理等新模式。

（三）拓展以财政、金融为主体的多元融资渠道

一是加大资金投入和整合力度。积极申报实施国家长江经济带农业面源污染治理项目，争取更多中央资金支持。通过以奖代补、专项补贴等形式，加大有机肥、生物农药、可降解农膜等投入品替代，节能节肥节药、清洁生产设施设备等农机装备购置，农业废弃物离田，农药包装物与农膜回收等资金支持力度。进一步整合涉农、涉生态环境等领域的项目资金，着力补齐重点薄弱领域短板。如统筹推进农村生活污水治理和改厕工作，做到一体化处理、一步到位；试点建设村镇易腐有机垃圾生物处理设施，协同推动垃圾、污水、粪污等有机废弃物资源就地就近就农处理和利用。二是大力发展绿色金融服务。完善金融政策措施，加大绿色信贷、绿色债券支持农业农村绿色发展。健全农业保险制度，引导银行业保险业服务全面推进乡村振兴重点工作，加大对乡村清洁能源、人居环境改善等领域金融支持力度。三是鼓励社会资本进入。支持农业面源污染治理PPP项目、第三方治理项目建设，采

用政府购买服务、优惠税收、补助、担保补贴、贷款贴息等多种方式，调动社会资本参与积极性。对于在农业农村地区应用生态、清洁技术的企业，出台享受土地、电价、税收等方面的优惠政策。鼓励有条件的地区探索建立生活垃圾和污水处理缴费制度。

（四）提升政府监管服务能力

一是夯实基层服务力量。加快基层惠农服务中心建设，增强直供服务、技术支持和托管服务能力。利用农林类职业院校、高校及科研院所的教育资源，对基层植保站干部、专业合作社和种植大户等进行多层次、大规模的技能培训。建立专业技术人员向基层流动机制，鼓励到种植基地或进村入户对农户进行技术指导和技术服务。二是加快信息化监管步伐。鼓励有条件的地方建立农业信息化服务体系，依托互联网、手机信息系统、政务大厅触摸屏查询等定期发布和推送农业面源污染防治技术措施。探索打造"智慧农资"服务平台，拓展配方施肥专家手机系统功能，加大对农资质量追溯，利用大数据、云计算、物联网等技术，促进农资精准投入、精细管理和高效利用。运用卫星遥感技术与现场核查相结合方式，重点加强对畜禽规模养殖、水产养殖、农村生活垃圾和生活污水等领域环境监管。三是广泛深入开展宣传。利用报刊、电视、网络等媒体，以群众喜闻乐见的方式深入宣传农业生态环境整治的重要性和紧迫性，加大绿色种养、科学施肥用药等宣传力度。挖掘和推介农业生态环境治理先进典型，让广大农户学有标杆、干有榜样。

（五）完善污染防治法治体系

一是制定"湖南省农业面源污染防治条例"。研究推动农业农村环境保护立法工作，建议由省人大常委会结合湖南实际情况，出台"湖南省农业面源污染防治条例"，明确农业面源污染防治部门分工、监督管理、防治举措、保障措施、法律责任，填补对农业农村生态环境违法行为法律责任规定的空白。二是完善配套法规及地方标准。进一步完善规模以下畜禽养殖场（户）监管规范，推动畜禽养殖粪污资源化利用和达标排放；明确农业废弃

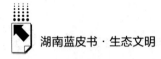

物回收利用的生产者、经营者与使用者之间的责任划分，推行生产企业"逆向回收"等模式；制定完善有机肥等农业生产投入品生产、使用管理和污染治理标准以及技术规范；统一规范化肥、农药、农膜等农业投入品调查统计方法，确保数据真实、全面、准确。三是加强农业面源污染领域执法力度。加大对化肥、农药等农业投入品的市场监管力度，建立投入品经营追溯制度，杜绝高毒、剧毒农药及伪劣肥料进入市场，严厉打击农业投入品生产、流通、销售、使用等环节的违法违规行为。尽快补齐市、县、乡三级执法部门性质未定、人员身份混编、执法人员偏少、执法装备保障不足等短板，打通农业环境保护执法的"最后一公里"，为农业农村环境保护和绿色发展提供有力的执法保障。

B.27
以社会主义制度优势破解
"公地悲剧"困局

——一体破解圭塘河治理难题的实践探索与启示

湖南省社会科学院（湖南省人民政府发展研究中心）调研组*

摘　要： 圭塘河生态治理既是消除黑臭水体、建设生态文明的典型案例，也是增进民生福祉、提高人民生活品质的生动实践。长沙市雨花区积极探索绿水青山转化为金山银山的实现路径，充分发挥中国特色社会主义制度的优势，引入公有制社会资本，以产业化思维统领流域综合治理，探索"建—融—管—还"开发模式，由"花钱治水"转向"治水生钱"，改变了单纯依赖政府财政投资的被动局面，一体破解了城市内河治理固有的"融资难、管理难、收益平衡难"等三大难题，其做法和经验为湖南城市内河治理破解平衡利用与保护的难题、走出"公地悲剧"困境，推进美丽中国建设提供了雨花方案和长沙故事，具有重要的实践价值和理论启示。

关键词： 制度优势　公地悲剧　生态治理　流域治理

党的二十大报告提出："必须牢固树立和践行绿水青山就是金山银山的

---

* 调研组组长：钟君，湖南省社会科学院（湖南省人民政府发展研究中心）党组书记、院长（主任）。副组长：侯喜保，湖南省社会科学院（湖南省人民政府发展研究中心）党组成员、副院长（副主任）；蔡建河，湖南省社会科学院（湖南省人民政府发展研究中心）二级巡视员。调研组成员：文必正、彭丽、郑劲、黄晶均为湖南省社会科学院（湖南省人民政府发展研究中心）社会发展研究部研究人员。

理念，站在人与自然和谐共生的高度谋划发展。"习近平总书记指出，要积极探索推广绿水青山转化为金山银山的路径。长沙市雨花区圭塘河生态治理切实践行"两山"理论，积极探索"双碳"路径，充分发挥中国特色社会主义制度的优势，一体破解城市内河治理"融资难、管理难、收益平衡难"三座大山，变"臭水沟"为"景观带"，打造"会呼吸的公园"，其做法和经验对城市内河治理、推进美丽中国建设具有重要借鉴意义。

一　圭塘河生态治理成效显著

圭塘河作为长沙市内唯一的城市内河，贯穿雨花区南北，全长 28.3 千米。过去圭塘河被多次裁弯取直，长度缩减了近 3 千米，流域范围内的城市硬化面积由 30% 增加到 70%，沿岸小化工厂、小作坊林立，排水口有 100 多个，生活污水、工业废水直接入河，水体黑臭、生态退化等问题凸显，多处水质长期为劣 V 类，周边居民苦不堪言，投诉连连。党的十八大以来，长沙市、雨花区大力推进全流域综合治理，加大截断污染源力度，着力改造管网，加强清淤疏浚，重塑滨水空间，让圭塘河成为周边居民的幸福河。

（一）水清岸绿了，自然水体和周边环境发生深刻变化

治理期间，圭塘河沿线上百家排污企业关停整改，近 300 万平方米违法建筑被拆除，有效减少了周边市场、禽畜养殖等对河道的环境污染；新建截污干管约 40 千米，通过截污井、截流坝等措施，实现了全线 119 个排口全截污；每年安排专项资金对河道进行常态化清淤疏浚，"食藻虫+沉水植物""微纳米曝气技术"等微生物治理方式也有效地改善了圭塘河的水质。经过治理，圭塘河重焕美丽与生机：2017 年，黑臭水体全面消除，2020 年起，年均水质稳定达 III 类标准。

（二）环境改善了，民生福祉和生活品质发生深刻变化

重焕新生的圭塘河再次成为市民休闲的好去处。围绕圭塘河，雨花区

打造了 11.4 千米生态观光带,建成了圭塘河生态景观区、圭塘河海绵示范公园等滨水公园,搭建了溪悦荟、悠游小镇、喜盈门等一系列城市综合体,点缀了景观步道、运动休闲设施、共享图书馆等一系列公共文化服务设施,精心布局融入了乡愁元素的老雨花记忆"三塘一井",吸引了大量市民前来游玩、消费、休憩、"打卡"。圭塘河生态治理显著提升了城市生态宜居水平,明显改善了周边居民的生活品质,老百姓的幸福写在脸上、甜在心里。

(三)文明和谐了,精神面貌和思想观念发生深刻变化

圭塘河生态治理带来的不光是自然环境的改变,同时发生深刻变化的还有市民的精神面貌和思想观念。周边市民切身感受到圭塘河从水质黑臭、河湖生态退化、重金属超标的"至暗时刻"走过来实属不易,面对圭塘河蝶变,大家都倍感珍惜,不忍破坏。雨花区设立了包括区、街(镇)、社区(村)三级河长及民间河长在内的"河长制体系",打造了 40 人的专业巡河员队伍。倡导文明游河,人人成为"护河先锋",人们的思想观念、文明风尚、行为规范都发生转变,推动了全社会文明程度不断提高。圭塘河生态治理入选全省生态文明建设典型案例,被环保部列入治理示范案例。

二 一体破解三大难题的主要做法

城市内河治理资金需求量大,往往无法实现直接收益,具有极强的外部性,面临"公地悲剧"困局。近年来,雨花区坚持治理与开发并重,推动政企合作,引入公有制社会资本,以产业化思维统领流域综合治理,探索"建—融—管—还"开发模式,由"花钱治水"转向"治水生钱",改变了单纯依赖政府财政投资的被动局面,一体破解了城市内河治理固有的"融资难、管理难、收益平衡难"等三大难题。

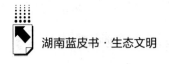

（一）变"财政包揽"为"协同共赢"，借助公有制社会资本力量，运用产业化思维，探索出了一条绿水青山转化为金山银山的实现路径

过去城市内河治理主要依靠财政单方面纯投入，这种公益性"输血式"治理对城市财政来说是个"无底洞"。雨花区积极寻求治水项目资金少、融资难的破解之道，构建"建—融—管—还"可持续资金解决方案，探索形成了专项资金、PPP模式、地方政府专项债和银行融资组合相结合的融资模式。由于私有资本对周期长、回报低的治水项目兴趣不高，雨花区将目标聚焦到央企、国企等公有制社会资本，利用公有制社会资本融资的低成本优势，合规实施PPP模式，由社会资本主导融资，实现了融资主体从政府或其平台公司向项目公司（社会资本控股）或社会资本转变，有效缓解了财政支出压力。同时，政府部门通过引进政策性银行贷款，加大协助申请国家专项补贴资金力度，项目公司以合资方为社会资本企业做信用背书，提升自身融资能力，利用固定资产证券化、"再抵押融资"等手段，积极偿还前期投入的社会资本，实现了社会资本、授信机构和项目参与各方合作共赢。以井塘公园PPP项目为例，由中建五局投资，建设期3年，通过15年运营期的包干收益冲抵，减少财政直接投入14亿元；又如圭塘河雨燕湖段，通过约5万平方米的悠游小镇租赁、运营和文创活动创造收入，积极对接并成功发行专项债等，有效保障了融资还款及公园管理维护费用，实现了以园建园，以园养园。雨花区探索的引进公有制社会资本市场力量，形成了"投—建—营"的绿色生态发展模式，找到了生态治理与经济社会发展高位统筹的城市综合开发之路。

（二）变"九龙治水"为"一龙统筹"，实现由分段治理向全流域系统治理转变

城市内河治理问题涉及多个部门，过去各职能部门根据职责分工，分别开展工作，力量分散，系统性不强，呈现"九龙治水"现象。雨花区成立了圭塘河流域综合治理指挥部，由主要领导亲自挂帅，实行流域治理统一规划、

统一调度、统一实施，整合了资源，形成了合力。引入国际领先的专业治理机构德国汉诺威水协编制流域总体规划，由区河长办牵头，整合环保、水利、农业、园林、城管、市政、城建、城投、属地街镇等多方力量协同治水，组建环保、渔政、城管、住建等区级涉河联合执法队，建立"红黄蓝"护卫营、青少年环境教育示范基地和绿伞卫士研学旅行基地，共同守护圭塘河。

（三）变"头痛医头"为"标本兼治"，实现由单纯造景向全方位提质转变

过去治水重功能、轻生态，重点源污染处理、轻整体效能提升，往往"头疼医头，脚疼医脚"。雨花区注重治水方法的系统性、科学性和生态性，通过截污治污系统、生态园林系统及海绵城市建设等多目标的协同作战，提高了全流域的水质标准，实现了标本兼治。采用建设截污井、截流坎、化粪池等办法精准截污，实施源头引水，有效缓解圭塘河区域性、季节性缺水问题，建设人工湿地，设置生态岛，拓宽河道，重建河流的生态体系和生态链，推进沿线违章清零，常态养护两岸绿地，保持河面洁净。

（四）变"人工治河"为"科技治河"，实现由经验治河向数据建模、科技治河转变

过去传统模式对水质水量的监测，数据不精准、信息不畅通、反应不迅速。雨花区引入先进理念和技术，建立长沙市首个综合型智慧水务平台，出台全省首个县管河流管理规定《圭塘河流域管理办法》，利用"互联网+"，开发网格化智慧巡河平台，实行精细化管理。通过智慧水务系统，对水体水质、雨量、水量进行监测预警，合理调控截留坎的高度，调节雨季内涝与雨污合流水入河的风险。建设河岸生态植草沟等，发挥"小海绵"作用，实现雨水微观调控，促使城市像海绵一样会"呼吸"。

三 圭塘河生态治理的实践价值和理论启示

圭塘河生态治理既是消除黑臭水体、建设生态文明的典型案例，也是增

进民生福祉、提高人民生活品质的生动实践。随着工业化、城镇化的快速推进，全省大大小小的城市内河普遍面临平衡利用与保护的难题，难以走出"公地悲剧"的困境，圭塘河蝶变的成功经验为湖南城市内河治理提供了雨花方案和长沙故事。通过调研我们深刻感到，圭塘河生态治理具有重要实践价值和理论启示。

（一）必须坚持人民至上，始终以增进民生福祉、提高人民生活品质为奋斗方向

党的二十大报告提出："中国共产党领导人民打江山、守江山，守的是人民的心。"雨花区以满足人民日益增长的良好生态和优美环境需要为根本目的，以咬定青山不放松的决心和魄力推进圭塘河生态治理，"将最好的滨水资源留给最优质的产业，把最美的滨水环境留给最广大的群众"，就是以人民群众的迫切需求为导向，着力解决好人民群众急难愁盼问题，紧紧抓住了人民最关心、最直接、最现实的利益问题，守住了"人民的心"。圭塘河生态治理成效显著，缘于始终坚持以人民为中心的发展思想，切实做到发展为了人民、发展依靠人民、发展成果由人民共享。圭塘河生态治理实践探索说明，在全面建设社会主义现代化国家的伟大实践中，必须把坚持以人民为中心的发展思想贯彻始终，必须坚持在发展中保障和改善民生，增进民生福祉，提高人民生活品质。

（二）必须坚持系统观念，加强前瞻性思考、全局性谋划、整体性推进流域综合治理

秉持系统观念才能实现标本兼治。雨花区建立"一体化"治理机制，成立流域综合治理指挥部，将河道治理与康养、文旅、非遗、体育、教培等产业进一步融合，整合了资源，形成了合力，实现了自我"造血"的良性循环。圭塘河流域综合治理扭转了过去分段式、碎片化治理出现的职责不清、扯皮推诿等不利局面，其成功的秘诀在于运用了系统化思维，以一盘棋布局、一条线推进，提升了统筹层面，扩大了统筹范围，

打破了"九龙治水"的藩篱，解决了"抓总"和"总抓"的角色缺位问题。圭塘河一体化保护和系统治理实践探索说明，系统观念是处理复杂困难问题、实现标本兼治的重要方法，我们要把坚持系统观念、强化工作统筹作为一种登高望远的政治眼光、对标看齐的政治能力，运用到工作的方方面面。

（三）必须坚持守正创新，跳出将保护与发展对立起来的思想藩篱，用辩证的思维蹚出新路子

守正，就是要抓住本质、夯实基础；创新，就是要打破藩篱、激发活力。雨花区以先进理念和技术赋能圭塘河生态治理，充分挖掘圭塘河生态价值，引入"海绵城市"建设理念，适当追求水治理经济效益，发挥"金融优化资源配置的主体功能"，构建全方位的金融支持平台，打造生态、文化、产业融合发展的城市内河滨水示范项目。圭塘河生态治理变政府"包办"为专业"加盟"的实践探索说明，面对公共服务领域资金需求大、筹措难的难题，要引入具有资金实力、技术实力和经营实力的央企、国企进行合作投资，让公有制企业充分发挥社会责任以及资金、技术和管理优势，让专业人做专业事，通过政府与市场良性互动产生叠加效应、催生复合动能，有机协调"看得见"和"看不见"的"两只手"，不断提升对社会主义市场经济规律的把握、运用能力。

（四）必须坚持绿色发展，站在人与自然和谐共生的高度谋划绿色发展，走好中国式现代化道路

加快发展方式绿色转型，是将生态文明建设真正融入经济、政治、文化、社会建设之中，在高质量发展、高品质生活、高效能治理、高颜值生态上发力，探索绿色发展新路。雨花区挖掘圭塘河生态价值，探索生态财富模式，将生态文化与湖湘文化、非遗文化相结合，打造"生态、文化、旅游"融合发展的滨水示范项目，形成产业集聚、经济活跃、商业繁华的城市内河经济带，实现"绿水青山"向"金山银山"转化。优良的生态宜居环境，

使市民的精神面貌悄然发生变化。圭塘河生态治理实现人与自然和谐共生的实践说明，找到适合自身特点的"两山"转化路径，要正确处理好城市现代化过程中经济发展同生态环境保护的关系，在改善人居环境上下功夫，实现生态美与百姓富有机统一，始终沿着人与自然和谐共生的现代化道路坚定前行。

B.28
下好用水权改革先手棋　探索湖南
水资源高效利用新路径[*]

何双凤　李爱年[**]

摘　要：　湖南是水资源大省，但水资源初始分布不均、流域与区域水资源
开发利用不平衡、人均水资源占有量整体下降、水质状况总体变
差、农业灌溉供水保障率不高、用水效率偏低，"用水"紧缺问
题较为突出。建议加快推进水资源、用水权管理保护的建章立
制，构建"领导主抓、部门包抓、专班专抓"的推进机制，力
争将湖南作为全国用水权改革试点，选取部分改革重点市县试点
先行，围绕确权、赋能、定价、入市等环节靶向发力，提升用水
权改革的信息透明度和社会参与度。

关键词：　用水权　水资源管理　市场化交易　确权登记

用水权改革是推进自然资源资产产权制度改革的重要制度创新，是发挥
市场机制作用促进水资源优化配置和集约节约安全利用的重要手段。[①]党的
二十大报告强调，要健全资源环境要素市场化配置体系，实施全面节约战

---

* 本文系湖南省重大水利科技项目"湖南省水资源资产化改革的制度设计与法治保障研究"
（项目编号：XSKJ2022068-22）阶段性成果；湖南省研究生科研创新项目"洞庭湖生态环
境保护综合行政执法研究"（项目编号：CX20220456）阶段性成果。
** 何双凤，湖南师范大学法学院博士研究生；李爱年，湖南师范大学法学院二级教授、博导、
湖南省专业特色智库湖南师范大学生态环境保护法治研究中心首席专家。
① 吕彩霞、李博远、马超：《〈关于推进用水权改革的指导意见〉政策解读——访水利部水资
源管理司司长杨得瑞》，《中国水利》2022年第23期。

略，推进各类资源节约集约利用。习近平总书记曾多次强调，要"坚持以水定城、以水定地、以水定人、以水定产，把水资源作为最大的刚性约束。"① 2022 年 8 月 26 日，水利部、国家发展改革委、财政部联合印发的《关于推进用水权改革的指导意见》明确指出，要"进一步推进用水权改革，到 2025 年用水权初始分配制度基本建立，全国统一的用水权交易市场初步建立；到 2035 年归属清晰、权责明确、流转顺畅、监管有效的用水权制度体系全面建立"，对用水权改革工作做出总体安排和全面部署。2022 年 10 月 30 日，新通过的《中华人民共和国黄河保护法》规定，"国家支持在黄河流域开展用水权市场化交易"，用水权市场化交易首次被提升至法律层面的高度。2023 年 3 月，在全国政协十四届一次会议召开期间，全国政协委员提出了《关于加快推进用水权改革的提案》②，对用水权改革的全面推进再予聚焦与关切。

湖南作为水资源大省，为贯彻落实党中央、国务院的系列指示精神和决策部署，建议湖南坚持问题导向、目标导向，以"水"先行，以"水"为契，以健全水资源市场化配置体系为突破口，加快推进用水权改革，下好用水权改革"先手棋"，打造水资源节约集约高效利用"湖南样板"。

一 "寻根探源"：在现实困境中解难题

"丰水又缺水""有水用不上"，是长期困扰湖南的用水难题。从水资源总量情况来看，湖南 96% 以上面积属于长江流域，河湖众多、水系发达，全省流域面积 50 平方千米以上的河流 1301 条，常年水面面积 1 平方千米及以上湖泊 156 个，水域及水利设施面积 1.28 万平方千米。③ 2021 年全国水

---

① 习近平：《在黄河流域生态保护和高质量发展座谈会上发表了关于"四水四定"的重要讲话》（2019 年 9 月 18 日），《求是》2019 年第 20 期。

② 谢资清：《加快推进用水权改革》，《人民日报》2023 年 3 月 11 日。

③ 湖南省水利厅、湖南省发展和改革委员会联合印发的《湖南省十四五"水安全"保障规划》，http://www.hunan.gov.cn/zqt/zcsd/202111/t20211124_21176611.html，最后检索时间：2022 年 11 月 8 日。

资源总量共计 29638.2 亿立方米，其中湖南省水资源总量为 1790.6 亿立方米，占全国水资源总量的 6%，位居全国省级行政区水资源总量的第 3 位（前面依次为西藏、四川）[1]，具有一定的水资源优势，是水资源大省。但从水资源的利用情况来看，湖南又存在突出的"用水"紧缺问题，主要表现在：

一是水资源初始分布不均。区域内水资源分布具有南多北少、西多东少的特点。如全省降雨量分布总的趋势：山区大于丘陵与平原，西、南两面山地降雨多，中部丘陵少，北部洞庭湖平原少。二是流域与区域水资源开发利用不平衡。截至 2021 年 8 月，沅江和澧水流域水资源开发利用率仅 10% 和 11.5%，湘江流域中下游长株潭城市群区域水资源开发利用率接近 40%。[2]其中湘潭市、长沙市水资源开发利用率分别达 51.7%、39.1%[3]，已超过或接近国际公认的警示线。三是人均水资源占有量整体下降。2021 年省内人均水资源量为 2704 立方米[4]，而 1996 年省内人均水资源量为 3040 立方米[5]，1996~2021 年省内人均水资源量整体呈下降态势。四是水质状况总体变差。2021 年全省地表水水质状况较 2020 年总体有所下降。其中，全省地表水水质状况排名第一的永州市，CWQI（城市水质综合指数，数值越小则水质越好）由 2.5822 升至 2.7000，地表水水质较 2020 年有所下降。其余市州如邵阳、株洲、常德、湘潭、衡阳、益阳、岳阳等市，地表水水质综合指数上升，其地表水水质较 2020 年有不同程度降低。[6]五是农业灌溉供水保障率不高。全省有效灌溉面积仅占耕地面积的 76%，洞庭湖北部地区、

---

① 中华人民共和国水利部编制的《2021 年中国水资源公报》，http：//www. mwr. gov. cn/sj/tjgb/szygb/202206/t20220615_ 1579315. html，最后检索时间：2022 年 11 月 10 日。

② 湖南省水利厅、湖南省发展和改革委员会联合印发的《湖南省十四五"水安全"保障规划》，http：//www. hunan. gov. cn/zqt/zcsd/202111/t20211124_ 21176611. html，最后检索时间：2022 年 11 月 8 日。

③ 根据湖南省水利厅调研递交材料整理。

④ 湖南省水利厅印发的《2021 年湖南省水资源公报》，http：//slt. hunan. gov. cn/slt/hnsw/xxgk_ 1/gknb_ 1/index. html，最后检索时间：2022 年 11 月 8 日。

⑤ 湖南省统计厅：《湖南统计年鉴 2016》，http：//222. 240. 193. 190/16tjnj/indexch. htm，最后检索时间：2022 年 11 月 12 日。

⑥ 根据湖南省生态环境厅调研递交材料整理。

衡邵娄干旱走廊等重旱区 1400 万亩耕地灌溉保证率不到 75%。① 六是用水效率偏低。全省万元 GDP 用水量高于周边大多数省区，全省县域节水型社会达标建设仅为 21%。②

水权交易的实质是实现水资源的再分配。通过加快推进用水权改革，借助市场机制对水资源进行再配置，有助于推动湖南水资源利用方式的深层次变革，破解上述用水结构不优、水市场供需错配矛盾等用水难题，促进用水方式由粗放低效向节约高效的根本转变，真正实现以"用水"破"水困"、解"水忧"、谋"水路"的绿色发展美好愿景。

二　"立柱架梁"：在建章立制中定规矩

壹引其纲，万目皆张。用水权改革的推进，不能如"断头的苍蝇"乱闯乱碰，应按照用水权改革重大政策制度"应出尽出""应出早出"的原则，在重新梳理湖南涉水法律体系的基础上，构建一体化的用水权管理与保护法律体系，努力做到在"有法可依"中增底气、在"有法必依"中立规矩。

（一）在对水资源综合性管理与保护上"立规矩"

在已有《湖南省环境保护条例》地方性综合性基本立法为顶层设计的基础上，建议聚焦水资源，完善水资源管理与保护综合性立法。一要尽快出台《湖南省水资源管理条例》，对水资源的综合管理做出统领性规定。《条例》不仅要涉及水资源管理的立法目的与任务、基本原则、水资源规划、水资源保护和开发利用、监督检查、法律责任，也要涉及水资源的配置和取水管理、节约用水，对水资源的确权、定价等具体事项进行一般性、统一性规定。二

---

① 湖南省水利厅、湖南省发展和改革委员会联合印发的《湖南省十四五"水安全"保障规划》，http：//www.hunan.gov.cn/zqt/zcsd/202111/t20211124_21176611.html，最后检索时间：2022 年 11 月 9 日。

② 湖南省水利厅、湖南省发展和改革委员会联合印发的《湖南省十四五"水安全"保障规划》，http：//www.hunan.gov.cn/zqt/zcsd/202111/t20211124_21176611.html，最后检索时间：2022 年 11 月 10 日。

要适时修改《湖南省节约用水管理办法》等规范政策中关于用水权管理的不完善规定。建议修改如《湖南省节约用水管理办法》第 7 条第 2 款中关于"再生水、雨水等水源"的表述，可参照中央新颁布的《关于推进用水权改革的指导意见》中使用的"雨水、再生水、微咸水、矿坑水等非常规水资源"这一表述，并在该《办法》第 30 条中增加微咸水、矿坑水等名词含义的规定。

（二）在对用水权专门性管理与保护"静态"上"立规矩"

用水权改革主要涉及用水权市场化交易问题，而"交易"包含了"静态"和"动态"双向结构。"静态"主要是指用水权的确权，"动态"主要是指用水权的利用、流转。在已有《湖南省水权交易管理办法（试行）》这一专门性综合水权交易管理办法的基础上，对于用水权交易的"静态"立法，一应根据中央新颁布《关于推进用水权改革的指导意见》的精神指引，结合省情尽快出台《湖南省关于深化用水权改革的实施意见》，对湖南用水权改革的推进进行专门性、全面性规定；二应尽快出台《湖南省用水权确权指导意见》，围绕"总体要求""确权任务""配套措施""实施计划"等方面，对用水权确权的指导思想、基本原则、工作目标、确权主体及责任、确权范围及对象、确权方法、确权流程、组织领导、宣传与监督等各具体事项进行全方位规定，形成对用水权确权专项性、全面性指导。因为，"无确权就无交易"，只有有了确权才会有归属，有了归属才能调动交易的积极性。

（三）在对用水权专门性管理与保护"动态"上"立规矩"

对于用水权交易的"动态"立法，一应借鉴宁夏回族自治区等用水权改革先行省份的有益经验，[①] 尽快出台《湖南省"十四五"用水权管控指标方

---

① 调研资料显示，截至 2022 年 7 月，宁夏回族自治区已先后印发《宁夏回族自治区用水权确权指导意见的通知》《关于加快推进用水权改革有关工作的通知》《宁夏回族自治区关于金融支持用水权改革的实施方案》《宁夏回族自治区用水权价值基准（试行）》《宁夏回族自治区用水权市场交易规则》等与用水权相关的省厅级专门性规范文件共 17 件，并于 2021 年在全国率先出台《宁夏"十四五"用水权管控指标方案》，用水权改革制度体系的"四梁八柱"已基本建立。

案》《湖南省用水权收储交易管理办法》《湖南省用水权市场交易规则》《湖南省用水权价值基准》等一系列涉及用水权交易市场运转所必须环节或要素的专项规定，对用水权交易的价格、规则、市场标准等重要事项、关键环节重点突破。如《湖南省用水权市场交易规则》应规定交易受理和公告发布、竞买申请和资格确认、网上报价与竞价、成交确认、定向协商、协议转让、交易监管等内容，要包含用水权交易有序展开应涉环节的全过程；《湖南省用水权价值基准》应按照"地下水高于地表水""工业用水高于农业用水"等设计原理，区分不同水源（如地下水、山区地表水等）、不同用水类型（如工业用水、农业用水等）设置不同的价值基准。二应及时修改《湖南省水权交易管理办法（试行）》中关于用水权管理的部分过时规定。如针对其中第一章第七条"交易形式"的规定，建议参考中央《关于推进用水权改革的指导意见》的最新规定，将交易形式由"区域水权交易""取水权交易""回购水权交易"三种类型划分，修改为"区域水权交易""取水权交易""灌溉用水户水权交易"和"公共供水管网用户用水权交易"四种类型；并同时相应修改第四章"回购水权交易"的相关规定，增设关于"公共供水管网用户的用水权"的规定。

三　"多措并举"：在真抓实干中拓优势

欲责其效，必尽其方。用水权改革的推进是一项复杂的系统工程，不能靠"单打独斗"，而应既有科学而全面的顶层设计和总体规划作引领，又有"多管齐下""多向发力"具体安排保落实，确保湖南用水权改革发展干在实处、走在前列。

（一）高位推动，先行先试

一要坚持"领导主抓、部门包抓、专班专抓"的原则，建立健全省、市、县工作协调机制①，省级成立专项领导小组、工作小组及专班，各市县

---

① 参考宁夏回族自治区水利厅调研资料：《关于用水权改革推进情况的汇报》（2022年1月）和《关于全方位贯彻"四水四定"原则　深化用水权改革的汇报》（2022年2月）。

成立工作领导小组和推进机构,确保用水权改革各项具体任务与推进措施有人盯、有人抓、有人干。二要积极对接水利部等国家部委,力争将湖南作为全国用水权改革试点省份①,从政策、资金、技术等方面,多维支持湖南先行先试、率先突破。三要选取部分改革重点市县作为"先遣部队",明确试点任务和主攻方向,力争在用水权改革的加快推进中先落一子、先走一步、先下一城,在用水权确权、交易等方面形成可借鉴、可复制、可推广的经验做法,以点带面、以线带片,逐步形成区域性示范效应。

(二)紧抓关键,重点突破

围绕确权、赋能、定价、入市等环节靶向发力,推动用水权改革往深里走、往实里做。一要抓实"确权"。严格执行"四水四定",依据确权指标下达计划,严格管控用水权指标使用。二要抓好"赋能"。积极创新收储交易投融资方式,以市场需求为导向,大力发展用水权信贷、保险、担保等金融产品和服务,逐步健全金融组织体系、产品体系、服务体系和配套设施体系;对接金融机构建立县区级政府用水权收储调控基金,收储运营本地"散户"用水权;完善推广"建设运行+合同节水+水权交易"等模式,鼓励社会资本直接参与节水工程建设及运行管护。三要抓紧"定价"。完成用水权价值基准测算,全面执行用水权价值基准的设定,对无偿配置用水权的工业企业按年度征收用水权有偿使用费,加强对用水权价值基准应用的跟踪、监测和分析;有力推进农业水价综合改革,严格执行末级渠系水价;②严格落实工业超计划用水加价制度;全面实行城乡居民生活用水"阶梯水价"和非居民用水"超定额累计加价";积极推行电子缴费模式,实行转账核算水费,严格执行水费预算管理和"收支两条线"制度。四要抓严"入市"。尽快更新完善用水权交易网上平台,推动一、二级市场交易实现全流程电子化,严把资格确认、水量核准关,确保交易公平公正、依法依规进

---

① 参考宁夏回族自治区水利厅调研资料:《关于用水权改革推进情况的汇报》(2022年1月)。

② 参考宁夏回族自治区水利厅调研资料:《关于用水权改革重点任务上半年落实推进情况的通报》(宁水改专办发〔2022〕7号)——附件4《用水权改革重点任务推进情况统计表》。

行。五要抓早"节水"。大力推进工农业节水改造，全面开展节水型工业园区建设，通过渠道砌护改造、安装测控设备，实施高效节水项目，落实精准补贴与节水奖励，规范用水管理。六要抓狠"执法监管"。定期组织取用水管理专项整治行动，全面清查"用水黑户"；启动地下取水井专项治理行动，关闭公共管网覆盖范围内自备井；加快推进水行政综合执法改革，加强对水行政执法人员的培养，积极组织开展水政执法培训，提升执法人员法律知识、执法办案技巧。

（三）强化宣传，营造氛围

用水权改革的推进越是深入，宣传越要加强，以凝聚思想共识、坚定工作信心、营造良好氛围，从而更好地指导改革进一步开展。一要扎实做好用水权改革信息公开与宣传教育工作。一方面，相关政府部门应坚持"公开为常态、不公开为例外"原则，依法全面公开用水权改革信息，及时、准确、有效地发布改革政策，提高决策政策透明度。另一方面，要注意及时总结推广好经验、好做法，形成"必须改、全面改、深入改"的思想共识，扩大社会知晓度。如可充分利用省内外电视、广播、网络、报刊等主流媒体，强化大数据、云计算等先进技术应用，积极创设用水权改革公众号、栏目、专项网站等信息发布媒介平台，广泛开展用水权改革座谈会、经验交流会等线下、线上沟通传播形式，多方式、多渠道加大对湖南用水权改革的宣传与报道，强化水情教育和舆论引导，积极营造深化用水改革的良好社会氛围。二要不断强化用水权改革社会舆论监督。公众监督是发挥社会民主的重要途径，也是约束政府行政行为的有效方式。① 用水权改革的顺利、有序推进，公众监督是重要"助推器"。因此，要不断提高社会公众的权利意识、责任意识和参与意识，充分调动公众对用水权改革事宜知情权、参与权和监督权的权利履行主观能动性。如可以设置必要物质、精神奖励为驱动，增强公众在用水权改革监督中的获得感；以及时查处用水权相关违法犯罪行为为

---

① 王亦宁：《水利行业监管与社会监管协同创新研究》，《水利发展研究》2023年第1期。

抓手，提升公众在用水权改革监督中的成就感；以严格保密违法举报者个人相关信息为底线，保障公众在用水权改革监督中的安全感等。提高用水权改革社会参与率，让社会公众监督真正实现从"被动监督"向"主动监督"的正向转换，有效发挥用水权改革中公众监督的"显微镜"、"放大镜"和"望远镜"作用。

B.29
湖南实施好长江十年禁渔的实践与思考

刘 敏*

摘 要： 长江十年禁渔是党中央为保护长江流域生物资源做出的一项重
要决策。近些年，湖南省坚决贯彻落实习近平总书记关于长江
十年禁渔重要指示批示精神，狠抓禁捕退捕各项政策措施落实，
长江十年禁渔工作成效显著，长江流域生物多样性得到明显改
善。但仍然存在渔政执法工作有待进一步规范，智慧渔政平台
的开发利用有待加强，退捕渔民就业安置渠道有待拓宽，湖区
渔村文化资源保护性开发需引起重视等现实难题。未来需加强
基层渔政执法队伍建设，加快推进智慧渔政平台建设，不断改
善退捕渔民就业安置状况，加强湖区渔村文化资源保护性开
发。

关键词： 长江禁渔 渔政 生态保护

　　长江十年禁渔是党中央为保护长江流域生物资源做出的一项重要决策。
2019 年 1 月，我国农业农村部等部门出台了《长江流域重点水域禁捕和建
立补偿制度实施方案》，明确了长江十年禁渔制度。2021 年 3 月 1 日起《中
华人民共和国长江保护法》开始实施，进一步以立法形式明确了未来十年，
长江干流、鄱阳湖、洞庭湖等"一江两湖七河"将禁止天然渔业资源的生
产性捕捞。2022 年 10 月，党的二十大报告在阐述"推动绿色发展，促进人

---
　　* 刘敏，湖南省社会科学院（湖南省人民政府发展研究中心）区域经济与绿色发展研究所副所
　　　长、研究员。

与自然和谐共生"的重要任务时，强调要"实施好长江十年禁渔"。可见，党中央对长江十年禁渔的高度重视。

一 长江十年禁渔工作成效显著

2022 年是长江禁渔第 2 个年头，长江流域生物多样性得到明显改善，长江中生活的特有鱼群数量继续保持上升趋势，部分已灭绝鱼类又重新出现。尤其令人吃惊的是，作为长江中较为珍稀的江豚种类，经常会在很多地方出现，例如武汉长江段 2021 年共发现 4 次，且均为"组团"式发现，最大群体为 12 只。调查显示，2017 年，全面禁捕率先在赤水河试点后，其鱼类资源量增加了近 1 倍，特有鱼类早期资源种数增加，由以前的 32 种上升至 37 种，资源量达到禁捕前的 1.95 倍。2020~2021 年，鄱阳湖刀鲚已洄游至洞庭湖水域，资源量增加了数倍，长江中游再次出现多年未见的鳤鱼。20 年来一直未再见到的鳡鱼，在洞庭湖被监测到。而在长江干流江段南京、武汉等地，频繁出现"微笑天使"长江江豚，部分水域出现多达 60 多头的单个聚集群体。长江流域已建立保护长江江豚相关的自然保护区 13 处，覆盖了 40%长江江豚的分布水域，保护近 80%的种群。[1]

以上成绩的取得，来自中央、长江沿线各省市的通力合作和扎实行动。据公安部网站消息，2022 年，全国公安机关深入推进打击长江流域非法捕捞犯罪，"长江禁渔"行动以"零容忍"态度持续加大打击震慑力度，取得显著成效。全年共破获涉渔类案件 7760 余起，打掉团伙 750 余个，查扣非法捕捞器具 1.5 万余套，查获渔获物 40 余万千克。[2] 特别是 2021 年 9 月以来，沿江各地和长江航运公安机关接报的涉渔违法犯罪警情数、刑事发案数、有效举报数均呈连续下降趋势，长江流域可监测到的水生生物种类明显

---

[1] 《长江流域已建立 13 处自然保护区保护长江江豚》，https：//baijiahao. baidu. com/s? id =1750783920521184246&wfr=spider&for=pc，最后检索时间：2022 年 11 月 29 日。

[2] 李婧：《公安部：2022 年共破获涉渔类案件 7760 余起》，https：//www. farmer. com. cn/2023/01/20/99905431. html，最后检索时间：2023 年 1 月 20 日。

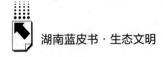

增多，长江生态环境质量显著改善。

长江沿线各省坚决贯彻落实习近平总书记关于长江十年禁渔重要指示批示精神，狠抓禁捕、退捕各项政策措施落实。以湖南省为例，截至2020年底，全省重点水域渔船、渔民退捕任务如期完成，建档立卡的20376艘渔船、28588名渔民全部退出，符合参保条件的退捕渔民全部纳入养老保险。渔民上岸后的就业安置平稳推进，转产就业率达99.99%。渔民信访问题办结率100%、解决率100%，确保了渔区社会稳定。湖心岛上的1229户渔民已全部过渡性搬迁到位。①

2021年1至10月，湖南省共出动渔政执法人员27.2万人次、执法船艇3.7万艘次，水上巡查里程64.5万千米，开展联合行动5598次，检查了2.86万个水产品销售经营点，清理1775艘涉渔"三无"船舶、4.03万顶违规网具，查办1261起案件，查获134艘涉案船舶、1650名涉案人员，移送司法685人。全省共投入资金2.69亿元，14个市州、68个重点水域市县基本建成了全天候、全覆盖、全流程、精准执法、网格化管理与智能视频监控相融合的智慧渔政监管系统。全省"智慧渔政"监控体系已建成1980个监控点位，全省有10个市州、41个县市正着手智慧渔政建设，有4市27个县市视频监控系统已基本完工。依托智慧渔政平台，截至2021年10月28日，全省建立监管责任网格9325个，落实网格管理责任人19125人。②

湖南依托全省公共就业服务信息管理平台，建立全省退捕渔民实名信息库。在就业资金安排上向退捕任务重点县适当倾斜，2020年对18个退捕任务重点县安排就业资金900万元，2021年安排1650万元继续加大对任务县扶持。2021年全省共开展技能培训4638人，发放技能培训补贴647万元，创业担保贷款4825万元；对有就业意愿和就业能力的19208名退捕渔民，通过帮扶实现转产就业19199人，转产就业率99.9%，其中跳出农渔业就业

---

① 《湖南禁捕退捕工作取得阶段性成效 建档立卡的20376艘渔船、28588名渔民全部退出》，https://baijiahao.baidu.com/s? id=1738470998814380972&wfr=spider&for=pc，最后检索时间：2022年7月16日。

② 资料来源：湖南相关部门的内部材料。

的 14967 人，渔业行业就业 1031 人，其他农业领域就业 2128 人，安排公益岗位 1073 人。①

二 实施好长江十年禁渔面临的现实难题

2022 年 5~6 月，课题组赴岳阳市、沅江市、益阳市、南县，对南洞庭湖莲花岛、琼莲劳务公司、渔民新村、琼湖街道万子湖村、沅江市化纤绳网有限公司、南县茅草街镇渔政码头等企业、政府有关部门进行实地座谈走访，发现湖南在实施长江十年禁渔政策中仍面临一些现实难题。

（一）渔政执法工作有待进一步规范

一是基层渔政执法和监管机构之间权责不清。渔政监管主要负责监督管理，发现非法线索及时向渔政执法部门反映，渔政执法主要负责执法检查、行政处罚、抓捕非法捕鱼者等。但相关管理部门没有建立清晰的权责分配制度，使得部分渔政执法工作出现权责交叉重叠、部门责任不清现象，导致渔政执法主体不明确，时有推诿扯皮，难以有效开展渔政执法工作。

二是基层渔政执法和检查人员专业水平不高。法律规定渔政执法人员经渔业专业法律、法规知识考试合格后，方可授予执法资格；渔政检查人员经国务院渔业行政主管部门或省级人民政府渔业行政主管部门考核，合格者方可执行公务。2021 年湖南省组织了渔政执法人员培训，全省禁捕水域点多、线长、面广，基层渔政执法和检查人员需求量大，基层渔政执法和检查人员大多是混编混岗，有些不是水产渔政专业，有些甚至还没来得及进行执法和检查培训就仓促上岗，有些还会违规执法，极易产生渔政执法舆情。

三是渔政执法的省市级编制体制不顺畅。我国农业农村部要求农业综合行政执法队伍加挂渔政执法队伍牌子，但湖南省农业农村厅多次去省编办汇报协调，皆因受编制等限制，没有得到编办的认可。因此省农业农村厅在业

---

① 资料来源：湖南相关部门的内部材料。

务指导上难以直达一线，难以有效指导各地渔政执法队伍规范化、标准化建设。有些市州的渔政执法编制体制也没有理顺，渔政经费得不到有效保证，有时出现一项工作多部门可以管、另一项工作一个部门也不管的现象。

（二）智慧渔政平台的开发利用有待加强

一是智慧渔政平台建设后续资金不足。智慧渔政平台一般包括动态感知 IAAS 层、AI 平台 PAAS 层、业务应用 SAAS 层、终端用户等体系结构，每一结构层都需要硬件设备和软件支撑的大笔经费投入。湖南各市县的智慧渔政平台建设资金来自当地地方财政，近些年市县地方财政压力很大，前期平台建设的资金大多是银行贷款，后期平台维护管理的费用更难以为继。如 2020 年以来，沅江市累计投入 2000 余万元建起一套"智慧渔政"系统，面临平台后期维护管理资金短缺的问题。

二是智慧渔政平台的全省联动难以实现。湖南省智慧渔政平台仍有 10 个市州、41 个县市处于建设之中，有的还在走程序，没有进入实质性施工，能否按期完成存在不确定性。有些市县地方财力不足，根本难以完成智慧渔政的目标任务。此外，平江县、屈原区、湘潭县、湘乡市、吉首市、凤凰县、古丈县等 7 个县市区没有落实网格化管理制度。这使得智慧渔政平台在全省范围内的视频联动取证、快速追踪处置、智能研判预警、线上案件处理及人防技防一张网、一个平台的功能难以实现。

三是智慧渔政系统与相关部门信息资源整合难。湖南已建成的市县智慧渔政系统基本是在当地政府的大力支持下由农业农村局牵头建设，自成体系，独立运行。而与渔政执法相关的部门还有水利、公安、市场监管、应急、交通运输、林业等，这些部门都有各自的信息化管理系统。由于部门之间信息孤岛、数据壁垒的存在，智慧渔政系统与相关部门信息资源不能实现共享，信息资源整合十分不足，有些甚至是重复投入。

（三）退捕渔民就业安置渠道有待拓宽

一是渔民转产就业存在较大不稳定性。从实地调研的情况来看，受专业渔民无田无土、年龄偏大、文化较低、技能单一的制约，已帮扶就业的退捕渔民多为灵活就业，企业吸纳就业的比例不高，公益性岗位托底数量有限，渔民随时可能再次失业，生活陷入困顿。如全省已转产就业退捕渔民中灵活就业占52%，较全国平均水平高7个百分点，存在较大不稳定性。

二是保障退捕渔民就业创业的办法不多。近些年，湖南省市各级政府努力给退捕渔民解决了一些河湖巡查与管护、河塘清淤整治、农村人居环境整治、乡村社区保洁、保安等岗位。但从全省就业行业分析来看，已转产就业退捕渔民中继续从事农业领域只占23%，77%的退捕渔民跳出农渔业就业，且基本在省内就近安置就业。综合利用水利、农业农村、林业等政府系统资源保障退捕渔民就业创业的办法还不多，需要继续进一步拓宽就业安置渠道。

三是湖区新兴涉渔产业发展不足。能充分发挥渔民的专业技能，尊重渔民生活习惯，最好的就业领域就是与渔业相关的产业领域，尤其是新兴涉渔产业，如生态渔业、水草产业、休闲渔业、水产资源食品业等。湖南退捕渔民安置重点县在新兴涉渔产业上做了一定的探索，如大通湖的水草产业、沅江市的芦苇加工产业。但相比于渔民就业需求而言，这些产业发展规模偏小、产业链延伸不足，就业带动能力仍较弱。

（四）湖区渔村文化资源保护性开发需引起重视

一是传统渔村风貌保护力度不够。各地将工作重点放在渔民安置上，忽视了对渔民搬离后的传统渔村风貌的保护，有的对具有浓厚文化印记的古渔村和渔业活动实行"一禁了之""一拆完事"，如在对长江沿线某渔村的实地踏查中发现，渔民的老房子基本被拆除，渔具、渔法等没有得到很好的保存，断壁残垣的破败景象与秀丽迷人的自然风景有点格格不入。

二是渔村文化遗址文旅开发较少。大部分传统渔村历史遗址没有进行保护与开发，也没有出台有关规划。有的在渔民搬离后的古老渔村遗址进行了文旅项目开发，建立主题公园等，但对渔民风貌保护开发依然不足，带有文化印记的渔村和渔业活动展示较少。

三是垂钓文化得不到合理保护。垂钓作为长江流域一项流传了数千年的休闲活动，早已经形成了浓厚的"垂钓文化"。我国农业农村部门提出，要适当满足合法合规的休闲娱乐性垂钓，而且可以发挥垂钓者对非法捕捞的监督作用。但是有些地方搞"一刀切"，把禁渔等同于禁钓，无法满足群众合理垂钓需求。

四是渔村文化宣传力度不够。一方面，宣传渠道较少，缺乏专属运营网站和微博、微信、抖音等新兴社交媒介官方账号。另一方面，信息更新不及时，有的渔村文化宣传微博更新日期是七八年前。

三　实施好长江十年禁渔的对策建议

实施好长江十年禁渔，是落实习近平总书记"把修复长江生态环境摆在压倒性位置，共抓大保护、不搞大开发"指示精神的基本要求。未来，要进一步落实好十年禁渔政策，需针对前面在调研中发现的普遍存在的问题加以改进。

（一）加强基层渔政执法队伍建设

一是加快建设"六有"渔政执法机构。全面落实《农业农村部关于加强渔政执法能力建设的指导意见》，加快推进长江流域湖南段"一江一湖四水"渔政执法能力建设，加大对基层渔政执法机构建设的资金支持，确保长江流域沿岸各级渔政执法机构全部达到"六有"，即有健全执法机构、有充足执法人员、有执法经费保障、有专业执法装备、有协助巡护队伍、有公开举报电话的标准。

二是加强对基层渔政人员的资格培训。严格依据相关规定，统筹利用中央、省市各级相关部门包括农业农村、民政、人社等的培训资金，加大对基层渔政执法和检查人员的资格培训力度。湖南农业农村厅要严格落实渔政执法人员资格管理制度，明确界定基层渔政执法主体职责，建立清晰的权责分配制度，以及与公安、市场、水利等部门联合执法检查的配套制度。

三是尽快理顺渔政执法管理的体制机制。继续深入推进湖南农业综合行政执法改革，完善市县渔政执法队伍"局队合一"体制，各地可根据实际情况探索具体落实形式，可在主管部门挂牌，也可作为部门直属机构设置。湖南省编办要尽快协调落实省市级渔政执法人员编制，适当增加退捕任务重点县的渔政执法人员编制数。

（二）加快推进智慧渔政平台建设

一是探索建立智慧渔政项目以租代建模式。通过公开招标确定建设单位，由中标单位出资承建监控中心、网络系统、线路设备等基础设施并负责运营维护管理，明确政府租用时间，根据绩效考核办法分年支付费用，期满后产权归属政府，既有效缓解财政资金压力，又充分撬动了社会资本投入和专业技术人员参与的动力。

二是优化河道沿线的智慧渔政前端监控点位。智慧渔政项目施工前，各市县农业农村部门要加强与自然资源、公安、市监、水利、交通等部门的沟通协调，选择河道较宽、鱼类聚集、非法捕捞易发区域，在需要监控的河道沿线反复实地勘察，确定布设最优的智慧渔政前端监控点位，以最小投入做到全河道实时监控全覆盖。

三是加强渔政各相关部门之间信息资源共享。要不断整合水利、公安、市场监管、应急、交通运输、林业等部门现有信息化资源，实现全省渔政执法数据、报警事件联动"一张图、一个平台"集中展示。有些财力较困难的市县，可以通过地方政府的协调，在水利或应急部门等现有较成熟信息化监管系统的基础上进行改造升级，适当开放部分终端接口，共建智慧渔政系统。

四是构建一网通用多功能融合的联防联控执法体系。坚持"一个平台、多种功能"融合运用，如在发挥监控非法捕鱼的基础上，开发秸秆焚烧火点探测，人、车、船运行轨迹分析预警等软件，配备智慧水利网络球机，实现监控非法捕捞、秸秆焚烧、固废倾倒、河砂盗采、违法建设、非法侵占等行为"六禁合一"，实现生态保护由"单兵作战"向"联合立体作战"转变。

五是建议中央财政对长江流域智慧渔政建设给予适当奖补。为全面推进乡村振兴，建议中央财政统筹农业生产发展资金、农业资源及生态保护补助资金、动物防疫等补助经费、渔业发展补助资金等的部分资金用于长江流域智慧渔政建设项目，对智慧渔政执法成效显著的省市分年度给予适当补助，补助资金重点用于对智慧渔政系统的后期维护管理和更新升级。

（三）不断改善退捕渔民就业安置状况

一是大力发展新兴涉渔产业。依托沿江沿湖资源生态优势，大力发展新兴涉渔产业，如稻鱼综合种养、水草产业、休闲渔业等，增加产业就业空间。同时，运用市场化运作手段，选择适宜的湖区、库区，统一开展生态保护修复，吸纳退捕渔民参与。对吸纳退捕渔民就业人数较多、成效好的经营主体，各地可通过统筹使用过渡期补助资金、地方自有财力等渠道资金再给予一次性资金奖励。

二是支持各市县成立退捕渔民合作社。省级相关部门要给予一定政策扶持和信贷保险支持，帮助渔民解决生产中的实际困难，如土地流转、启动资金和市场销售等。加大禁捕退捕奖补资金、渔业油价补贴资金等相关资金的统筹力度，推动渔村集体经济发展，拓宽退捕渔民就近就业门路。

三是建立涉渔相关部门精准帮扶长效机制。建议依托实名制信息系统，建立省级相关职能部门对退捕任务重点县和重点群体的就业帮扶制度，充分发挥湖南水利、农业农村、自然资源、林业等涉渔部门的内部资源优势，建立就业指导和安置工作专班、实施结对帮扶。

四是大力推广万子湖村渔业远程捕捞队的成功经验。沅江市万子湖乡万子湖村的渔民利用自己的专业技术资源，在村里一批能人的带领下，组成专业远程捕捞队，到全国各地内湖、水库寻找市场。使全国17个省区市近100个大型水库、淡水湖业主，认准了"万子湖村"捕捞队。万子湖村有十多支捕捞队，他们网撒17个省，每年"捞"回真金白银6000万元以上。①

---

① 《沅江万子湖村成当地首富村 渔民收入6000万以上》，https://moment.rednet.cn/rednetcms/news/localNews/20150331/81122.html，最后检索时间：2015年3月31日。

万子湖村渔民依靠自身的专业技能，走出省拓展更宽就业渠道的模式，值得好好总结和推广。

（四）加强湖区渔村文化资源保护性开发

一是尽快开启对长江流域渔村文化资源的收集整理。将渔村文化保护开发纳入湖南有关专项规划，由文旅、农业部门牵头，督导长江沿线市县开展渔村文化保护情况摸底调查，尽快对古渔村有历史价值的建筑进行抢救性修缮和保护性修复。广泛收集长江渔村文化资源，挖掘、收集和整理渔村建筑环境景观、渔船渔具渔法、渔歌渔风、渔家生活用品、风俗禁忌、历史神话传说和主要艺术形式等，为渔村文化保护开发利用做好基础性工作。

二是在地方博物馆开设渔村文化专馆。鼓励岳阳市利用地方博物馆，开设渔村文化专馆，以图片、实物、视频等方式集中展示渔村文化产品，深度挖掘渔村文化资源，保存渔文化印记和丰富遗产。

三是大力推进渔村文化+生态旅游发展。顺应渔业产业融合发展和转型升级的趋势，挖掘利用其历史存续功能、教化认知功能、社会生产力与休闲娱乐功能等多元价值，对长江流域传统渔村尽量进行整体保护，关键的建筑、船舶、物品要适当保留，用以开发以渔村文化为主题的生态观光旅游项目。不断拓展休闲渔业游、江上运动游、湖区垂钓游等水文化内涵，引入渔歌、渔俗、渔风等非遗项目现场表演，开展现场制作、互动创作的旅游体验活动，如船模、沙雕、贝雕、剪纸、渔民画等，让渔村文化遗产在旅游活化中保持旺盛的生命力。

四是加强对长江渔村文化的宣传教育。着力提高长江禁渔工作治理能力，加强渔村文化保护意识，避免因不适当地落实政策而"误伤"渔村文化，形成保护长江生态文明和长江文化的共识。因地制宜，向全社会宣传长江禁渔的意义及相关要求，将长江渔村文化元素引入博物馆、展示中心和文化教育基地等，让生态文明和渔村文化保护进一步深入人心，更好推进长江大保护。

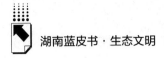

参考文献

农业农村部：《关于长江流域重点水域禁捕范围和时间的通告》，http：//www.cjyzbgs. moa. gov. cn/tzgg/201912/t20191227_ 6334009. htm，最后检索时间：2020 年 7 月22 日。

《渔民上岸，有了新营生》，https：//baijiahao. baidu. com/s？id = 1682935333943285153&wfr = spider&for = pc，最后检索时间：2020 年 11 月 10 日。

《中华人民共和国长江保护法》，http：//www. npc. gov. cn/npc/c30834/202012/1626d0 bc5284485588222995e712c434. shtml，最后检索时间：2020 年 12 月 26 日。

李琴、马涛、杨海乐：《长江十年禁渔：大河流域系统性保护与治理的实践》，《科学》2021 年第 5 期。

谢平：《长江及其生物多样性的前世今生》，长江出版社，2020。

李琴、陈家宽：《十年禁捕：为全局计，为子孙谋》，《光明日报》2020 年 12 月 3 日版。

张胜坡、韩沁珂：《长江的十年禁渔和"无鱼"困局》，http：//bkjs. org. cn/show-63. html，最后检索时间：2020 年 2 月 12 日。

刘子飞：《长江退捕渔民生计重构：模式、效应及建议》，《农业图书情报学报》2022 年第 10 期。

岳阳推动"四治四协同" 构建和谐江湖关系的典型经验与启示

湖南省社会科学院（湖南省人民政府发展研究中心）调研组 *

摘　要： 近年来，岳阳全力做好"水文章"，将构建和谐江湖关系作为探索转型发展新模式的重要支撑，通过推进治污、治患、治岸、治渔"四治四协同"，坚持山水林田湖草沙一体化保护和系统治理，实现了生态治理与经济发展共赢、与民生保障共建、与全民行动共鸣。本报告梳理总结了岳阳构建和谐江湖关系、守护好一江碧水的生动实践、典型模式与经验启示，为落实长江经济带生态优先、绿色发展战略探索了可行路径。

关键词： 和谐江湖　岳阳市

岳阳北扼长江、西揽洞庭，坐拥湖南境内全部长江岸线，是湖南通江达海的"桥头堡"。2018 年 4 月，习近平总书记在岳阳君山考察时强调要"守护好一江碧水"，并提出"做好洞庭湖生态保护修复，统筹推进长江干支流治污治岸治渔"的具体要求和殷切期待。岳阳创建国家长江经济带绿色发展示范区以来，将构建和谐江湖关系作为打造江湖共治新局面、探索转型发

* 许安明，湖南省社会科学院（湖南省人民政府发展研究中心）经济研究所助理研究员，主要研究方向为产业经济；高立龙，湖南省社会科学院（湖南省人民政府发展研究中心）区域经济与绿色发展研究所助理研究员，主要研究方向为自然资源管理；杨顺顺，湖南省社会科学院（湖南省人民政府发展研究中心）经济研究所副所长、研究员，主要研究方向为生态经济学；李晖，湖南省社会科学院（湖南省人民政府发展研究中心）经济研究所所长、研究员，主要研究方向为宏观经济学。

展新模式的重要支撑，通过推进治污、治患、治岸、治渔"四治四协同"，坚持山水林田湖草沙一体化保护和系统治理，实现生态治理与经济发展共赢、与民生保障共建、与全民行动共鸣。

截至2022年底，4000余户退捕渔民实现就业、社保全覆盖；东洞庭湖总磷浓度较2021年同比下降17.1%；长江干流岳阳段5个断面水质均达Ⅱ类标准；水环境、水资源、水安全态势明显改善，涉水产业转型升级提速，为落实长江经济带生态优先、绿色发展战略探索了可行路径。

一 求净求美求新，岳阳推进"四治四协同"模式的经验举措

（一）系统"治污"：将总磷削减与农业转型相协同，筑牢"守护好一江碧水"的使命担当

水污染表现在水里，根子在岸上，岳阳针对洞庭湖总磷控制短板，坚持山水林田湖草沙系统治理，将常态化治理与特护期超额减排相衔接，实现总磷浓度大幅削减，洞庭湖水质综合评价接近地表水Ⅲ类；农用化学品减量增效，君山区、云溪区等全面封洲禁牧淘汰牛羊，农业面源污染源被有力阻断；湿地生态系统净化能力恢复有效，天然湿地与人工湿地相得益彰。

1.保持常态化持续性治理

提升城乡污水收集处理能力，合理确定城镇污水处理厂布局、规模、服务范围和排放标准，差别化精准提标，建立污水管网周期性检测评估制度，实施管网改造更新、破损修复工程。实行"首厕合格制"，稳步推进农村户用卫生厕所建设和改造。实施重点入河湖排污口综合整治，全面清理布局失当、偷设、私设的排污口和暗管。创新治污运营管理模式，鼓励各地开放污水垃圾处理市场，打破以项目为单位的分散运营模式，推进不同盈利水平的项目打包建设运营，推行污水"厂—管网—河（湖）"一体化运行维护模式。

2. 加强特护期超标准削减

针对洞庭湖枯水期总磷浓度超标问题，加强总磷浓度管控，提高排污口、排渍口排放标准，达到或优于地表水河流Ⅲ类标准（排污口总磷浓度不高于0.1毫克/升，排渍口总磷浓度不高于0.2毫克/升）后方可外排。推动城镇污水处理厂出水深度净化，根据实际分类、分步执行湖区污水处理厂总磷特别排放限值标准，全市在枯水期污水处理厂尾水降磷药剂投入约30万元/天。落实河湖控磷、减磷措施，主要河湖水利施工或涉水交通设施设备维护施工前3个月向生态环境部门报备，采取防护措施，保障最低生态水位。

3. 开展种植业化肥农药双减行动

推进化肥减量施用，大力推广测土配方施肥、绿肥种植、菜肥两用、机械深施、水肥一体等施肥技术，开展绿色种养循环农业试点，扶持第三方社会化服务组织开展粪肥收集、处理、施用服务，以县为单元构建粪肥还田组织运行模式。推进农药减量替代，推广应用高效低风险农药，有效替代高毒、高风险农药；建设病虫绿色防控示范区，集成应用绿色防控技术，推广新型高效机械如植保无人机等进行精准施药；建设专业化统防统治标准化区域服务站，提升统防、统治服务能力。

4. 优化养殖业布局和资源化利用

合理规划畜牧业布局，严格执行畜禽养殖分区管理制度，禁养区内畜禽养殖场立即关停退养，禁养区外沿河、湖、塘、库岸线500米内实施禁养退养，并将淘汰牛羊作为控制血吸虫传染源的关键抓手，对自愿淘汰牛羊的养殖户给予奖励。加快畜禽产业转型升级，支持规模养殖场改造圈舍、更新设备，推广节水、节料等清洁养殖工艺。加强畜禽粪污资源化利用，督促养殖场（户）自行或委托第三方进行粪污处理和资源化利用，对全部还田利用的养殖场（户）免除排污许可证申领。推动水产养殖生态化，推广以渔控草、以渔抑藻等净水模式，支持发展工厂化循环水养殖、多品种立体混养等养殖模式。

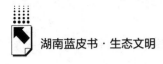

5.统筹湿地恢复和人工湿地建设

开展河湖湿地生态系统现状调查与评估，通过平垄填沟、微地形改造、植被控制等技术措施，逐步恢复湿地生态功能。广泛引入人工湿地技术配合治污降磷，在重要入江、入湖、入河口位置，利用废弃堰塘或河滩湿地等，建设生态前置库及功能湿地，截留与削减入河湖污染负荷。打造"污水处理厂+湿地"治污综合体，通过潜流人工湿地+表面流湿地+河道走廊湿地组合等工艺，对处理厂外排水进行深度降解和净化，并利用湿地出水进行河道生态补水。

（二）长效"治患"：将江湖连通与海绵城市建设相协同，确保"大旱无大灾""城市不内涝"

岳阳化解"后三峡"时代洞庭湖枯水危机，努力构建新的水资源江、湖平衡关系，实施长江补水工程、蓄滞洪区改造提质工程，提升湖区抗旱防汛能力；实施水系联通工程、海绵城市建设工程，恢复湖区城乡水系和滞水蓄水净水功能。

1.加快以江补垸，实现"大旱无大灾"

启动洞庭湖区北部长江补水工程一期，对华洪运河、华容河进行补水，有效解决了沿线季节性和水质性缺水问题；同时通过流量和水位监测，动态调整水量分配系数和时间周期，提高调水用水效率，保障了华容县、君山区12个堤垸的灌溉和生态用水需求。在遭遇2022年特大干旱情况下，长江补水工程确保了沿线10个村（社区）、2.3万亩农田旱情得到及时缓解，做到"大旱无大灾"。

2.连通江、湖水系，编织畅通水网

聚焦水系连通、清淤增蓄，实施君山华洪运河、濠河、湘阴湘江-白水江-东湖等水系连通工程，完成3.32万千米沟渠清淤疏浚，3.64万口塘坝整治增蓄，有效解决了沟渠淤塞、排灌不畅、水量水质等问题。改善内湖、内河水生态环境，综合采取截污、治污、清淤、修复等措施，在华容河重点控制断面上游3千米、下游300米划定生态河湖缓冲带。清退和改造小水电,全市解网清退和拆除小水电18座,完善手续和生态改造小水电123座,保障了主要河流的生态基流。

3. 提质蓄滞洪区,提升蓄洪、退洪能力

加快建设水利安保工程,提质改造现有堤防、泵站,延护加固洪水港、荆江门等急弯岸段。建设蓄滞洪区和水利风景区,加快东三垸(钱粮湖、共双茶、大通湖)蓄洪工程、钱粮湖垸分洪闸工程建设,完成钱粮湖垸三个安全区和大通湖东垸两个安全区主体工程,保证重点地区的防洪安全,推动洪水控制逐步转向洪水管理。

4. 建设海绵城市,力促"城市不内涝"

在2021年入选"十四五"全国首批系统化全域推进海绵城市建设示范城市的基础上,岳阳进一步擘画海绵城市总体布局,全市按"8+3+6+N"蓝图建设海绵城市,即打造8个汇水分区、3个新城管控示范片区、6个海绵城市建设先行示范片区、N个海绵城市建设示范项目,并坚持全域统筹谋划,将海绵理念与老旧小区改造、城市更新、交通水利等项目相融合。降低城市内涝风险,新建城区严格落实雨、污分流要求,老旧城区逐年推进市政道路和小区内部雨、污分流改造,暂难改造的采取溢流口改造、截流井改造、破损修复、管材更换、增设调蓄设施等措施,降低管网溢流污染风险,提高雨水排放能力。同步推进黑臭水体"长治久清",与三峡集团深化地企合作,大力推进中心城区水环境治理PPP项目,实现"控源截污、内源治理、生态修复、活水循环";开展农村黑臭水体排查整治,统筹农业农村污染防治、沟渠塘坝清淤疏浚等项目,逐步消除农村地区房前、屋后等群众反映强烈的黑臭水体。

(三)精美"治岸":将岸线修复与文旅宣教相协同,打造首倡之地最美长江岸线

作为"守护一江碧水"首倡地,岳阳既拥有"一湖四水"交汇、163千米长江岸线的自然资源禀赋,又具备山水文化与湖湘文化交织,名楼、名人、名文汇聚的文旅资源优势。岳阳一方面扎实开展长江岸线整治,建设绿

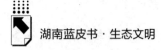

色长廊和清洁码头，另一方面发掘岸线资源和首倡地品牌，全力打造全国知名生态旅游目的地。

1. 推进岸线生态修复，建设绿色长廊

实施滩涂湿地整治，全面清理外滩违规种养，长江岸线共拆除矮围围网13.5万米、网箱35万平方米，清除欧美黑杨8744亩，清退滩涂湿地种养9000亩。推进长江岸线护堤林和防浪林建设，保留干堤现有杨树林，在临水侧洲滩等宜林地种植水杉、池杉、旱柳等乡土乔木，采用培育复层混交林等方式对现有防浪林进行提质改造，丰富了堤防沿岸森林景观。开展非法采砂场堆场、外滩道路等整治复绿，岸线砂场堆场复绿19.6公顷，复绿率达100%；拆除18条外滩道路，复绿6.3万平方米；依法拆除外滩和内堤50米范围内存量违法建设和"空心房"18处。加强尾矿库治理，对距离长江干流岸线3千米、重要支流岸线1千米内新（改、扩）建尾矿库不予核准和备案。

2. 推动码头系统治理，打造清洁"桥头堡"

实施码头关停和整治行动，全部取缔了长江沿线10个砂石码头，推动长江岸线湖南段39个非法砂石码头和5个渡口拆除复绿，42个码头泊位陆续关停并转，其中华龙码头已成为江豚最佳生活栖息地。推进泊位清洁能源升级，实施岳阳锚地岸电环保示范工程等离岸式岸电项目，为绿色过驳作业平台及进出港靠泊作业货运船舶提供清洁的电力能源；建设集交通、供电、给排水、消防、暖通、废水处理、固体废物暂存等设施的清洁能源液化天然气（LNG）接收站，为长江、洞庭湖流域船只提供LNG加注服务。开展船舶污染治理，要求辖区内400总吨以下内河船舶全部配套完善的含油废水、生活污水、生活垃圾等暂存设施，港口码头配套完善的船舶含油废水、生活污水、生活等接收转运设施。

3. 营造"岸线+"体系，丰富岸线功能

营造"岸线+安保"体系，提质改造长江干堤和洞庭湖堤防体系，确保防洪安全。营造"岸线+交通"体系，建设沿江大道，丰富城市交通和文旅环线网络。营造"岸线+文体"体系，依托水利安保工程建设，打造出一条标准化、高颜值、极独特的洞庭湖国际马拉松赛道，成功举办 2020 年最美长江岸线马拉松赛、2021 年中国户外健身休闲大会等活动，擦亮"江湖运动之城"新名片。

4. 深挖首倡地品牌，促进文旅宣教融合

积极推进长江国家文化公园（岳阳段）建设，完成文物资源调研和保护规划编制，全力建设以长江为线，岳阳楼和屈子祠为点的湘楚文化核心展示园；推进江豚湾景区创建国家 4A 级景区，高标准建设"守护好一江碧水"生态文化核心展示园。宣传推广各类文旅赛事、节会和研学旅行活动，打开"流量密码"，通过市场运作成功举办野生荷花旅游节、观鸟节、芦苇节、风干鱼节、有味新洲村美食节、"江湖厨王"争霸赛、小龙虾节、广兴洲西瓜节等节会，并通过"镇办场自主执行"方式，举办了一江碧水自然嘉年华、钱粮湖龙虾美食节、君山夏令营研学季等一批中小型活动，推动旅游与文化、农业、生态教育等联动融合发展，全市年均吸引游客 400 多万人次，创旅游综合收入 20 多亿元。

（四）精准"治渔"：将退捕禁捕与国有资产整合相协同，再现"沙鸥翔集锦鳞游泳"的洞庭美景

严格落实长江十年禁渔和持续巩固禁渔成果，打好禁捕退捕持久战，做好渔民转产安置和民生保障工作，截至 2022 年底，岳阳妥善安置建档立卡退捕渔民 4000 余户，实现"退得出、稳得住、能致富"；查处违法捕捞案件 500 余起，偷捕、盗捕风气为之一净；整合组建国有渔业集团，探索水产养殖和价值实现新路径。

1. 落实禁捕退捕，斩断利益链条

实施"清源斩链"行动，将禁捕工作和河湖长制相结合，公布禁捕网格划分和监管责任，实现禁捕水域网格化覆盖。加强多部门联动常态化执法，严厉打击非法捕捞、非法垂钓等违法行为，着力整治"三无"船舶、"电毒炸"工具、非法网具及相关销售行为。紧盯野生鱼运输、加工、销售、消费等环节，对农贸市场、大中型超市、食品生产经营主体，加大监管

力度，实现全市 180 个农贸市场、35321 家食品销售企业野生动物零交易，22876 家餐饮单位水生野生动物零供应。加大对禁捕、退捕法律政策和违法案件的宣传力度，为实现"水上不捕、市场不卖、餐馆不做、群众不吃"的目标，打牢群众基础。

2. 安置上岸渔民，推动涉渔就业

回应渔民不愿远离渔业的民生诉求，推动"捕鱼人"变身"做鱼人"，为退捕渔民与水产市场合作牵线搭桥，提供产业化指导，培育风干鱼产业；创新"渔民贷"等金融产品，支持渔民转型创业，从事鱼养殖、稻虾养殖、餐饮等行业。推动"捕鱼人"变身"护鱼人"，通过公益岗位安置，变"捕捞"为"打捞"。推动"本地歇业"转向"外地就业"，按照"输出有订单、计划到名单、培训列菜单、政府来买单"原则，推行"四单"培训就业模式，开展远洋船员等针对性就业帮扶，并将渔民推荐到沿海和新疆等地捕鱼，对有就业意愿和能力而未就业的"零就业"家庭实行动态清零。推动"自保"转向"社保"，出台渔船渔具回收补偿、过渡期生活补贴、退捕渔民养老保险补贴、低保兜底等政策，确保退捕渔民养老保险"应保尽保"。

3. 推行智慧渔政，展开天网监控

充分运用雷达定位、无人机自动起飞和定点抓拍等技术手段，建设以智慧渔政监管系统和网格化禁捕管理体系为核心的"禁渔天网工程"，构建全覆盖、全天候、全方位的立体防护网。在长江和洞庭湖沿岸水域建设视频监控点、雷达监控点，精准锁定非法捕捞行为，实现从捕鱼、上岸、运输到售卖全流程追查溯源，有效解决了打击非法捕捞行为"发现难、取证难、反应慢"等难题，大大提升了执法质量与效率。

4. 整合国有资产，发展生态渔业

探索资源、资产、资本"三资"运作改革的新模式，整合养殖大户、原国有水产养殖场等沉睡资源，建立现代企业制度，创建了集水产养殖、水产品批发、水产种苗孵化、渔业打捞、特色品牌餐饮、水环境污染防治服务、旅游休闲观光项目策划咨询开发一体化发展的君山区生态渔业集团，大力发展生态水产养殖和具有"渔""鱼"特色的文化旅游产业，推动水产养殖产业向集约化、品质化和深加工转型升级。

二　共建共享共赢，岳阳推进"四治四协同"模式的主要启示

（一）构建和谐江湖关系，必须坚持"转""调"并举，推动产业结构优化与产业绿色转型相结合

长江经济带产业结构布局不合理及传统产业转型升级偏慢，造成累积性、叠加性和潜在性的生态环境问题突出，制约了其持续健康发展。岳阳市坚持把绿色发展深度融入经济发展各方面和全过程，在积极推进沿江化工产业腾笼换鸟基础上，大力推动江湖治理与旅游文化、农业、体育等联动融合发展，不断将生态优势转化为发展优势。推动构建和谐江、湖关系，坚持绿色、循环、低碳方向，走科技先导型、资源节约型、生态保护型的发展之路，优化产业结构，实现由经济发展与环境保护"两难"向两者协调发展的"双赢"转变。一方面，要持之以恒地推进供给侧结构性改革，坚持淘汰落后产能、降低能耗物耗、减少污染物排放；推动互联网、大数据、人工智能与产业转型升级相结合，突破一批工业绿色转型核心关键技术，促进传统产业智能化、清洁化改造。另一方面，走具有鲜明特色的现代绿色产业发展之路，加快发展文化旅游业、健康服务业、养老服务业等生活性服务业，为人民提供绿色化程度更高的服务产品，通过促进绿色消费，提升产业绿色化水平。

（二）构建和谐江湖关系，必须坚持以人民为中心，推动民生难点、痛点问题同步解决

一些地区在处理江湖治理事务时，执行政策盯指标、"一刀切"，并未充分考虑群众实际需求，导致资源投入不小而群众却不买账。岳阳坚持江湖治理与民生保障相统一，在渔民转产问题上，岳阳不仅按照中央政策给予退

捕渔民安置、经济补偿和社会保障等，还根据渔民的喜好和特征，安排涉渔就业岗位，发挥渔民专长，重构渔民生计，让渔民转产"稳得住"，培养渔民持续"造血"功能，精准把握民生需求，多谋民生之利，多解民生之忧。推动构建和谐江、湖关系，要认识到江、湖治理的根本目的是为了服务民生，而非仅仅为了治理而治理，环保和民生不是两条线，处理好了可以鱼与熊掌兼得。一方面，要脚踏实地，摸排受影响群众的真实需求，坚守便民、利民原则，注重方式方法，既有力度又有温度，因地制宜制定民生保障方案。另一方面，也要目光长远，用超前的忧患意识回应潜在的民生诉求，诚如岳阳实现"大旱之年无大灾"，要加强江湖水体和城区及县级主要供水源地的流量、水质监测分析、防洪抗旱工程建设，确保人民生活生产用水安全。

（三）构建和谐江湖关系，必须坚持系统思维，推动山水林田湖草沙一体化系统治理

长江经济带生态保护与治理仍存在"种树的只管种树、治水的只管治水、护田的只管护田"的现象，山水林田湖草沙一体化保护和修复机制尚待构建，生态系统总体上质量不高、功能不强。岳阳市以首倡之责彰首倡之为，开展了"治污、减排、洁水、护岸、丰草、清湖"攻坚战，推进上下游、左右岸、干支流和山水林田湖草沙系统整治，全面擦亮了山清水秀的鲜明底色。推动构建和谐江、湖关系，就要统筹山水林田湖草沙系统治理，通过多领域、多地区和多要素共同协作、互相补充、良性互动，形成"1+1>2"的集成效应。一方面，要注重从整体上把握生态系统各个组成部分的有机联系和相互作用，统筹考虑山上山下、地上地下、上游下游各种生态要素，尊重和增强生态系统的自我循环能力。另一方面，要通过建立"部门协同、上下联动、省负总责、市县抓落实"的工作机制，解决条条分割、条块分割和各自为战的问题；制定多目标、多功能协同的系统修复治理方案，实现点、线、面、网立体式修复治理的叠加效益，锚固生态安全格局。

（四）构建和谐江湖关系，必须坚持团结绝大多数，推动形成全民参与的热潮

不少地方江湖治理主要是政府自己搭台、自己唱戏，没有形成发动市场主体、群众参与的意识，公众参与度和认可度不高。岳阳坚持利用宣传教育，充分调动人民群众的积极性和主动性，鼓励和支持广大群众参与共建大保护过程，营造尊重自然、顺应自然、保护自然的新风尚。推动构建和谐江、湖关系，要明确生态文明建设同每个人息息相关，每个人都应该做践行者、推动者，要充分统筹和动员政府、企业和公众的力量，推动形成"全民动员、全民参与、群防群治、成效共享"的良好氛围。一方面，强化正面宣传引导，精准引导舆论，利用电视、移动互联网等各类媒体加强生态环保宣传，线上线下结合组织开展一系列专题教研活动，把生态环保教育嵌入到人们的日常生活中，用身边人、身边事讲好环保故事，把生态文化纳入社会运行的方方面面。另一方面，要搭建环保活动、志愿服务等公益平台，充分释放全民参与的内生动力，将企业、公众参与江湖治理的热情转化为现实行动，拓宽企业投入渠道，壮大志愿服务队伍，丰富环保活动内容，不断筑牢和谐江、湖关系根基。

参考文献

李晖、杨顺顺、龙世友：《和谐江湖润巴陵——岳阳"四治四协同"构建和谐江湖关系》，《湖南日报》2022 年 12 月 16 日。

B.31
推动垃圾焚烧发电行业"量、质"双领跑

——垃圾焚烧发电行业下沉县域市场的湖南调查

湖南省社会科学院（湖南省人民政府发展研究中心）课题组*

摘　要： 湖南垃圾焚烧发电行业下沉县域市场面临垃圾收运体系不完善、国补退坡和垃圾处理费拖欠困境、焚烧后的飞灰处置能力建设滞后三大痛点。建议完善垃圾收运体系，统筹城乡垃圾收运；科学布局垃圾焚烧发电项目，建设一批区域中心；多管齐下，增加垃圾焚烧发电项目运营收入；鼓励技术创新应用，加强飞灰资源化利用；完善市场机制，促进垃圾焚烧绿色价值转换；健全执法和监督体系，强化焚烧发电项目监管。

关键词： 垃圾焚烧发电　垃圾处理　县域市场　湖南调查

　　习近平总书记在党的二十大报告中强调："加快发展方式绿色转型，实施全面节约战略，发展绿色低碳产业，倡导绿色消费，推动形成绿色低碳的生产方式和生活方式。"[1] 垃圾焚烧发电是与民生密切相关的重要新能源产业，具有"控制甲烷排放+代替发电"双重碳减排效果。位于"城尾乡头"的县城起着连接城市、服务乡村的作用。垃圾焚烧发电行业下沉县域市场，

＊　课题组组长：汤建军，湖南省社会科学院（湖南省人民政府发展研究中心）副院长（副主任），研究员，博士。课题组成员：邝奕轩，湖南省社会科学院（湖南省人民政府发展研究中心）经济研究所副所长，研究员，博士；刘雯，湖南省社会科学院（湖南省人民政府发展研究中心）经济研究所助理研究员；杨彦宁，湖南大学金融与统计学院博士研究生。

①　习近平：《高举中国特色社会主义伟大旗帜 为全面建设社会主义现代化国家而团结奋斗－在中国共产党第二十次全国代表大会上的报告》，人民出版社，2022，第50页。

不仅有利于促进新型城镇化建设、提升县城人居环境质量，还有利于促进城乡生态环境整体改善。为此，课题组在调研株洲、衡阳等地垃圾焚烧发电厂的基础上，分析垃圾焚烧发电行业下沉县域市场存在的突出问题，提出推动湖南垃圾焚烧发电行业"量、质"双领跑的七条建议。

一　垃圾焚烧发电行业下沉县域市场面临的困难

湖南已建成投产垃圾焚烧发电厂 28 座，装机容量 59 万千瓦，其中，2021 年建成投产 14 座，新增数量和处理规模均居全国前列。[①] 但课题组调研发现，从垃圾收运体系建设到垃圾质量，再到垃圾处理费和补贴问题，最后到焚烧后的飞灰处理，垃圾焚烧发电行业下沉湖南县域市场依然面临痛点。

（一）垃圾收运体系不完善

一是垃圾分类回收相关的办法尚未明确与实施。垃圾分类回收是垃圾焚烧发电的前期工作，尚没有足够的约束和激励机制让垃圾分类普适化。二是县域城乡垃圾收运体系覆盖面不全。城乡接合部及村镇垃圾收运体系尚未建立，乡镇垃圾归农业局管，城区垃圾归城管局管，没有统一管理，垃圾收集率低。以耒阳市生活垃圾发电厂为例，每天收集到的乡镇垃圾仅 52 吨，仅占乡镇垃圾产生量的 14%，相当部分垃圾散落在乡镇角落，就地焚烧或就地填埋。[②] 三是垃圾回收市场化运营水平不高。从生活垃圾的收集、清运到处理及监督管理都是政府一手包揽。环卫部门既负责垃圾的监督管理工作，又承担垃圾的收集、清运工作，不能在环卫行业形成有效的监督和竞争机制，限制垃圾产业运营管理的市场化。为此，分布在县域的垃圾焚烧发电厂，面临着"吃不饱"与建筑类等非生活垃圾混入的双重困境，存在垃圾热值低、产渣量大、发电效益差的问题。

[①] 《湖南省：2021 年建成垃圾焚烧发电厂 14 座！规模居全国前列》，http://www.hnkzsny.com/NewsView.asp？ID＝2073，最后检索时间：2022 年 1 月 24 日。

[②] 县域实地调研获得的数据。

（二）垃圾焚烧发电项目运营面临国补退坡和垃圾处理费拖欠困境

一是国家部委先后从补贴时长、国家财政支出比率等方面"收紧"对垃圾焚烧发电的政策福利。电价国补逐渐退坡，对上网电价产生扰动，影响垃圾焚烧发电项目的资产负债表。二是拖欠垃圾费的现象比较突出。县域承担的垃圾处理费偏低，普遍在 60~80 元/吨①，有些地方甚至更低，但由于县级财政状况差，补贴费支付不足，垃圾焚烧发电企业想要按时拿到补贴也不容易。

（三）焚烧后的飞灰处置是垃圾焚烧发电"最后一公里"难题

一是部分地方对飞灰处置了解和重视程度不足。垃圾焚烧厂与飞灰处置项目建设存在脱节，存在"先上车，后补票"的问题，甚至久拖不决成为城市管理空白，进而造成飞灰在垃圾焚烧厂内长期积压，"逼停"焚烧设施的现象。二是生活垃圾焚烧飞灰处置存在技术和能力短板。生活垃圾焚烧飞灰属于《国家危险废物名录》明确的危险废物，富集二噁英、可溶盐及含有硅、钙、铝、镁等可作为建材生产原料的金属资源。但由于缺乏可行而又经济的处置技术，相当部分垃圾焚烧发电厂采用填埋方式处置，甚至是与生活垃圾混存。长此以往，垃圾焚烧发电产生的副产物-飞灰，将成为困扰城乡生态环境治理的新问题，如果处理不当，可能造成二次污染。

二 推动湖南垃圾焚烧发电行业"量、质" 双领跑的建议

垃圾焚烧发电属重资产行业，独特的公益属性决定了项目收益水平有明显天花板。湖南务必采取系统性举措，才能助力垃圾焚烧发电行业克服政策边际、环境边际、成本边际与收益边际带来的挑战。

---

① 县域实地调研获得的数据。

（一）完善垃圾收运体系，统筹城乡垃圾收运

健全城乡垃圾收运管理体制，明确环卫管理部门统筹城乡生活垃圾收运处理工作。为释放潜在市场空间，细化农村垃圾收运体系，优化垃圾收运中转站选址及路线。支持采用 PPP 模式，将城镇生活垃圾收运整体对外发包，实现保洁、垃圾收集、转运服务市场化。

（二）科学推进垃圾填埋场更新，实现老旧填埋场清零

垃圾填埋场的场地，既是一块"城市毒瘤"的坐标，也是城市"稀缺资源"。随着城镇化发展，未来新的垃圾填埋场选址越来越难，为此，要在不改变用地性质的前提下，加快推进垃圾填埋场更新，通过分类资源化处理、焚烧能源化利用，彻底清除老垃圾。出台和完善推进存量生活垃圾治理、生活垃圾填埋场污染控制的技术标准，对垃圾填埋场再利用实施环境影响评价，确保垃圾填埋场场地稳定化利用。为解决生活垃圾填埋场陈腐垃圾处理难题，加强政企合作，支持垃圾焚烧发电厂制定筛选处理方案，将陈腐垃圾筛选后与新鲜垃圾掺杂焚烧发电。加强绿色金融支持，利用专项债券、资产证券化等多元融资方式为垃圾填埋场更新提供资金保障，鼓励银行保险机构结合生态环境保护和治理，支持垃圾焚烧发电厂对生活垃圾填埋场陈腐垃圾的综合处理与再利用。

（三）科学布局垃圾焚烧发电项目，建设一批区域中心

支持跨地区、跨部门合作，鼓励已有垃圾焚烧发电厂的县域，与有生活垃圾处理需求的周边县域对接，扩大垃圾焚烧发电厂服务半径，协调周边县域垃圾进厂处理，统筹垃圾焚烧发电及飞灰处置，并通过建立跨区域生态补偿制度等方式，协调解决垃圾收运、焚烧及飞灰处置设施建设和使用过程中遇到的困难和问题。以耒阳市垃圾发电厂为例，耒阳市现阶段收集的垃圾量仅能满足其产能的 1/3。[①] 与耒阳市相距仅 50 千米的常宁市，没有垃圾焚

---

① 县域实地调研获得的数据。

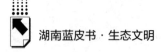

烧厂，垃圾只能填埋处理。耒阳市垃圾发电厂完全可以与常宁市共享，协同解决二地垃圾焚烧处理，既集约用地，又避免重复建设造成的资源浪费。

（四）多管齐下，增加垃圾焚烧发电项目运营收入

完善生活垃圾处理收费制度，合理制定其收费标准，确保其收费政策落实到位，推动垃圾焚烧的市场化运营，有效降低行业对发电补贴的依赖。优化财税体制，把垃圾处理费附加到电费中，通过电费账单收取所在县域提供垃圾收集公共服务相关的税费，保障垃圾焚烧发电厂的经济利益。鼓励企业积极探索开发CCER（中国核证自愿减排量）项目，获得二氧化碳减排量，参与碳市场交易，增加企业收入。在具备条件的县城，依托当地热资源，因地制宜，采取一定经济鼓励措施，推进新建或已有垃圾发电项目热电联产，或对已有项目实行供热改造，通过为地方及工业园区提供清洁供暖与清洁工业蒸汽来获取增值收益。

（五）鼓励技术创新应用，加强飞灰资源化利用

支持新建"飞灰预处理+水泥窑协同处置"等项目，推动开展水泥窑协同处置生活垃圾焚烧飞灰中金属的分离提取利用示范项目，最大限度减少飞灰填埋处置量。鼓励扶持"专、精、特、新"骨干企业，加强城乡固废无害化、资源化的技术开发与先进技术推广，加快垃圾处理技术装备研发和集成示范应用。制定相应的制度，支持垃圾发电企业进行技术创新，与科研单位"搭桥"，促进企业技术发展，推动生活垃圾焚烧飞灰利用处置技术成果共享与转化。

（六）完善市场机制，促进垃圾焚烧绿色价值转换

进一步丰富绿色发展理论的经济学阐释，细化垃圾焚烧发电行业长效达标乃至超低排放的公共产品价值评价体系，探索建立不同经济发展水平下将公共产品的社会效益、环境效益折算为绿色价值的方法体系。进一步探索减

污降碳的激励约束机制，完善环境违法与可再生能源补贴、税收优惠等方面的联动机制，保障行业发展的绿色底色和质量成色。

（七）健全执法和监督体系，强化焚烧发电项目监管

加快政府职能转变，政府由城乡垃圾处理的投资者、管理者和经营者，转变为城乡垃圾处理的指导者、培育者和监督者，打破城乡垃圾处理政企不分、垄断经营、非市场化、非产业化运作的局面。建立完善的城乡生活垃圾管理法规体系，完善相关法规和标准，补齐掣肘县域垃圾焚烧发电产业发展的管理短板。完善"互联网+全天候监管+非现场执法"体系精准监管和决策支持功能，做好生活垃圾焚烧飞灰产生、贮存、利用、处置等管理台账，加强焚烧飞灰处置的监管，督促企业提高运行水平和治污效率。

B.32

跑出高质量发展新赛道[*]

——以碳金融支持湖南绿色低碳发展

张跃军　石威[**]

摘　要：　湖南碳金融发展迎来了重要战略机遇期，但发展水平相对滞后，存在基础设施不完善、管理机制不到位、产品供给不充分、风险防范机制不健全等关键问题。建议坚持系统推进和重点突破原则，从提升碳金融基础保障能力、激活碳金融发展动力、完善碳金融产品和服务体系、构筑碳金融风险防范机制等方面精准发力。

关键词：　碳金融　低碳发展　战略机遇　高质量发展

实现"双碳"目标是湖南贯彻落实党中央决策部署的重大政治任务，是全方位推进高质量发展的必然要求，将为湖南践行"三高四新"战略提供重大机遇。全国碳市场于2021年7月16日正式启动上线交易，推动我国碳减排市场化建设进入新时期，为碳金融发展提供了更广阔的空间。碳金融是湖南经济社会绿色低碳转型的"加速器"，是落实"碳达峰"行动方案、构建绿色产业链供应链创新链、建设"美丽湖南""生态强省"的动力引

---

　　[*]　基金项目：国家自然科学基金重点专项项目（项目编号：72243003），国家社科基金重点项目（项目编号：22AZD128）。

　[**]　张跃军，湖南大学工商管理学院教授、博士生导师、教育部长江学者特聘教授，主要研究方向为能源与气候政策研究；石威，湖南大学工商管理学院博士生，主要研究方向为碳金融政策建模研究。

擎。湖南碳金融将迎来重大战略机遇期，但在发展上面临基础设施不完善、管理机制不到位、产品供给不充分、防范机制不健全等问题，应坚持系统、协调、创新、安全的原则，跑出湖南碳金融高质量发展新赛道。

一 湖南碳金融发展形势

我国绿色低碳经济加速发展，湖南碳金融发展迎来重要战略机遇期，碳金融将为湖南践行"三高四新"战略提供重要支撑，但湖南碳金融发展优、劣势并存。

（一）碳金融发展迎来难得的新机遇

一是低碳发展对碳金融提出了新需求。党的十八大以来，以习近平同志为核心的党中央高度重视低碳发展[1]，多次强调要"利用碳金融等金融工具和相关政策为低碳发展服务"。据测算，我国实现"双碳"目标或需投入139万亿元人民币[2]，投资数额巨大，其中政府财政支出规模约占5%~10%[3]，碳金融被视为弥补实现"双碳"目标资金缺口的主要方式，这对碳金融发展提出了迫切需求。二是碳金融成为经济社会高质量发展的新支撑。随着"双碳"目标提出和全国碳排放权交易市场持续运行，低碳经济发展越来越离不开金融领域的支持，碳金融不仅可以为我国"双碳"目标的实现提供科学精准有序高效的金融支持，还可以为我国低碳经济的高质量发展贡献金融智慧和金融力量，碳金融已成为推进重点领域低碳转型、促进经济社会高质量发展、践行"绿水青山就是金山银山"理念的新支撑。三是碳金融成为推动碳减排市场化的新引擎。碳金融可以将多元化的金融机构、金融产品引入碳市场，更好地引导资源要素流向绿色低碳领域，更好地发挥碳价格发

---

① 习近平：《努力建设人与自然和谐共生的现代化》，《求是》2022年第11期。
② 沈春蕾：《从概念到实操 气候投融资打出"组合拳"》，《中国科学报》2022年9月5日。
③ 张叶东：《"双碳"目标背景下碳金融制度建设：现状、问题与建议》，《南方金融》2021年第11期。

现作用，形成清晰的碳价格信号，引导碳市场预期和加强风险管理，形成有效市场碳定价机制，降低社会碳减排成本，推动碳减排市场化的创新发展[①]。

（二）湖南碳金融发展优劣势并存

一是碳金融发展潜力巨大。湖南作为传统的高碳排放省份，是国家中部崛起战略的重要增长极和国家可持续发展议程创新示范区，具有成为中部地区碳金融中心的潜力。全国碳交易市场上线后，湖南已有 35 家企业参与碳交易，使得碳金融服务需求急剧上升，未来发展空间广阔。二是碳金融发展水平相对滞后。以国家批准的清洁发展机制（CDM）项目为例，湖南拥有CDM 项目 200 项，占全国项目总量的 3%，CDM 项目年减排量为 1941 万吨二氧化碳当量，位居全国中位，与东部经济发达地区和西部自然资源占优地区差距明显。此外，湖南碳金融市场尚处于发展初期，与湖北等碳金融市场相比起步较晚，且主要以碳现货交易为主，主要交易类型有碳排放权交易和自愿减排交易，尽管湖南联合金融机构推出了包括碳衍生品的碳金融产品，但相比湖北、上海或者欧美等碳金融市场，其发展水平、市场规模、产品类型和参与主体仍存在一定差距。三是碳金融发展不平衡问题突出。湖南CDM 项目主要集中在少数几个市州，其中永州、怀化、邵阳和长沙的 CDM项目数占湖南全省项目总数的 52%，而岳阳、衡阳、湘潭和湘西州的 CDM项目数仅占湖南全省项目总数的 6%。碳金融发展不平衡、地区差异大，很大程度上束缚了湖南碳金融产业的整体发展。

二　湖南碳金融发展面临的关键问题

近年来，湖南碳金融服务需求急剧上升，未来发展空间广阔，具有成为中部地区碳金融中心的潜力，但相应的体制机制建设及关键配套等相对滞后，束缚了全省碳金融产业的整体发展。

---

① 张跃军：《碳排放权交易机制：模型与应用》，科学出版社，2019。

（一）碳金融基础配套不完善，资源有效配置受阻

一是缺乏支撑行业发展的法理依据。虽然湖南已出台《关于促进绿色金融发展的实施意见》，但碳金融工作立法相对滞后、法律效力偏低等矛盾较为突出，尚未构建系统的符合生态文明建设要求、保障碳金融发展的法律法规体系，难以为碳金融资源有效配置提供关键法律保障和支撑。二是行业标准制定滞后于业务发展需求。据统计，截至 2022 年 3 月，全省金融机构通过碳减排支持工具发放贷款 56.2 亿元，通过煤炭专项再贷款发放贷款 3.6 亿元。[①] 湖南碳金融业务发展需求旺盛，但缺乏专门的低碳评估认证机构，难以为实体企业、金融机构和碳金融项目提供专业的低碳评估认证服务。此外，湖南统一的低碳评估认证标准还未形成，不同低碳评估认证机构的认证结果无法互认，进而制约了金融机构碳金融业务的顺利开展。三是缺乏对低碳项目和碳资产的摸底评估。湖南企业低碳项目和碳资产的数据库建设相对滞后，尽管湖南高创新能源公司与湖南省联创低碳经济发展中心共同组建了湖南首个国资背景的碳资产管理公司，但尚未形成省级层面的低碳项目和碳资产管理系统、数据库，难以准确掌握全省低碳项目和碳资产的实际状况，加大了有效引导全省碳金融资源高效配置的难度。

（二）碳金融管理机制不到位，发展内生动力不足

一是激励机制不明确。湖南金融监管机构针对以金融手段支持低碳产业发展的激励措施较少。如 2022 年 3 月，《湖南省"十四五"金融业发展规划》提出实施绿色金融专项服务计划，其中包括支持生态建设"五项绿色工程"和建设绿色金融改革创新试验区等举措[②]，但对低碳项目投融资担保、风险补偿等机制保障不足，对各级政府和金融机构的财政激励力度不

---

① 陈淦璋：《"绿色再贷款"点绿成金》，《湖南日报》2022 年 3 月 30 日。
② 湖南省地方金融监督管理局印发《湖南省"十四五"金融业发展规划》（湘金监发〔2021〕66 号），http://dfjrjgj.hunan.gov.cn/dfjrjgj/xxgk_71626/ghjh/202204/t20220424_22746009.html，最后检索时间：2023 年 4 月 17 日。

够，导致各级政府和金融机构开展碳金融活动的内生动力疲软。二是实施机制缺位。湖南碳金融业务大多依托于碳排放权交易和金融机构的低碳投融资活动，如2022年湖南35家发电行业重点排放企业纳入全国碳排放权交易市场①，且主要依靠环保、金融监管部门的外力推动，各级政府、碳交易企业和金融机构开展碳金融业务实践的内生动力不足；同时，湖南金融机构主要聚焦于绿色金融业务，比如长沙银行、兴业银行和邮储银行等均已在湖南绿色金融领域开展探索和实践，而针对碳金融业务则大多停留在战略务虚层面，缺乏执行的制度安排和组织保障。三是活动开展渠道不畅。湖南"两高一剩"企业数量多，低碳转型牵连广，碳金融发展阻力大，部分利益相关者只看到低碳发展对经济效益的"短期消极影响"，未能看到低碳发展对经济效益的"长期积极变革"，低碳转型的决心不大、响应决策的呼声不高，导致碳金融活动的开展遭遇一定阻力。

（三）碳金融产品供给不充分，低碳发展供需错配

一是产品供给能力较弱。湖南支持节能减排的碳金融产品多为诸如碳排放配额、核证自愿减排量等低附加值原生产品，不能充分满足市场主体低碳投资需求。而碳基金、碳债券、碳质押、碳抵押等更灵活的碳现货创新衍生品，其市场发展并不充分，且产品类型单一、可选择性较差，投资规模不大，投资者数量较少，很大程度上削弱了社会资本支持低碳产业发展和重点领域绿色变革的效果。二是产品设计针对性不足。经调研，发现湖南金融机构设置的碳金融门槛较高，相较其他非碳金融产品，碳金融产品的融资渠道、融资成本及融资获得率差别不大，部分碳金融产品甚至更为严格。如湖南小水电资源丰富，低碳发展潜力大，但银行机构的碳金融政策对水电站总装机容量和机组平均利用小时数有相对苛刻的硬性要求，导致小水电站开展碳金融项目融资较为困难。

---

① 湖南省生态环境厅印发《关于2022年度湖南省纳入全国碳排放权交易市场发电行业重点排放单位名单公示》（环办气候函〔2022〕111号），http://sthjt.hunan.gov.cn/sthjt/xxgk/tzgg/gg/202209/t20220930_29022795.html，最后检索时间：2023年4月17日。

（四）碳金融风险防范机制不健全，规避风险能力有限

一是企业环境信息披露机制不完善。2021 年 12 月，生态环境部印发《企业环境信息依法披露管理办法》①，为企业披露环境信息提供方向指引，但由于经营主体对环境风险认识不足、自我分析能力有限，未能严格执行环境信息披露制度，因此湖南金融机构难以摸清企业项目的真实状况，诱发碳金融项目决策风险，加大了金融机构开展碳金融活动的风险，阻碍了碳金融产业的健康发展。二是碳保险制度缺失。2022 年 1 月，湖南首单"碳保险"——"森林碳汇遥感指数"保险正式落地邵东市，但湖南关于碳保险承保、投资、监管等的法律法规还未形成，难以为碳保险业务的开展提供法律支撑，很大程度上制约了碳保险在转移低碳项目投融资风险方面的独特优势。此外，湖南仍缺乏对怎样建立碳保险、激励低碳产业投保、提高碳保险效率等问题的深入探索，也暂未建立碳金融发展风险补偿机制，难以辅助碳金融业务开展，化解低碳项目投融资风险。

三　加快湖南碳金融发展的对策建议

碳金融已成为推动重点领域低碳转型的新引擎，湖南应抓住碳金融发展新机遇，建立健全碳金融发展体制机制，将多元化碳金融机构及产品引入碳市场，更好发挥价格发现作用，实现正确引导碳市场预期、管控碳市场风险、形成有效定价机制，推动碳减排市场化创新发展。

（一）坚持系统发展，提升碳金融基础保障能力

一是加强顶层设计。围绕"双碳"目标，加快编制全省碳金融发展规划与行动方案，强化跨部门政策协调配合，推动碳金融政策严格落实、定期

---

① 中华人民共和国生态环境部印发《企业环境信息依法披露管理办法》（生态环境部令第 24 号），https://www.mee.gov.cn/gzk/gz/202112/t20211210_963770.shtml，最后检索日期：2023 年 4 月 17 日。

评估，建立统一、清晰的碳金融监管框架，为各级碳金融体系建设提供明确指导。二是建立健全标准和政策支持体系。协调统筹法律法规、产业发展、金融资源，建立完善的碳金融发展标准，打造优质的碳金融发展政策环境，夯实标准和制度基础。完善湖南碳金融标准体系，包括信息披露、统计与共享、风控与保障标准等，实现省内标准统一。积极参与全国碳金融标准制定，加强省际合作，在碳金融的具体范围和细分领域、精细程度和复杂程度、执行力和事后评估等方面展开研究，努力将湖南碳金融标准打造为"新国标"。三是建立有效的信息共享与互认机制。全省各级政府、金融监管部门和金融机构应建立完备顺畅的碳金融信息交流机制，建立统一的低碳项目评估认证标准，实现湖南省低碳项目评估认证机构认证结果的互认，推动湖南省碳金融产品、低碳项目和低碳企业数据资料的互联互通，建立健全省一级碳金融数据库，最大限度地实现碳金融供需信息对称与共享。

（二）坚持协调发展，激活碳金融发展动力

一是充分发挥省金融监督管理部门的统筹作用。强化对全省碳金融发展工作的统一领导、统一规划、统一部署，突出重点，带动全局，将碳金融发展的各项任务纳入各级政府和金融监管部门工作计划中，制定各市、州碳金融发展绩效考核制度，激发其发展碳金融的动力，明确与压实各级政府、金融机构和市场主体权责，为碳金融发展提供坚实的统筹保障。二是构建技术服务和支撑体系。着力建设省级碳金融项目审批、"一站式"服务、监督和管理平台，强化技术服务支撑，完善碳金融技术储备，以技术创新赋能碳金融发展。三是打好发展扶持组合拳。积极倡导湖南各级金融监管机构加强对低碳项目投融资担保和风险补偿援助力度，加大对各级政府和金融机构的财政激励措施，综合采用减息减税、贷款优惠等措施激活各级政府和金融机构开展碳金融活动的内生动力。

（三）坚持创新发展，完善碳金融产品和服务体系

一是打造产品和服务体系。鼓励金融机构结合低碳产业融资需求特点设

计配套产品，找准碳金融的支持方向和重点领域，提供更有针对性、有效性的碳金融服务。鼓励金融机构、投资公司开发更加丰富多样的碳金融产品，引导证券、基金和评估认证公司建立科学、标准的碳金融项目评估、认证、管理体系和方法，支持符合低碳标准的企业上市融资，推动碳债券等碳金融产品成为企业常态化融资方式，加强碳金融服务低碳项目和企业的能力。引进和培育碳金融领域专业人才与团队，建立更多权威的碳金融评估认证中心，并充分发挥其在服务碳金融发展方面的智力和智库作用。二是发挥第三方认证评级作用。完善碳金融第三方认证评级机制，规范认证评估机构准入门槛、评估标准等，精准识别项目的低碳属性，为碳金融项目落地提供依据。引进和扶持碳金融产品服务机构共同参与"双碳"目标方案编制、标准制定、碳汇产品设计等，提升碳金融产品和服务的适用性和针对性。鼓励湖南省内银行强化碳金融意识，稳步探索、尝试建立专门碳金融事业部或碳金融专营支行，形成一批碳金融服务专营机构。培育一批专注于碳金融发展的金融机构，提升碳金融服务能力。

（四）坚持安全发展，构筑碳金融风险防范机制

一是建立健全企业环境信息披露机制。打造科学、完善、统一的环境信息披露标准体系，指导金融监管部门、金融机构、投资者等准确评估和认定低碳项目和企业，实现对低碳项目的合理定价。借鉴欧盟、美国和日本等发达国家的环境信息披露经验，从环保、证券和公共企业管理三方面完善企业环境信息披露机制。在环保领域，要求符合条件的企业披露碳排放等信息；在证券监管领域，要求上市公司披露对企业生产运营有重大影响的环境信息；在公共管理领域，要求信贷机构、保险公司等大型企业和公共利益实体披露环境领域采取的政策、措施及面临的风险等相关信息。二是大力发展碳保险。重点发展以碳信用价格保险、碳交付保险等为代表的新型碳保险产品，鼓励各类企业试水碳保险，加强碳保险公司对低碳技术创新成果转化的推动作用。引导碳保险机构积极参与湖南省、全国以及全球碳风险治理体系建设，鼓励湖南省碳保险金融机构走出去，加强与同行业领先者的学习交

流，大胆探索和创新碳保险产品及其服务模式，充分发挥碳保险分散低碳项目风险、低碳资金融通、低碳社会治理等方面的独特优势。三是构建政策性融资担保体系。提升政策性融资担保公司对低碳项目成本和效益定量分析的水平，提升其对低碳项目的担保能力，科学分散碳金融业务实践风险。建立专门碳金融信息统计体系，尤其加强对企业或项目碳风险、碳效益和碳成本等关键信息的统计，为防范化解碳金融产品和服务中的极端碳风险提供可靠数据支撑与决策支持。

B.33

和谐共生：天地人关系的现代重塑

——兼谈孝文化对生态文明建设的借鉴意义

刘解龙*

摘　要： 孝文化是我国传统文化中的核心概念，最初的孝是构筑"天、地、人"关系的伦理基础，其原始要义是"天地崇拜"或"土地崇拜"（大孝），后以《论语》为代表，通过"四子问孝"引申为"代际和谐"（小孝），二者均以"和谐"为核心，可择其"和谐"内涵造福于当代社会的生态文明建设。同时"大孝""小孝"的文化内涵与类型，均可运用于"天、地、人"关系的现代塑造之中。今天的生态文明建设，突出人与自然和谐共生，将中华优秀传统文化融入"人类文明新形态"之中，既要有对大自然之"孝敬之心"和"孝敬之行"，还要创建"孝敬之理"，在全社会形成对大自然的"孝敬之风"，为促进人与自然和谐共生培养"孝敬之力"，充分彰显孝文化的现代生命力。

关键词： 生态文明　孝文化　和谐共生　天地人关系

习近平总书记在《推动我国生态文明建设迈上新台阶》（2018）的重要讲话中说："生态文明建设是关系中华民族永续发展的根本大计。中华民族向来尊重自然、热爱自然，绵延5000多年的中华文明孕育着丰富的生态文

* 刘解龙，长沙理工大学二级教授，湖南省绿色经济研究基地首席专家、湖南省生态文明研究与促进会副会长兼秘书长，主要研究方向为习近平新时代中国特色社会主义思想、生态文明理论与实践、中国经济改革与发展等。

化。"《在哲学社会科学工作座谈会上的讲话》（2016）中说："要加强对中华优秀传统文化的挖掘和阐发，使中华民族最基本的文化基因与当代文化相适应、与现代社会相协调，把跨越时空、超越国界、富有永恒魅力、具有当代价值的文化精神弘扬起来。"在农耕文明中发展起来的中华优秀传统文化，基因上携带着厚重的"天地人"关系和谐的内涵，源于"土地崇拜"的孝文化最具代表性，将其中的积极因素发掘出来，作为促进人与自然和谐共生的优秀传统文化力量，是我国生态文明建设中一项颇有意义的工作。

一 孝文化与中国古代生态文化的内在联系

孝文化是中华优秀传统文化最根深蒂固、传承悠久和家喻户晓的核心内容，影响广泛而深刻，可以说，孝文化构成了中华传统文化体系中最独特的核心价值理念和强大精神支柱，在今天的社会中依然发挥着重要作用。

（一）孝的内涵解读

在我国，汉字构造极其讲究，大都有着充分的现实依据和深刻的文化内涵。《说文解字》对孝的解释是"孝者，善事父母者。从老省，从子，子承老也。"这种观点在传统社会一直是主流。进一步思考，这个"孝"实际上是人类繁衍进程中代际需要遵循的重要规则，遵守这些规则，有利于在繁衍进程中形成和谐有序的代际关系，从而实现可持续发展。可以说，孝的本质是人伦秩序，有了这样的秩序，就会形成人与人之间的和谐。中国的传统社会是以家庭（或家族）为基本单元建立起来的，家庭秩序与社会秩序必须协同，于是决定家庭这个微观组织文化核心的"家庭之孝"，就汇聚成宏观组织的"社会之孝""国家之孝"，家庭的秩序与和谐构成了社会和国家的秩序与和谐的微观基础。因此，历朝历代的统治者才特别重视"孝"的功能与影响。所谓"以孝治天下"，并将"忠孝"结合起来推崇，实质上是要维护由统治者利益决定的社会秩序、文化秩序等，实现社会和谐，长治久安。所以，孝者，人伦之序也！

（二）孝的本义溯源

我国的文字产生与发展，往往与真实社会活动、人与自然的关系等因素紧密相关，文字的社会内涵与自然内涵往往比其文化内容更早地存在，也更加原始和本质。这一点在孝字中很典型。

1.《孝经》之"孝"

《孝经》是我国关于孝文化论述内容丰富、观点系统的经典，《孝经》说："夫孝，德之本也，教之所由生也。"这句话，不仅是《孝经》的总纲，也是孝文化形成、传承与发展的核心与主线。孝之所以是"德之本"，既说明孝在德之体系中的核心地位，离开了孝，德将难存，无德可言；同时也说明在起源上，孝先于德，德生于孝，德是为了阐发和实践"孝"而形成的价值体系。因此，"教之所由生也"就是一种客观结果与必然要求。

《孝经》中曾子曰："甚哉，孝之大也！"子曰："夫孝，天之经也，地之义也，民之行也。天地之经，而民是则之。则天之明，因地之利，以顺天下。"显而易见，这里讲的"三位一体"的孝，将"天""地""民"统一起来了，孝的秩序内涵与影响，扩展到了"天地民"的关系体系之中。《孝经》把"孝"提高到与天道、地道规律相平等的地位，天有它的必然规律，地有它的必然规律，人的孝行也像天和地的规律一样也是必然的。因此，孝顺父母是天经地义的事情。由此可见，孝的本源与本质都是"天——地——人""三位一体"地存在和作用的，实际上是说，人类的生存发展，是由"天""地"所决定的。

2.《孝经左契》之孝

《孝经左契》曰："元气混沌，孝在其中。天子孝，龙负图；庶人孝，林泽茂。"这段话的大意可以理解为：在大自然（或宇宙）的起源过程或初始阶段，孝就已经存在了；上到决定国家或百姓命运、把握宏观与战略决策的天子能够"孝"，顺应"天理"，把握"天时"，符合大自然的规律，就会"承天命""行天运"，风调雨顺、国泰民安；对于老百姓来说，能够在具体的行为中懂得并尊崇"孝"，就能够获得大自然各方面的良好回报，

"万物各得其和以生，各得其养以成。"显而易见，这里的孝就是《道德经》中的"道"与"自然"，概括地讲，大致可以称之为规律，即大自然的客观规律，这也是"天""地"的规律，顺之则昌，逆之则亡。由此可见，这里的孝是"天—天子—庶人""三位一体"地存在和作用的，因此，孝就有了三种形态。人与人之间的"对人的孝"，个体与群体之间的"对组织或国家的孝"，人与大自然之间"对自然的孝"，即对长辈之孝（家庭人伦之序）、对国家之孝（社会组织之序）、对天地之孝（自然之序）。最终是"对天地之孝"，进一步突出了农耕文明中"对大自然的崇拜"或"土地崇拜"。

（三）孝文化与生态观

农耕文明最主要特点是土地决定人类命运。《孝经》和《孝经左契》中的两段话说明一个十分重要的问题，即孝的起源与孝的内涵都是由人类的生活与生产方式决定的，农耕文明中的孝，与大自然的土地联系至为紧密，这种联系是孝字内涵中更为原始与本原的意义，《易经》："天地之大德曰生，生生之谓易。"《孝经》："夫孝，德之本也"。天地对人类最大的恩德是生存，且生生不息，因此，对于人类来说，最重要的德，就是对"天地"的孝。这是我国古代生存文化的核心，也是我国古代最朴实的生态文化。所以孝字"孩子扶老人"的内涵就是从人类孝敬天地的关系中衍化延伸出来的，这也将对老人的孝上升到了对天地之孝的序列之中。

北宋张载《西铭》把孝道上升到了天地宇宙高度，建立了一个天地人一体的"大家庭"，以天为父，以地为母，万事万物都是子，人与人、事物与事物之间的关系就是超越血缘的兄弟关系，但长幼有序。因此，尽孝就不仅是对自己的父母尽孝，而且是对天地尽孝，这样才是"大孝"，这就"从哲学本体论的高度，把伦理学、政治学、心性论、本体论组成一个完整的孝的体系。"这种"大孝"，实际上揭示了人类发展与大自然的深层和和终极的因果关系。

由此可见，孝字结构中"土"与"子"之间的"上下"结构紧密就是"天人关系"或"人地关系"的形象化。土字在上，首先是"皇天后土"

在上，包括自然意义上的"天地在上"，也包括社会与文化意义上的"天地在上"，说明"天地"的重要和对"天地"的崇拜；在"土与子"之间的一撇，将二者紧密联系起来，彼此不可分割，合为一体。而且，"土与子"的结构，更加体现孝的本义与本质的解释，不是"扶"或"承"，而是"跪"即跪拜，表示崇拜、敬畏、祈求、拜谢、顺从等，由此才有"扶"或"承"的衍生意义。由此可见，孝字结构很体现农耕文明中的"土地崇拜"，也是对"天人合一"的思考与追求，因此，农耕文明中孝文化的原始内涵，是土地崇拜文化。但后来人们将"孝"内涵重点定位在人类的晚辈对长辈的关系之上了，孝敬天地反而成为"孝敬长辈的延伸"。

二 《论语》中的孝的类型与体系及其对生态文明建设的启示

《论语》作为我国传统文化最有代表性和传播最为广泛的经典，经受住了历史长河数千年的洗礼与淘汰，其中关于人际关系或人伦关系的论述极多，内容十分丰富，尤其孝在其中的地位非常突出，形成了独具特色的思想体系。

（一）《论语》的中"孝"的具体内涵与形态

《论语》中，"孝"的本意是"善事父母"，并围绕这一点展开，具体形成了包括"尊敬""奉养""侍疾""承志""立身""谏诤""送葬""追念"等八个方面的"孝文化"体系。孔子的学生有若说："孝悌也者，其为仁之本与！"儒家思想是以仁为核心的体系，可孝悌为"仁之本"，说明孝在整个儒家思想中的核心地位。《论语·为政第二》中有四章关于孔子回答弟子什么是孝的记载，史称"四子问孝"。

①孟懿子问孝。子曰："无违。"樊迟御，子告之曰："孟孙问孝于我，我对曰无违。"樊迟曰："何谓也？"子曰："生，事之以礼；死，葬之以礼，祭之以礼。"

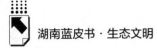
②孟武伯问孝。子曰："父母唯其疾之忧。"

③子游问孝。子曰："今之孝者，是谓能养；至于犬马，皆能有养，不敬，何以别乎？"

④子夏问孝。子曰："色难。有事，弟子服其劳；有酒食，先生馔，曾是以为孝乎？"

由此可以将"四子问孝"的具体内容分为四类，即分别为"无违""忧疾""敬""色难"。

1. "无违"

无违，主要是指不能怀有或出现违背父母或长辈的念头，不能违背"礼"对孝的规定与要求，以及由此推及不能违背"君"的意志与要求等方面的想法与行为。具体要求是"生，事之以礼；死，葬之以礼，祭之以礼。"但凡在"生""死""祭"环节出现与"礼"不合的念头与行为，就是不孝，是儒家文化所不允许的。而其中的"礼"则是长期以来形成的被广泛宣传和普遍遵守的相当完备的规则体系。即使要根据具体对象的实际情况来体现和评价，但总体上不能出现"违背""对立""厌烦""虚假"等方面的心理与行为，所以，"礼"同样是不能违背的特殊内容。这样，与礼相结合的"无违"之孝才能真正行得通。

2. "忧疾"

各种疾病的威胁与困扰是长辈面临的最大难题与风险，人老病多，越是年纪大了，就越担心身体健康，害怕疾病，渴望健康，重视健康，但随着年龄增长，老来体弱多病是常态。所以每个人都面临生病的风险，孝子担心父母生病、生重病、生怪病等构成孝之"忧疾"的基本内容。没有生病的时候，总想确保父母健康快乐；一旦父母生病了，要千方百计将父母的疾病医治好，将父母伺候好，让父母恢复健康。"忧疾"就是要将父母的健康快乐作为人生最重要内容来对待，不仅要经常关注父母健康、快乐、长寿，而且要注意掌握照顾长辈健康的知识、方法与技巧，怀"忧疾"之心，练"除疾"之能。

3. "敬"

"敬"的内涵很丰富，甚至还有些深奥。"敬"的前提是"养"，但又超越"养"，包括了社会与文化方面的内涵，甚至有"止于至善"的内涵。在孝的具体内涵与价值标准上，就要在自己的灵魂深处牢牢树立以孝为荣、以孝为重的人生观、价值观，将重点放在保证孝敬对象生存无忧、受尊重、有地位、有尊严等方面。同时，要根据具体的孝敬对象，分析把握其在生活与社会等方面的个性特点。总之，要将敬的内容、要求、标准等具体化和系统化，将被孝者的内心需求与社会价值结合好，让他们享受孝的尊严，确保孝的内容更好体现严肃性与庄重性。

4. "色难"

"色难"指的是将孝表现好的难点与重点。这个"色"的内容比较丰富，至少应当包括三个方面，一是让被孝敬的对象开心愉悦、眉开眼笑、喜形于色，让他们享受孝的乐趣，如果不敬、没有内心的敬重，哪里会有令人开心的表现与氛围呢？二是孝敬者自己以孝为荣，将真诚的内心的喜悦表现在脸上、嘴上、语言上、举止上，无微不至、不厌其烦，"久病床前无孝子"，首先就表现在"色难"之上，各方面都出现越来越"难"的现象。三是在双方之间形成良好友善的关系与氛围，彼此愉悦。有人说，孝有愚孝、愚忠的成分，要求行孝者绝对地、无条件地服从和顺从，试想这样的关系怎么会和睦呢？父（母）慈子孝，讲的就是双方的身份角色与言行方式都是定位很明确的，并不是单向关系，而且，无论是在家里，还是在社会，这种关系都要一致，否则，必定出现掩饰不住的"色难"。

"四子问孝"可以看作孔子关于孝的思想的系统表达，四个方面紧密相关。对于以人与人之间关系为核心的秩序体系，做到"无违"就是首先要好好学习孝的知识与礼制；"忧疾"就是要在日常言行体现对父母健康的关心；"敬"让孝扎根到思想深处，要在孝的过程中克服表面现象；"色难"就是要在履行孝的过程中，要注重具体方式，营造温馨、和谐的环境和氛围。如果不学习，就可能在行孝中"有违"长辈意愿或礼制，而"有违"则难以做到"忧疾"，进而导致不"敬"，如果不敬，必然"色难"。只有在思想上、在内心里深深地播撒孝敬的种子，才能开出美好、温馨的孝敬之花，养成良好家风，在社会上形成孝的风尚。

（二）《论语》孝文化观对生态文明的启示

"无违""忧疾""敬""色难"，这是由"孝"为核心而建立和维系的"人与人之间和睦（谐）共生"体系，是将对天地之孝的"大孝"转化为系统性"人伦之孝"，将其应用到"人与自然和谐共生"的关系上，很有借鉴意义和现代价值。如果联系上文对孝文化的起源与本义分析，这种"应用"实际上是"还原"。

1. 人与自然关系中的"无违"

从人与自然的关系角度来说，这个"违"的对象一般是指自然规律与社会规则两个方面的内容，也包括个人的内心价值观。这就要求个人的价值观中要有对孝的真正理解、接受与尊崇，而且不能脱离真正具有决定意义的大自然。因此，"无违"就要在自然、社会、个人这三个方面不能出现"违背""对立""厌烦""虚假"等方面的心理与行为。特别是在人与自然的关系上，解决"无违"问题，就是要尊重自然规律，顺应自然规律。所以，"无违"的实质是要深刻把握和全面遵循大自然与人类社会在长期演化中形成的和睦相处的关系与规律，无违，就能"天地位焉，万物育焉。"

2. 人与自然关系中的"忧疾"

工业革命以来，人类与大自然的关系发生了真正的根本性的改变与恶化，人与自然的矛盾越来越明显，越来越尖锐。千百万年以来人与自然的平衡关系几乎是在几百年的工业化中，"瞬间"打破，自然的肌体忽然染上了"工业化的疾"，而且，自然之"疾"导致了人类的"疾"，只是"财迷心窍"而看不见这种"疾"罢了。现在，我们要改正自己犯下的大错，要对大自然的一切有更深入的了解，知道"疾"之所在，这样才能"忧"到根子，才能深刻反思和有效改正。

3. 人与自然关系中的"敬"

"敬"就是要从思想和灵魂深处尊重、敬畏大自然，并实现知行合一。不

"敬"缘于无知，缘于麻木。如果不"敬"，则与动物没有区别。这种"敬"的实质是文化与文明的体现。工业化的成就导致人类对祖先传承下来的对大自然的孝敬或敬畏产生鄙视心理，对自身盲目自信，而面对由自身造成的大自然的"疾"又近乎无奈，以至大自然的"疾"长期未能得到有效医治，甚至还处于恶化状态。我们应该以极其友善的态度对待大自然，实现环境友好。当然，这种友善是建立在科学认识、真诚感情与理性行为之上。人们知道在人与人之间的"敬"与不"敬"，彼此之间感受得到，可人们对于自然的"敬"与不"敬"，不易感受，于是易生不"敬"之心与不"敬"之行。

4. 人与自然关系中的"色难"

解决"色难"问题，就是要解决生产与生活的绿色发展问题，建设美丽中国，还自然以清洁、宁静、美丽。俗话说，相由心生，心由相显。人类以自然之子的身份心平气和对待大自然，真正做到并不容易，但这是真正的"色美"。人是大自然的产物，自然之美才是天然之美，也是最深层次和最高境界的美。有的地方生态环境改善之后，原来恶化时导致的迁徙走的动物又回来了，整个自然生态体系恢复了。生态系统经过亿万年演化的状态具有相对稳定性，自然恢复就是要让这种原始性恢复起来。

万物皆有灵性，这里的万物，并非只是指动物，植物也一样，甚至宇宙中一切因素都有着人类一时还认识不到的各种联系与信息。而这一切都有着自身的"色"，万事万物之间处于和谐共生状态，则为"和颜悦色"，否则就会出现"色难"。所以，"色难"并不只是难以做到"和颜悦色"，真正认识到什么是"和颜悦色"、了解和把握万事万物之间天然和谐性质与关系，也是一件困难的事情。在人与自然之间形成和谐和睦的关系，应当体现在"万事万物"之间。

5. 以"人类之孝"对待大自然

人与自然和谐共生，其实有一个根本前提，即这个"人"首先是和谐共生的群体，如果孝文化在人与人之间的"和谐共生"上具有独特地位和影响，发挥了不可替代的积极作用，就形成了"人类之孝"，那么，在促进"人与自然和谐共生"上就有了最坚实的共同的人伦基础和文化基础，中华

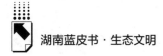

优秀传统文化在生态文明建设中，在推进中国式现代化发展中，就发挥了独特的融合与促进力量。如果人与人之间不能和谐共生，怎么可能实现人与自然的和谐共生呢？

人与人之间的和谐，是确保人与自然和谐的前提与保障。在人类文明发展进程中，人与人之间的交往半径越来越大，关系越来越密切，从而越来越面临"共同"的对大自然的关系。因此，这个"共同"体系之中，就需要以人与人之间的和谐为基础，否则，人与人之间的不和谐，必然导致人与自然之间的不和谐。从历史发展与实践过程来看，人与人之间的和谐共生是充满着各种各样的矛盾与难题的，这种矛盾与难题，始终伴随着人与自然的关系演变过程，甚至还出现过人与自然不和谐的竞争，如何立足于人与自然和谐共生的大前提来构建"人与人之间的和睦关系"，是生态文明建设的重点，也是生态文明建设需要解决的难题。

三　培育孝敬自然的综合力量

习近平总书记说，"文化自信是更基础、更广泛、更深厚的自信。""文化自信是一个国家、一个民族发展中更基本、更深沉、更持久的力量。"中华文化独一无二的理念、智慧、气度、神韵，增添了中国人民和中华民族内心深处的自信和自豪。"要加强对中华优秀传统文化的挖掘和阐发，使中华民族最基本的文化基因与当代文化相适应、与现代社会相协调，把跨越时空、超越国界、富有永恒魅力、具有当代价值的文化精神弘扬起来。"在生态文明建设上，越是注重立足于文化角度的决策，也就能更好地"站在人与自然和谐共生的高度谋划发展"。我们将孝文化的积极意义深度发掘和大力弘扬，共同构建一个孝敬自然的体系，既要有对大自然之"孝敬之心"和"孝敬之行"，还要创建"孝敬之理"，然后在全社会形成对大自然的"孝敬之风"，进而为促进人与自然和谐共生培养"孝敬之力"，形成"心—行—理—风—力"的"五位一体"的孝敬体系，这样才能更好地体现发挥孝文化的潜在价值与综合力量。

（一）尊崇对大自然的"孝敬之心"

对大自然要怀有崇敬与感恩之心，将"大自然生我养我"之情深深播种在心田，使之成为终生的守则与信仰，一是要深度发掘传统文化中关于"孝"的文化，并促进这种文化的创造性转化和创新性发展。二是要在坚持马克思主义基本原理同中华优秀传统文化相结合的进程中，将"孝"文化与马克思主义的人生观、世界观、价值观相结合。三是要在社会主义核心价值观中融入"孝"的内容与要求。四是要在社会主义生态文明观的构建中，将"孝敬"的内涵与要求纳入其中，融入其中。四者结合，发掘和发挥孝文化的价值，在全社会形成既有深厚历史文化传统根脉，又有现代文化内容的共同价值理念和价值体系，并将这些内容融入各类教育教学和培训工作之中，培育起坚实厚实的对大自然的敬畏观和孝敬观，让所有人都从小时候就从内心深处懂得这个最朴实而深刻的道理，在社会主义生态文明体系中厚植孝文化的独特力量，使其成为中国式现代化和人类文明新形态的"软实力"。

（二）倡导对大自然的"孝敬之行"

知行合一是中华优秀传统文化的重要内容与特点。一分部署，九分行动。关于生态文明建设，大道理，大家都懂了，重要的是各行各业在生产活动中真正落实，实现绿色发展方式的根本性转变，全国人民越来越树牢"绿水青山就是金山银山"理念，自觉地践行绿色生活理念，比如参加各种生态环保志愿者组织，从小事做起，把小事做实，像孝敬长辈一样，满怀真诚地表达对大自然的感恩、热爱、珍惜和守护之情。

（三）创建对大自然的"孝敬之理"

"孝敬"是一种文化，当孝的影响延伸到社会各个领域时，人们对于孝的理解与应用就越来越广泛，越来越丰富，进而形成了以"孝"为核心的文化体系、道德体系和规则体系，这是中华优秀传统文化的重要内容，属于中国人民在长期生产生活中积累的宇宙观、天下观、文明观、生态观、道德观的重要表现，同科学社会主义价值观主张具有高度契合性，这是马克思主义基本原理同中华优秀传统文化相结合的重点所在。因此，我们要在理论上、在学理上，建立起"孝敬自然"的理论与思想，构建相应的学术体系、学科体系和话语体系。

（四）广树对大自然的"孝敬之风"

对于自然的孝敬从个人做起，从家庭做起，从组织做起，在全社会展开，只有这样才能在全社会形成对大自然的"孝敬之风"，这同孝敬长辈是后辈的本分在原理和本质上是一样的。一种风气风尚的培育和形成，需要长期坚持，需要目标明确和措施有力。孝敬自然要成为文化，要成为价值观，要建立理论，要建立制度，要融入日常生活，要成为公民基本素质，要成为文明程度高低的必要内容，就需要在全社会培育和倡导这种"孝敬之风"。

（五）厚植对大自然的"孝敬之力"

孝敬之力，就是要让孝敬自然成为生态文明建设的精神力量与社会力量，这种力量指的是孝敬从文化习俗、价值理念、制度体系、行动方式和社会风尚等方面贯穿融入时，就会形成一种无形的力量，一种对现实社会和实践行为有着广泛深刻影响的巨大力量，一种不能缺少和不可替代的力量。无论某些人怎样质疑甚至否认孝文化在中华传统文化中的独特地位与影响，但作为中华文化的核心内容之一，在维系家庭和睦与代际和谐方面所发挥的作用，在家庭与人伦秩序上的深刻持久的积极作用，在社会秩序和社会治理中的基础性作用等，都是十分重要和十分积极的，是一种历史贡献与文化贡献，是中华民族具有深厚共同体意识和强大组织能力的重要依据，是中华文明具有超越任何其他文明而能够发展到今天，并且仍然表现出巨大生命力的基因要素。在全世界上古五大文明中，中华文明是唯一没有中断而发展至今的人类文明，不管人们从何种角度分析中华文明发展延续的原因，但毫无疑问，孝敬的文化与行为，构成了具有独特内涵与影响的"孝敬力量"，这是一种具有民族独特性和历史厚重性的文化力量和精神力量，一种发自内心的具有亲和力感染力的力量，一种具有向心力和凝聚力的力量。以这样的理念与方法，应用到人与自然的关系上，就是一种深层而强大的促进人与自然和谐共生的力量，有利于培养对大自然的"孝敬之力"。

参考文献

习近平：《推动我国生态文明建设迈上新台阶》，《求是》2019 年第 3 期。

习近平：《高举中国特色社会主义伟大旗帜为全面建设社会主义现代化国家而团结奋斗——在中国共产党第二十次全国代表大会上的报告》，人民出版社，2022。

习近平：《论坚持人与自然和谐共生》，中央文献出版社，2022。

中共中央办公厅、国务院办公厅：《关于实施中华优秀传统文化传承发展工程的意见》，《光明日报》2017 年 1 月 26 日。

习近平：《在哲学社会科学工作座谈会上的讲话》，人民出版社，2016。

李银安、李明等：《中华孝文化传承与创新研究》，人民出版社，2018。

陈来：《中国文化为人类生态文明提供了基础理念》，《北京日报》2022 年 8 月 29 日。

白瑞雪：《汲取中华优秀传统文化中蕴含的生态智慧》，《光明日报》2022 年 12 月 12 日。

B.34
创新发展绿色金融　助力湖南生态文明强省建设[*]

曹　裕　等^{**}

摘　要： 发展绿色金融，是推动经济社会发展绿色化、低碳化，实现高质量发展的重要环节。为深入贯彻落实习近平总书记"金融工具服务绿色发展"的指示精神和党中央决策部署，湖南省积极推进绿色金融改革，探索绿色金融服务创新模式，正迈向"提质增效"发展阶段。然而，现阶段湖南省在绿色金融制度体系、产品体系、风控水平、低碳导向方面与国内领先地区还存在较大差距，应当从不同方面抓重点、创亮点、破难点，完善制度，打造全方位绿色金融制度体系；创新工具，构建多元化绿色金融产品体系；建立平台，提升多维度绿色金融服务水平；衔接市场，推广碳交易绿色金融产业发展。

关键词： 绿色金融　生态文明　碳交易市场

习近平总书记多次强调，要"利用绿色信贷、绿色债券、绿色股票指数和相关产品，绿色发展基金、绿色保险、碳金融等金融工具和相关政策为

---
* 本文系国家自然科学基金委资助的国家自然科学基金面上项目（项目编号：71972182）的阶段性成果。

** 曹裕，国家级人才计划青年学者，中南大学商学院教授、博士生导师，共青团中南大学委员会副书记。万光羽，湖南大学经济与贸易学院副教授、硕士生导师，致公党经济发展委员会副主任。课题组成员还包括：胡韩莉、寇芙柔、李想、王云佳、陈欣、杨方杰、易超群、李青松。

绿色发展服务"。发展绿色金融，是推动经济社会发展绿色化、低碳化，实现高质量发展的重要环节。湖南积极推进绿色金融改革，探索绿色金融服务创新模式，正迈向"提质增效"发展阶段。绿色金融已逐步成为湖南实现从"绿水青山"到"金山银山"的重要桥梁和转化器，是生态文明强省建设的重要抓手。但在此过程中，绿色金融产品服务实体经济支撑力不足、绿色金融风险防范机制不健全等问题日益凸显。如何有力推进全省"三高四新"重大发展战略，厚植绿色发展底色，推动金融资源绿色化、低碳化转型，成为亟须破解的重大课题。

一　湖南绿色金融发展工作初步成效

（一）配套型绿色金融政策

湖南及时响应中央《关于构建绿色金融体系的指导意见》号召，于2017年便发布了《关于促进绿色金融发展的实施意见》，要求各相关部门积极引导金融机构支持绿色转型，逐步构建绿色金融政策体系。而后《湖南省金融服务"三高四新"战略若干政策措施》《关于深化长株潭金融改革的实施方案（2021-2023年）》《湖南省碳达峰实施方案》《湖南省制造业绿色低碳转型行动方案（2022-2025年）》等多项政策合力提出，加快建立全国碳市场能力建设（长沙）中心，搭建省级双碳综合服务平台，以衔接碳市场与绿色金融、打造长株潭绿色金融探索区等发展配套型绿色金融政策。

（二）增长式绿色金融发展

受政府政策支持和机构制度指引，湖南省绿色金融处于较快增长状态。截至2022年第二季度末，全省绿色贷款余额5709.81亿元，同比增长51.1%，高于全省各项贷款增速39.4%，高于全国绿色贷款增速10.7%；占全省各项贷款余额的9.49%，同比增长2.48%，绿色贷款不良率仅0.17%；

全省绿色债券余额233.5亿元，同比增长15.6%①。截至2022年末，全省政策性开发性金融工具共计投放金额282.8亿元，其中金融机构累计获得碳减排支持工具113亿元，占比39.96%，支持重点领域企业达127家②，具备极强发展前景。

（三）多元化绿色金融产品

绿色金融产品创新是扩大绿色发展覆盖面的重要渠道，湖南省不断鼓励和引导各类金融机构加大对绿色金融产品的研发和推广力度。2021年在金融助力碳达峰碳中和——绿色投融资培训暨项目对接会上，湖南省20家银行机构推出了多达82款绿色金融产品③，包含了绿色信贷、绿色债券、绿色保险、绿色基金等多元化金融工具，涉及农业、基建、科技、节能、环保等多个领域，如民生银行的"农户光伏贷"、北京银行的"节能贷"等，为湖南产业升级和绿色发展提供了强劲动力。通过鼓励产品创新、完善发行制度、规范交易流程、提升透明度，大力构建多层次绿色金融产品和市场体系，多元化融资支持通道正加速开启。

二 湖南绿色金融发展存在的问题

（一）绿色金融制度体系有待完善

一是政府层面，绿色金融法律保障体系缺失。随着我国碳排放权交易试点工作的持续推进，北京、天津、上海等七个试点省市相继在其主要的地方文件中增加了关于促进绿色金融发展的政策表述，深圳更是提出了我国首部

① 《湖南实现金融机构环境信息披露全覆盖》，https：//www.financialnews.com.cn/qy/dfjr/202208/t20220823_253941.html，最后检索时间：2023年4月18日。
② 《2022年湖南贷款同比增长11.7%重点投向了哪些领域》？https：//baijiahao.baidu.com/s?id=1756506119607471523&wfr=spider&for=pc，最后检索时间：2023年4月18日。
③ 《湖南加快发展绿色金融》，http：//www.hunan.gov.cn/hnszf/hnyw/zwdt/202110/t20211019_20785758.html，最后检索时间：2023年4月18日。

绿色金融法律法规《深圳经济特区绿色金融条例》①，但湖南颁布的有关绿色金融发展的政策仅限于部门规章制度和建议指导性文件层面，自上而下的全面型法律法规尚未出台，这导致了湖南绿色金融发展缺乏统一的规范和监管标准，也不利于政府、金融机构以及企业等各方形成共识与协作。二是金融机构层面，缺乏明确的指导标准和具体实施细则。相比其他省份，湖南商业银行等金融机构在绿色信贷投放对象上存在很大的随机性，真正需要进行绿色项目投资和技术改造升级的企业经常得不到应有的绿色信贷资金支持。例如黑龙江省设立绿色金融分支行或事业部等专营机构，引导银行机构创新绿色信贷产品，为绿色企业和项目提供绿色通道服务；福建省则推动银行业金融机构重点构建绿色信贷管理"六项机制"，鼓励各银行业金融机构设立绿色金融事业部、绿色金融专营分支机构，为绿色信贷和投资提供专业化金融服务。相较于此，湖南对金融机构发展绿色金融则缺少明确的政策指引。

（二）绿色金融产品体系有待优化

一是绿色金融产品结构不佳。湖南绿色金融产品单一，难以满足多层次、多类型的市场需求，表现为以绿色信贷为主，绿色保险、绿色基金、绿色信托等金融产品占比较低。截至 2022 年末，全省金融机构本外币贷款余额为 62351.5 亿元，同比增长 11.7%，其中绿色贷款余额同比增长 56.5%，增速较 2021 年末提高 27.3%。② 一方面，绿色公司债和绿色企业债的发行量较少，其发行主体大多是融资需求迫切的绿色环保企业。另一方面，绿色债券发行主体集中在银行等金融机构、国有企业和大型民营企业。中小型企业和民营企业的融资需求大，但占比较少，其票面利率也较高，导致其无法通过绿色债券来实现低成本融资。二是绿色金融产品规模不足。湖南绿色金

---

① 《市地方金融监管局关于〈深圳经济特区绿色金融条例〉的解读》，http://www.sz.gov.cn/cn/xxgk/zfxxgj/zcjd/content/post_ 8279901. html，最后检索时间：2023 年 4 月 18 日。

② 《2022 年度湖南省金融运行形势新闻发布会》，http：//www.hunan.gov.cn/hnszf/hdjl/xwfbhhd/wqhg/202301/t20230131_ 29235798. html，最后检索时间：2023 年 4 月 18 日。

融政策效能低，绿色金融与财政支持的衔接不畅，财政资金的杠杆作用和引导功能发挥不佳，因而支持绿色产业发展的金融产品规模有限。以绿色信贷为例，2022年上半年，北京、广东两地发行主体数量分别为25家和19家，两地发行主体数量占全国比重29.53%，发行金额占全国比重57.27%，而湖南发行主体仅有7家①，数量较低。

（三）绿色金融风控水平有待提高

一是金融信息传递不足。虽然湖南的绿色金融在不断发展，但仍然面临着信息不对称、信息传递不足、数据缺乏足够透明度等问题。绿色金融信息披露分散、共享度低、可比性低，信息获取难度大、成本高，且信息披露的准确性无法保证，导致金融机构无法有效掌握企业的环保信息，企业融资贷款效率低下。环保部门、银行信贷部门、企业之间缺乏信息沟通机制，发布的企业环境违法信息针对性不强、时效性不够，不能及时曝光企业的违法信息，难以为金融机构信贷审查、投资者决策以及政府部门决策提供有效信息支撑。因此，亟须建立起整合绿色金融领域重要信息的大数据平台，打破信息不对称阻碍绿色投融资的瓶颈，如湖北的"鄂绿通"和成都的"绿蓉通"都在不断发挥着积极作用。二是风险防范水平不高。湖南金融机构自身的风险管理能力不高，投融资对金融风险与环境效益未能做到充分的考察与配合，更多的是为了完成监管机构对绿色金融的业绩考核要求，对绿色企业和项目的相关情况评估不到位，很难反映出不同项目的具体环境效益情况，难以保障绿色企业的资产质量，绿色产业、绿色项目融资风险加大。此外，绿色金融市场的监管力度不佳，无法及时发现并防范风险，导致绿色信贷、绿色债券等违约风险较高。

（四）绿色金融低碳导向有待加强

一是绿色金融市场与碳交易市场的衔接尚不充分。金融机构和包括碳衍

---

① 《新世纪评级印发〈2022年上半年中国绿色债券市场分析报告〉》，http：//www.shxsj.com/uploadfile/kanwu/2022/20220803-1.pdf，最后检索时间：2023年4月18日。

生品在内的金融产品对于降低交易成本的利好作用显著。而《湖南省"十四五"金融业发展规划》指出，湖南碳期货、碳期权等产品还在试点推广阶段，碳金融衍生品种类仍需进一步丰富，可见绿色金融市场和碳排放市场的衔接程度较低，这不利于湖南充分利用绿色金融市场的资源和机制，支持碳交易市场的发展和完善。而湖南作为能源消费大省，若不能及时建立健全绿色金融市场与碳交易市场的协调机制，将难以有效激励和引导各类市场主体参与碳减排行动，提高碳减排效率和效益，实现"双碳"目标。二是相关企业对碳金融产品交易意愿不强。湖南省相关企业的碳交易经验不足、碳交易信息缺失，对于碳交易金融产品的了解和使用都不够充分，部分企业对碳交易市场的运行规则和风险收益情况不清楚，担心碳交易会增加成本和负担，还有部分企业对碳金融产品的种类和功能不熟悉，缺乏有效的培训和指导，湖南在全国碳排放权交易市场第一个履约周期中涉及的 63 家发电企业出现 38 家碳排放权配额盈余，另有 25 家配额存在缺口，可见相关企业没有积极通过碳金融交易进行供需平衡和资源配置，在绿色低碳转型的道路上损失了一定的效率。这不仅影响了相关企业的碳减排效果和经济效益，也制约了湖南省碳金融市场的发展和创新。

三　湖南绿色金融发展的对策建议

（一）完善制度，打造全方位绿色金融制度体系

一是加快完善湖南绿色金融标准。一方面，借鉴深圳、浙江等绿色金融改革试验区的成功经验，并结合湖南实际情况，由省地方金融监督管理局牵头，成立绿色金融标准工作小组，加快制定绿色金融各领域细分标准，包括绿色金融通用标准、绿色金融产品服务标准、绿色信用评级评估标准等，这些标准不仅要符合国家和相关行业的规定，还要突出湖南的区域特点和产业优势，并进一步明确其中关于绿色金融的定义、内涵、类型等要素的说法，为湖南绿色金融发展提供统一的参考。另一方面，持续对接国际绿色金融标

准，学习诸如《巴黎协定》、英国的《绿色金融战略》等文件[①]，及时了解和掌握国际绿色金融的最新动态和规范文件，并鼓励湖南相关企业开展跨境绿色债券等金融业务，利用国际投资资金为湖南绿色项目注入活力。此外，应当积极参与全球环境基金（GEF）等国际组织和平台，拓宽绿色金融领域的国际视野，获得绿色金融前沿动态信息，并争取获得先进技术援助，以提高湖南在该领域的影响力。二是要加大法律与政策扶持力度。省委、省政府，市委、市政府应制定相关政策，初步建立绿色金融制度，逐步推出绿色金融单行法，完善绿色信贷制度，确立绿色金融的内涵、基本标准、工作程序和评价体系，这些政策、指导文件和工作程序应当以促进湖南生态文明建设和经济高质量发展为主题，以国家和行业的相关规定为参考，以创新、绿色、开发、共赢为理念，最终实现服务实体经济、深化金融改革、推动生态文明建设等众多目标。具体而言，要通过绿色金融政策的协调和衔接，为绿色金融提供制度保障，例如通过制定和完善绿色金融激励政策，对于符合绿色金融标准的项目和企业给予减税降费等财政支持或经济补贴等实质奖励，同时加强绿色金融风险防范机制的建设和信息披露制度的实施，以对内减少企业资源浪费和效率损失，对外规范绿色金融市场行为，增强金融机构、借贷企业、从业人员、社会公众等各方的信心。此外，可以引导绿色信贷的投资方向，通过金融手段保护我国生态环境，例如引导绿色信贷投资方向聚焦于湖南生态环境保护和经济绿色转型项目，优先支撑节能减排、清洁能源、循环经济等领域的企业发展。同时结合绿色保险和绿色证券等产品，充分发挥多元化金融工具的作用，提高湖南绿色产业和相关项目的资金供给水平。

（二）创新工具，构建多元化绿色金融产品体系

一是持续创新绿色金融产品，丰富企业融资渠道。政府应加强省直各部

[①] IIGF 观点：《英国绿色金融发展现状与中英绿色金融合作展望（上篇）》，http：//iigf.cufe.edu.cn/info/1012/4991.htm，最后检索时间：2023 年 4 月 18 日。

门协调联动，建立绿色金融公共信息平台，充分披露绿色金融项目的信息，提高信息透明度和市场化程度，进一步优化湖南绿色金融发展环境，有效推进湖南绿色金融产品创新，为金融机构识别和评估企业信用等级提供支持。此外，充分发挥长株潭两型试验区的政策优势，将长沙、株洲、湘潭等地绿色金融产品作为典型在全省推广，促进永州、娄底、益阳等空白地区推进绿色债券、绿色基金、绿色保险等金融产品创新。鼓励长沙银行、湖南银行等本土金融机构在省内普及推广绿色债券承销和发行的先进经验，促进省内金融机构间的交流合作，持续探索和创新绿色金融产品，发挥绿色金融再贷款的牵引作用，促进绿色金融、普惠金融及科技金融的融合，推动中长期信贷产品创新。加大对绿色产业的融资支持力度，鼓励非金融机构加强金融产品联动，探索发行以绿色债券为投资目标的债券型证券投资基金产品，通过债权、基金、贷款、租赁等多种方式，扩大绿色金融产品的应用场景，逐步形成一整套绿色企业和绿色消费的金融产品体系，为绿色产业提供多元化、多层次的综合金融服务，以满足不同市场主体的资金需求。二是加大政府扶持力度，扩大绿色金融产品规模。首先，政府加强顶层设计，持续完善绿色金融标准体系、绿色投融资体系和绿色信用体系，将绿色金融产品纳入地方政府、国有企业绿色发展创新的考核指标，提高绿色金融政策的优惠力度，对成功发行绿色金融产品的本土企业按照发行规模的比例给予奖励，对非本土企业给予财政贴息。其次，聚焦鼓励绿色能源、绿色制造、绿色城市、清洁环保、新能源汽车五大领域发展的多个场景，鼓励地方政府联合金融机构共同培育一批专业化的绿色金融主体，建立绿色金融风险共担机制，主动引导向清洁生产、清洁能源等方向转型发展的行业龙头民营企业参与发行绿色债券，探索设立省级绿色产业发展基金，发展私募股权投资和风险投资，扩大股、债、贷相结合的绿色金融产品和服务规模。最后，支持地方政府积极发行"碳中和债券""乡村振兴绿色债券""可持续发展挂钩债券""转型债券"等创新产品，促进绿色金融与碳达峰碳中和、低碳转型、乡村振兴等重大战略有机融合。此外，依托湖南自贸区建设，推进自贸区内的企业强化金融创新，发行国际化绿色债券。

（三）建立平台，提升多维度绿色金融服务水平

湖南省应立足全省产业结构和区位优势，加大对绿色金融科技的资源投入，打通助力绿色产业发展的融资渠道，全力支持绿色基建、绿色能源和绿色交通等领域的各项技术研发和产业发展。一是构建绿色金融综合服务平台。依据《关于银行业保险业数字化转型的指导意见》和《湖南省区块链发展总体规划（2020—2025年）》的指导布局，推广"区块链+大数据+绿色金融"发展模式，由政府牵头整合湖南绿色金融产品、绿色经济发展的企业库、项目库、服务机构、政策动态等信息，利用新兴技术搭建绿色金融服务平台，推动联合授信平台建设，促进企业信用跨层级、多层级传递，完成线上政银企相关信息发布和融资对接等功能，为政银企搭建信息桥梁，加大信息传导效能，为银行授信审核提供依据，减轻核心企业担保负担。围绕重大项目和重要产业链，加强场景聚合、生态对接，提供全方位的绿色金融产品和"一站式"线上金融服务，实现数据"多跑腿"，企业"少跑腿"，提高企业贷款审批效率，提升绿色金融服务质效。同时，立足金融服务平台，围绕绿色融资服务的主题，定期归集、更新企业碳账户、环境信用信息等绿色信息，建立面向全省、市、县三级金融机构的信息推送机制，适时发布政、银、企相关信息，聚集更多金融资源和更全面的金融服务投入绿色领域，助力湖南产业升级和绿色发展。二是建立金融风险防控平台。银保监会与金融机构要密切配合，采用大数据挖掘与智能分析技术，以"技术+数据"为核心，构建覆盖湖南主要新型金融业态的监测预警系统，打造金融风险实时监测预警和防控中心。借助区块链实现金融机构绿色低碳融资信息的实时更新、核验与共享，充分利用信息化手段，对融资各个环节进行智能化监测和分析，识别关键风险因素，提高事前、事中、事后整个过程的风险预警精度和管理的针对性和有效性。打造绿色金融服务的风险防控闭环，有效防范绿色信贷和绿色债券违约、虚假交易和重复融资等风险。同时，加强绿色金融数据治理，提升宏观审慎和微观监管数字化水平，提高绿色金融产品的风控水平，保障湖南绿色金融更好、更快发展。三是完善监管体系和评

估机制。政府应协同相关监督部门及社会监督，建立多层次监管体系，密切跟踪金融服务的过程。借助金融信息管理系统，开展金融机构和金融业务碳核算工作，积极引导金融机构和发债主体重视自身环境信息披露，不断提高环境信息披露覆盖面和披露质量。利用电子化查账以及信息自动对比分析，提升监督的科学化、精准化程度，有效降低监督和管理成本。此外，建立绿色金融业务的全方位评价机制和标准，引入第三方评估机构，构建绿色金融服务成效评估体系，从排污、能耗、绿色经营等方面对绿色企业和项目进行多维度、全方位的线上评估、筛选、认证，并通过平台公示评价结果，提升监管透明度。

（四）衔接市场，推广碳交易绿色金融产业发展

一是加速绿色金融与碳交易市场衔接。以"绿色金融暨碳交易与应对气候投融资"专题培训会议为模板，继续增办相关培训对接活动，引导各机构培养碳金融方向的专业人才，并提高绿色金融交易机构对碳交易的了解和关注度，引导金融市场参与主体聚焦于碳交易市场，发挥碳市场的价格发现功能，加速绿色金融与碳交易市场的协同发展。具体可以通过加强绿色金融政策宣传和培训，提高金融机构、企业和社会公众对绿色金融和碳交易的认知和参与度，建立绿色金融与碳交易协同发展的激励机制，鼓励金融机构开发适应碳交易市场需求的绿色金融产品和服务。同时，通过建立绿色交易市场机制，统筹推进碳排放权、用能权、电力交易等市场建设，加强不同市场机制间的衔接。鼓励金融机构以绿色交易市场机制为基础开发金融产品，拓宽企业节能降碳融资渠道。二是建立省级绿色低碳项目库。联合政府部门和人民银行按标准共同推送绿色低碳项目，汇总形成省级绿色低碳项目库，大力支持湖南高碳企业和工业园区的低碳项目，促进绿色项目与金融机构进行融资对接，推动绿色金融与绿色产业深度融合，为绿色发展提供重要助力。具体可以通过制定统一的绿色低碳项目评价标准和管理办法，建立项目申报、审核、入库、更新、退出等流程，梳理全省各地区、各行业、各领域的绿色低碳项目需求，收集符合条件的项目信息，形成省级绿色低碳项目

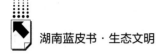

库，并定期更新维护。同时，加强项目库与金融机构的信息对接，推动项目库中优质项目优先享受政策支持和信贷优惠，也要加强项目库运行监测评估，及时总结经验教训，不断完善项目库管理水平①。三是引导碳交易企业组合碳金融工具。引导湖南企业借鉴试点地区碳金融市场的经验，通过组合不同期限、不同价格、不同交易条件的碳金融工具，让有碳排放需求的企业实现更加有效的资源配置，推动碳金融工具的创新和多样化发展，鼓励金融机构根据市场需求设计和发行碳信贷、碳保险、碳债券、碳基金等产品。同时，要重视加强碳金融工具的宣传和培训，提高企业对碳金融工具的认知和使用能力，增强企业对碳交易市场的信心和积极性。加强政府部门的协调作用，提高参与企业的信任程度，减少碳金融交易的信息不对称障碍，在价格、利率等条件中给予适度让步，降低碳交易成本，促进交易各方形成长久合作关系。要建立碳金融工具的分类目录和标准规范，明确碳金融工具的定义、功能、特征、风险等要素，加强碳金融工具的信息披露和监管，建立完善的碳金融数据平台和风险评估体系，提高市场透明度和服务效率。

---

① 《湖南省地方金融监督管理局关于印发〈湖南省"十四五"金融业发展规划〉的通知》，https://dfjrjgj. hunan. gov. cn/dfjrjgj/xxgk _ 71626/tzgg/tz/202108/t20210823 _ 20390623. html，最后检索时间：2023 年 4 月 18 日。

B.35
湖南碳排放市域差异性测度
与减排路径优化对策[*]

傅晓华　王　赫　傅泽鼎[**]

摘　要： 采用碳排放系数法，测度湖南各市州2011~2021年规模以上工业碳排放量。通过STIRPAT模型探究碳排放与能源结构、经济发展水平、能源利用效率和碳排放强度之间的影响关系，用岭回归解决共线性问题。设置基准、粗放、低碳、强化低碳四种情景，预测2022~2030年湖南各市州碳排放变化情况。主要结论如下：（1）2011~2021年，各市州碳排放存在明显空间差异，总体呈现东高西低的局面；时间序列变化虽不同步，但多数市州都为碳减排做出贡献。（2）STIRPAT模型显示，多数情况下影响因素与碳排放量呈正相关，经济发展水平影响最大，能源利用效率呈负相关。（3）4种预测情境中，除岳阳外的13个市州碳排放都呈现不同程度的下降。基于此，湖南应实行差异化的低碳发展路径，各地区按照各自能源结构、产业现状、技术水平等情况，因地制宜制定碳减排路径。

关键词： 湖南　碳达峰　碳中和　碳减排路径

---

* 基金项目：湖南省哲学社会科学规划基金（项目编号：22YBA120）；长沙市自科基金（项目编号：kq2202296）。

** 傅晓华，中南林业科技大学生态文明与碳中和研究所所长，教授；王赫，湖南省地方志编纂院；傅泽鼎，岳阳市水利局。

一 引言

为应对全球气候变暖，世界各国相继发布碳中和愿景。工业部门是中国减少二氧化碳排放的重要部门，其中规模以上工业企业是碳排放的主力军。要控制碳排放，首先就要控制规模以上工业企业的碳排放水平。湖南高度重视工业经济低碳化发展。从 2014 年《湖南省 2014~2015 年节能减排低碳发展行动方案》到《湖南省制造业绿色低碳转型行动方案（2022-2025 年）》《湖南省碳达峰实施方案》，无一不在强调低碳发展。由于湖南不同市州减排成本和效率各不相同，发展程度和低碳技术等方面存在差异，如何在实现双碳目标的前提下，保证各地区之间的减排任务公平和发展可持续，显得至关重要。因此，需要模拟不同情景下不同地区的碳排放趋势，并以此为基础探索因地制宜、行之有效的减排路径。需要注意的是，湖南正处在低碳转型期，短期内仍有对化石能源的刚性需求，迈向双碳目标的道路将面临严峻挑战。

国内外关于低碳减排的研究成果较多，主要集中在以下几个方面。一是对碳排放的有效测度。Lean 等（2010）基于 1980~2006 年东盟五国的碳排放量探究其与电力消耗和经济增长间的关系[1]；Su 等（2016）对 1991~2012 年的众多欧盟成员国碳排放进行了测度[2]；刘畅等（2020）基于碳排放因子法与人口权重分配法估测县域碳排放量[3]；关伟等（2020）[4] 借助 IPCC 法等对辽宁省的碳排放和碳排放效率进行计算，得出辽宁省碳排放总量在上升

---

[1] Lean H H, Smyth R, "CO$_2$ Emissions, Electricity Consumption and Output in ASEAN," *Applied Energy* 87（2010）: pp. 1858-1864.

[2] Su M, Pauleit S, Yin X, et al. "Greenhouse gas emission accounting for EU member states from 1991 to 2012," *Applied Energy*, 184（2016）: pp. 759-768.

[3] 刘畅、苏筠、黎玲玲：《中国县域能源消费碳排放估算及其空间分布》，《环境污染与防治》2020 年第 1 期。

[4] 关伟、郭岫垚、许淑婷：《辽宁省碳排放量及其效率时空差异研究》，《首都师范大学学报》（自然科学版）2020 年第 5 期。

后逐渐下降，变化趋势与碳排放效率的变化趋势截然相反。二是对碳排放影响因素研究。Bogiang Lin 和 Kui Liu（2017）[1] 采用基于扩展 Kaya 等式的 LMDI 法，探讨了工业结构、经济增长等因素对碳排放的影响；Li Li 等（2018）[2] 通过分析城市规模和产业结构变化对碳排放的影响，发现城市规模扩大和经济增长都会提升碳的排放量，而产业集聚和产业结构变化对碳减排具有重要作用；Ribeiro 等（2019）[3] 揭示了人口总量和人口密度对碳排放的耦合关系；田华征等（2020）[4] 运用 LMDI 法，分析不同因素对中国工业碳排放强度变化的贡献；姜博和马胜利（2020）[5] 基于 STIRPAT 模型，认为产业结构变化是东北三省碳排放的主要影响因素。三是对碳排放的预测。Chai Q 等（2014）[6] 认为，在 2025～2030 年的窗口期，中国更容易通过经济合理增长实现碳达峰；Shuwen Niu 等（2016）[7] 的研究表明，1990～2013年，中国能源强度的下降和清洁能源的使用显著减少了碳排放，预计中国将在 2035 年实现碳排放达峰；Wang H. 等（2019）[8] 基于人均碳排放量和人均国内生产总值的关系，预测中国碳排放将在 2021～2025 年间达峰。

前期研究成果对双碳目标推进具有重要借鉴意义，但部分文献选用化石

---

[1] Boqiang Lin, Kui Liu, "Using LMDI to Analyze the Decoupling of Carbon Dioxide Emissions from China's Heavy Industry," *Sustainability* 9 (2017): p. 1198.

[2] Li Li, Yalin Lei, Sanmang Wu, et al. "Impacts of city size change and industrial structure change on CO_2 emissions in Chinese cities," *Journal of Cleaner Production* 195 (2018): pp. 831-838.

[3] Haroldo V. Ribeiro, Diego Rybski, Jürgen P. Kropp, "Effects of changing population or density on urban carbon dioxide emissions," *Nature Communications* 10 (2019): p. 3204.

[4] 田华征、马丽:《中国工业碳排放强度变化的结构因素解析》,《自然资源学报》2020 年第 3 期。

[5] 姜博、马胜利:《区域经济增长与碳排放影响因素研究——以东北三省为例》,《企业经济》2020 年第 11 期。

[6] Chai Q, Xu H. "Modeling an Emissions Peak in China Around 2030: Synergies Or Trade-offs Between Economy, Energy and Climate Security,", *Advances in Climate Change Research* 5 (2014): pp. 169-180.

[7] Shuwen Niu, Yiyue Liu, Yongxia Ding, et al. "China's energy systems transformation and emissions peak," *Renewable and Sustainable Energy Reviews* 58 (2016): pp. 782-795.

[8] Wang H, Lu X, Deng Y, et al. "China's CO_2 Peak Before 2030 Implied From Characteristics and Growth of Cities," *Nature Sustainability* 2 (2019): pp. 748-754.

能源种类较少，导致碳排放量测算结果可能低于实际值；近年来，研究对象不断细化，从国家和政策层面逐渐深入到区域层面和行业领域。就区域层面而言，省级工业碳排放是实现双碳目标的关键。作为中部地区具有典型代表性的省份，湖南积极对接国家双碳部署，实施碳排放强度和总量"双控"，为落实"三高四新"战略打下坚实基础。本文从湖南省内各区域协调发展的视角入手，既有从宏观角度对省级碳排放量变化的研究，也有对各市州的碳排放量变化的考察，并通过 STIRPAT 模型，量化各因素的影响程度，预测未来碳排放量变化情况。

二 碳排放状况测算

（一）碳排放测度方法

碳排放测度有两种基本方法：一是基于生产端碳排放核算，将产品和提供服务的碳排放归于生产端，不考虑产品和服务在哪使用[①]；二是基于消费端碳排放核算，计算支撑经济发展所需产品和服务所产生的碳排放。[②] 结合实际需要和数据收集的准确性，研究采用基于消费端的 IPCC 行业碳排放核算方法，计算公式（1）。

$$C_{it} = \sum_{j} E_{ijt} \times \alpha j \tag{1}$$

式中，C_{it} 为 i 区域第 t 年的碳排放总量；E_{ijt} 为 i 区域第 t 年的 j 种能源消费量；α_j 为 j 类能源的折二氧化碳系数，详细数据如表 1 所示。

---

① Zhang B，Qiao H，Chen Z M，et al. "Growth in embodied energy transfers via China's domestic trade：Evidence from multi‐regional input‐output analysis," *Applied Energy* 184 (2016)：pp. 1093–1105.

② Feng K，Hubacek K，Sun L，et al. "Consumption‐based CO$_2$ accounting of China's megacities：The case of Beijing, Tianjin, Shanghai and Chongqing," *Ecological Indicators* 47 (2014)：pp. 26–31.

表1 能源折算系数

能源（吨）	平均低位发热量（千焦/千克）	折标准煤系数（千克标准煤/千克）	单位热值含碳量（吨碳/万亿焦耳）	碳氧化率	折二氧化碳系数（二氧化碳当量/千克）	标煤折二氧化碳系数（二氧化碳当量/千克标准煤）
原煤	20908	0.7143	26.37	0.94	1.9003	2.6604
焦炭	20908	0.9714	29.5	0.93	2.8604	2.9446
原油	41816	1.4286	20.1	0.98	3.0202	2.1141
燃料油	41816	1.4286	21.1	0.98	3.1705	2.2193
汽油	43070	1.4714	18.9	0.98	2.9251	1.9880
煤油	43070	1.4714	19.5	0.98	3.0179	2.0510
柴油	42652	1.4571	20.2	0.98	3.0959	2.1247
液化石油气	50179	1.7143	17.2	0.98	3.1013	1.8091
天然气（立方米）	38931	1.3300	15.3	0.99	2.1622	1.6258

注：1. 平均低低位发热量等于7000千卡/千克×4.1816焦/卡＝29271千焦/千克；

2. 折标煤系数＝燃料平均低位发热量/标煤低位发热量；

3. 单位热值含碳量和碳氧化率分别来源于《省级温室气体清单编制指南》（试行）表1.5和表1.7；

4. 折二氧化碳系数＝平均低位发热量×单位热值含碳量×碳氧化率×10^{-6}×44/12。

（二）数据来源

湖南并未正式公布每年碳排放数据，结合能源数据和国民经济数据，选用2012~2021年《湖南省统计年鉴》《中国城市统计年鉴》等，极少数缺失数据用趋势外推法补齐。根据式（1），可计算2011~2021年各地区规模以上工业企业能源消耗的碳排放量。为检验结果的科学性，选取2011~2014年湖南省工业碳排放总量的计算结果与曲健莹[①]的数据进行比对，误差在2%左右，结果可接受。

（三）碳排放区域差异

根据各市州原煤、焦炭等能源消耗量，根据公式（1），计算2011~2021年各市州规模以上工业企业碳排放总量（见图1）。

从图1、表2中可以看出，各地区之间的碳排放总量存在明显差异，总

---

① 曲健莹：《湖南省工业发展和二氧化碳排放的脱钩分析》，湖南师范大学出版社，2018。

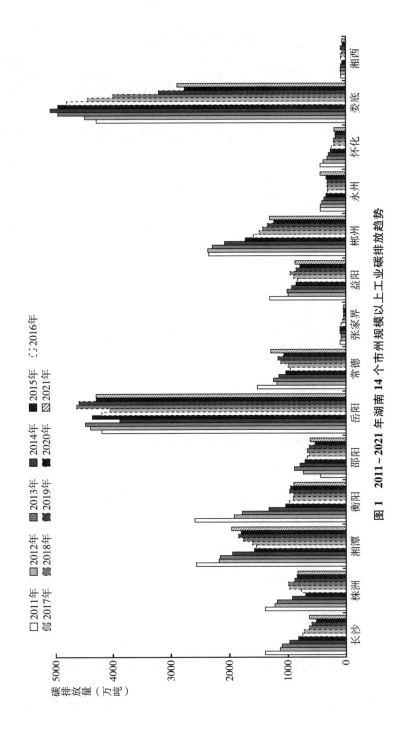

图 1　2011~2021 年湖南 14 个市州规模以上工业碳排放趋势

表 2　2011～2021 年湖南各市州规模以上工业企业能耗碳排放总量

年份	2011 年	2012 年	2013 年	2014 年	2015 年	2016 年	2017 年	2018 年	2019 年	2020 年	2021 年
长沙	1394.52	1132.17	1116.88	984.71	829.22	763.48	742.47	647.09	605.42	527.24	631.28
株洲	1408.71	1244.31	1201.64	936.90	692.47	787.04	984.35	1001.85	893.59	867.79	833.67
湘潭	2573.70	2184.46	2185.36	1967.51	1587.88	1560.73	1622.25	1785.05	1853.41	1825.03	1981.78
衡阳	2620.18	1941.02	1781.24	1347.43	1049.51	971.96	911.93	918.50	988.70	987.83	896.75
邵阳	433.29	733.97	897.37	799.18	716.46	675.31	643.28	673.85	639.47	539.79	611.39
岳阳	4221.54	4404.64	4503.01	3885.56	4370.79	4239.32	4073.55	4652.01	4615.74	4316.44	4329.68
常德	1530.38	1205.56	1255.26	1167.46	1036.02	968.74	1004.99	1148.92	1176.80	1079.51	1290.68
张家界	105.50	86.19	89.56	96.08	93.69	91.73	66.44	49.17	47.09	43.58	41.19
益阳	1317.35	1002.64	1019.49	942.71	867.25	836.24	910.71	954.23	852.76	808.84	888.98
郴州	2362.07	2373.61	2299.33	2093.10	1734.36	1609.24	1505.02	1443.84	1366.67	1240.79	1327.56
永州	445.81	446.09	431.17	386.41	345.35	306.88	319.59	331.27	321.99	335.98	448.21
怀化	435.56	383.98	324.88	297.01	269.97	251.62	206.45	202.83	176.33	189.82	198.57
娄底	4298.70	4507.59	4969.08	5116.70	4980.24	4815.99	4454.34	4012.81	3225.60	2785.99	2894.27
湘西	86.44	81.34	81.45	77.49	68.23	75.40	77.58	68.94	74.93	68.67	70.23

注：碳排放量为万吨。

体呈现东高西低的局面，时间序列上的变化也不同步。总体来看，在2011~2021年大部分地区都为碳减排做出了贡献。长沙、怀化、张家界是湖南碳减排最突出的城市。14个市州中，岳阳、娄底的碳排放量最大，其中岳阳是碳排放最高的市，同时碳排放量降幅最不明显，居高不下，这可能与岳阳、娄底的产业结构相关，高污染、高耗能的"两高"行业在推动经济发展的同时，也造成了大量的碳排放。

三 碳排放市域预测

（一）STIRPAT模型

Rosa和Dietz以IPAT模型为基础，建立STIRPAT模型[①]，STIRPAT模型通过对各影响因素进行适当的分解，并允许其进行非单调、不同比例的变化，使结果符合"环境库兹涅茨假说"，公式的基本形式为：

$$I = aP^b A^c T^d e = aP^b A^c EI^d ES^f e \tag{2}$$

式（2）中，I为环境压力，P为人口因素，A为财富因素，T为技术因素，a为模型系数，b、c、d是变量指数，e是系统误差（表3）。由于所研究的碳排放来自规模以上工业企业的能源消耗，为使其影响因素更加契合湖南各市州发展现状，将P修正为能源结构，A修正为经济发展水平，T分解为能源利用效率（EI）和碳排放强度（ES），在此基础上引入对应的变量指数e。将公式（2）左右两侧取自然对数以消除异方差性，得到：

$$\ln I = \ln a + b \ln P + c \ln A + d \ln EI + f \ln ES + \ln e \tag{3}$$

lnI是因变量，lnP、lnA、lnEI和lnES是自变量，lna属于常数项，lne属于误差项。其他因素固定时，碳排放的影响因素（P、A、ET、ES）每变化1%，将使I发生b%、c%、d%和f%的变化。

[①] York R, Rosa EA, Dietz T. "STIRPAT, IPAT and Impact: Analytic Tools for Unpacking the Driving Forces of Environmental Impacts," *Ecological Economics* 46 (2003): pp. 351-365.

表3 STIRPAT 模型变量说明

符号	定义	单位
环境压力（I）	规模以上工业企业二氧化碳排放量	吨
能源结构（P）	煤炭消费占能源消费的比重	%
经济发展水平（A）	人均工业生产总值	万元/人
能源利用效率（EI）	工业生产总值与能源消费量的比值	万元/吨
碳排放强度（ES）	碳排放量与工业生产总值的比值	吨/万元
常数项 e	修正系数	

（二）数据处理与预测

以长沙市为例，将其相关数据对数化处理后代入，使用 SPSS 软件进行共线性检验（见表4）。结果表明，F = 702.899，$R^2 = 0,998$，sig = 0.000，说明回归方程显著性高、拟合效果较好，但其中 3 个变量 VIF 都不小于 10，可以判定变量间存在共线性问题，使用岭回归分析法，消除多重共线性并保证模型拟合结果的准确（见表5）。

表4 STIRPAT 模型多元回归分析结果表

模型	非标准化系数		标准化系数	t	Sig	VIF
	B	SE（B）				
常数	17.170	0.433	—	39.628	0.000**	—
LnP	1.264	0.464	0.931	2.725	0.034*	329.095
LnA	0.89	0.116	0.283	7.699	0.000**	3.807
LnEI	-1.315	0.512	-0.73	-2.569	0.042*	227.527
LnES	-0.536	0.48	-0.677	-1.116	0.307	1035.926
$R^2 = 0.998$, F 值 = 702.899, sigF = 0.000.						

注：* 指 0.05 水平上显著，** 指 0.01 水平上显著。

表5 STIRPAT 模型岭回归拟合结果表

模型	非标准化系数		标准化系数	t	Sig
	B	SE（B）			
常数	16.53	0.15	-	110.162	0.000**
LnP	0.535	0.07	0.394	7.64	0.000**

续表

模型	非标准化系数		标准化系数	t	Sig
	B	SE(B)			
LnA	0.734	0.075	0.233	9.818	0.000 **
LnEI	-0.525	0.094	-0.291	-5.604	0.001 **
LnES	0.218	0.035	0.275	6.298	0.001 **
$R^2 = 0.997, F = 494.739, sig(F) = 0.000$					

注：＊指 0.05 水平上显著，＊＊指 0.01 水平上显著。

为了消除共线性问题，使用岭回归分析，建立碳排放预测方程为：

$$LnC = 16.53 + 0.535LnP + 0.734LnA - 0.525LnEI + 0.218LnES \qquad (4)$$

由上式可知，对于长沙市而言，其能源结构、经济发展水平、能源利用效率、碳排放强度每变动 1%，都会使得碳排放量随之变动 0.535%、0.734%、0.525% 和 0.218%。其中，能源结构对碳排放的影响最大，这也侧面表明长沙市工业的发展仍以高碳产业为主。基于此，建立长沙市碳排放预测公式：

$$C = e^{(16.53 + 0.535LnP + 0.734LnA - 0.525LnEI + 0.218LnES)} \qquad (5)$$

将 2011~2021 年长沙市能源结构、经济发展水平、能源利用效率和碳排放强度代入式（5），计算的结果与实际值进行比较，可得误差百分比的绝对值小于 4.2%，说明公式的预测精度较高，可以用来预测（见图 2）。

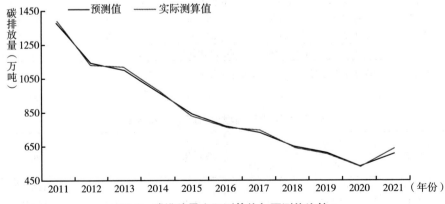

图 2　碳排放量实际测算值与预测值比较

将预测的参数数据代入 STIRPAT 模型，对长沙市 2022～2030 年的规模以上工业企业能耗碳排放量进行预测，得出各个情景下的碳排放量（见表6、图3）。

表6　长沙市规模以上工业企业能耗碳排放量预测

年份	基准情景	低碳情景	强化低碳情景	粗放发展情景
2022	586.45	531.39	479.99	611.19
2023	537.62	492.98	430.05	576.61
2024	492.59	456.36	398.16	543.42
2025	452.07	422.30	368.50	514.50
2026	414.08	389.80	340.19	485.27
2027	380.02	360.17	314.39	457.51
2028	348.10	331.71	289.60	431.26
2029	318.85	302.06	272.18	406.64
2030	292.64	277.52	252.37	383.61

注：二氧化碳排放量为万吨。

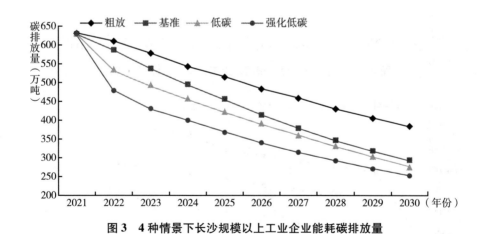

图3　4种情景下长沙规模以上工业企业能耗碳排放量

同理，依照这一步骤，将剩余13个市州 2022～2023 年的四种情景预测结果依次列出（见图4-图16）。

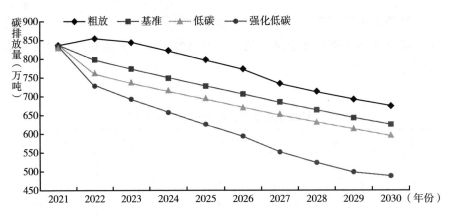

图4 4种情景下株洲市规模以上工业企业能耗碳排放量

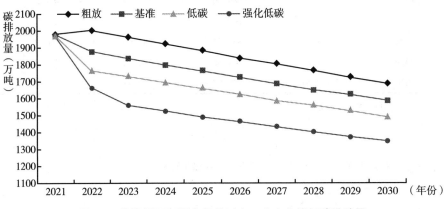

图5 4种情景下湘潭市规模以上工业企业能耗碳排放量

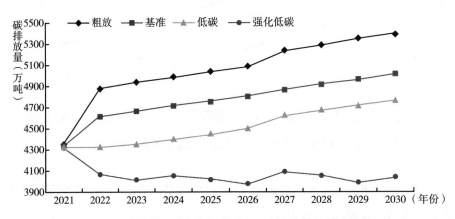

图6 4种情景下岳阳市规模以上工业企业能耗碳排放量

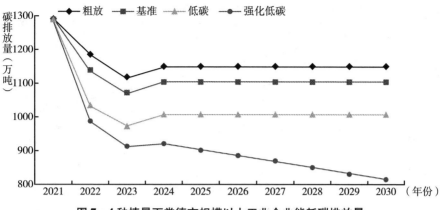

图7　4种情景下常德市规模以上工业企业能耗碳排放量

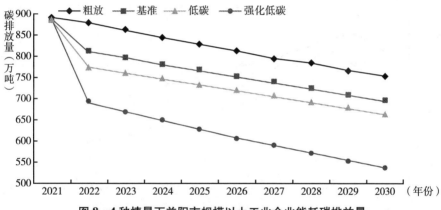

图8　4种情景下益阳市规模以上工业企业能耗碳排放量

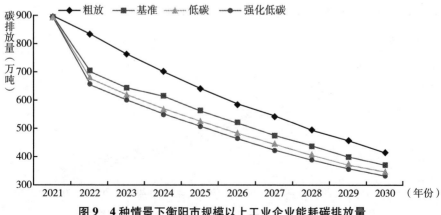

图9　4种情景下衡阳市规模以上工业企业能耗碳排放量

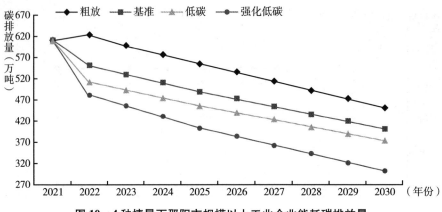

图 10　4 种情景下邵阳市规模以上工业企业能耗碳排放量

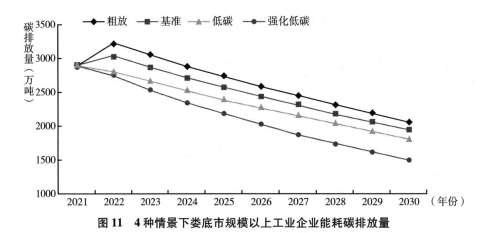

图 11　4 种情景下娄底市规模以上工业企业能耗碳排放量

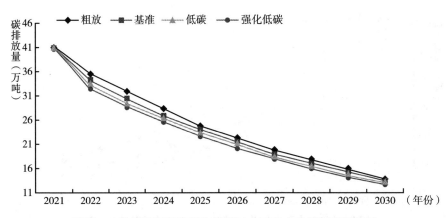

图 12　4 种情景下张家界市规模以上工业企业能耗碳排放量

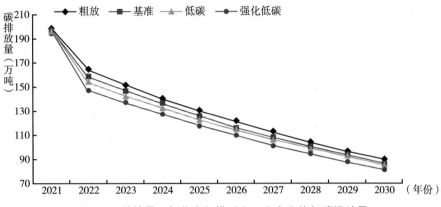

图 13　4 种情景下怀化市规模以上工业企业能耗碳排放量

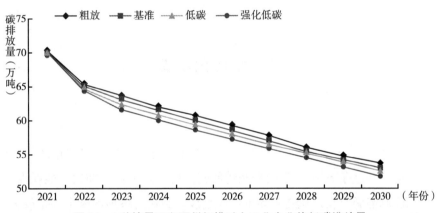

图 14　4 种情景下湘西州规模以上工业企业能耗碳排放量

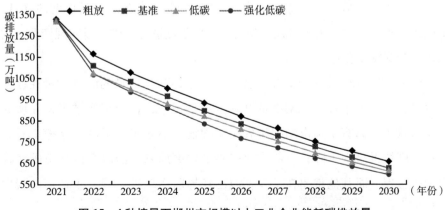

图 15　4 种情景下郴州市规模以上工业企业能耗碳排放量

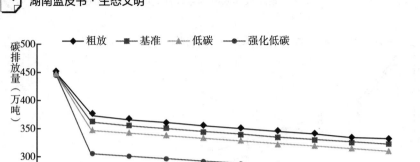

图16 4种情景下永州市规模以上工业企业能耗碳排放量

四 结论和建议

（一）结论

本文运用IPCC法测算出湖南各市州工业碳排放，揭示出碳排放的区域差异特征，并基于STIRPAT模型和岭回归分析人均工业增加值、能耗强度、能源强度和能源结构对碳排放量的影响程度，最后对各地区未来碳排放进行情景预测，结果表明：

（1）2011~2021年，湖南大部分城市的碳排放都在不同程度的降低，节能减排颇有成效，未来可以合理对碳排放强度进行调整，以实现产业结构的优化和碳减排目标。

（2）2022~2030年，碳排放预测情景中，强化情景的碳排放量往往是最少的，粗放情景最多，基准情景碳排放量居中，符合现实情况，在所有预测情景中，只有岳阳市的碳排放在4种情景中未出现下降，常德市只有强化低碳情景呈现下降，说明当地需要采取更加有力的政策以保障碳达峰目标的实现。而其他市州在工业领域已经提前实现碳达峰，正在迈向碳中和目标。

（二）建议

经济的发展使得能源需求不断增加，碳排放也水涨船高。在碳中和愿景下，结合本文研究结果，提出以下建议：

（1）双碳目标的实现不是齐步走、更不是同步走，应根据各市州实际情况，因地制宜地选择合适的碳中和实现路径。湖南不同地区经济发展水平、自然资源、地理环境等都有很大的差异，应坚持全省一盘棋，科学合理地统筹长株潭、洞庭湖、湘南、湘中和湘西五大区域板块协调发展。

（2）长株潭地区应率先碳达峰并承担更多减排任务，通过推动科技进步、提高能源利用效率等措施，建设具有低污染、低排放、具有核心技术的现代化产业体系，遏制碳排放的进一步增长。一方面，进一步优化能源结构，提高煤矿开采质量标准和能源开采率，减少资源的浪费；构建清洁能源体系，如加强对黑麋峰抽水蓄能电站等清洁能源的使用。另一方面，挖掘长株潭地区碳汇潜力，提高绿地覆盖率；充分利用长株潭绿心中央公园，打造"零碳未来生活"展示区和空间结构体系。在影响规模以上工业企业能耗碳排放的因素中，经济发展水平在碳减排中最为重要，因此，在产业方面，大力发展高新、低碳技术产业，依托产业园、岳麓山大学科技城等人才和团队的支持，发挥在科学技术方面的优势，加强节能技术的自主创新和应用，带动全省水电、天然气等清洁能源的使用，最终实现清洁能源的替代和产业结构优化升级。

（3）洞庭湖地区通过产业集群的培育来构建绿色化、低碳化的产业体系。一方面，对现代石化、建材、有色金属、造纸、农副食品加工等行业实施针对性的转型升级方案，发挥重点产业的现有基础优势，对现有工业园区加强节能减碳改造，对辖区内传统产业进行能级跃升，提高产业绿色化水平。如岳阳市生态环境局、岳阳市工信局等部门科学设置标准，对华能岳阳电厂等现役机组，进行节能升级改造，出台相关政策，禁止新建低效燃煤锅炉。另一方面，合理有序规划新兴项目。加快培育新型功能材料、高端合成材料等战略低碳新兴产业，用天然气、清洁电能、工业余热等替代传统化石能源，稳步推进工业清洁生产，尤其是对于新增项目，要大力推动实行用煤减量替代，加快推进平江、汨罗玉池抽水蓄能水电站的建设，并进行试点推广。要紧紧围绕洞庭湖流域，加强退耕还湿、改造驳岸生态、推进山水林田湖草沙一体化保护与修复工作。其次，还应以国家湿地公园建设为抓手，完善并提升湿地生态系统的固碳功能和保护工作，将其固碳作用充分发挥，提升当地生态质量。与此同时，常态化开展洞庭湖湿地生态监测，有序完善生态系统碳汇监测核算体系建设，摸清森林、湿地、土壤等碳汇本底，使用先进仪器实时动态监测碳汇变化，及时加强碳汇基础支撑。

（4）湘中地区经济和科学技术相对落后，而资源优势和能源禀赋决定了煤炭等高碳能源在能源结构中占比较重，因此有必要以经济建设为中心，大力发展科技创新。由于技术研发与应用需要资金支持，还可以寻求长株潭地区的政策帮扶和资金支持。要在有序"降碳"的前提下，实现区域的可持续发展，并以此为契机，促进区域内各行业碳排放效益的提升。在能源利用方面，推进煤炭、石油等化石能源的替代，依托南华大学核能产业科技园基地，进一步推动核电技术研究。积极发展和使用新能源，推动能源结构中风能、光伏和核能等清洁能源在能源结构中的占比。在企业发展方面，要充分激发企业的主动创新意识，遵照政府的双碳目标建立企业的长期低碳发展战略，将降低能耗与创新结合起来，对现有的生产线进行科学合理的优化，从而提高资源的利用率，基于当地资源、产业、能耗和碳排放等实际情况，分门别类地提出针对不同领域的降碳措施，如提高清洁能源占比、增加碳汇能力等方面在示范区内以点带面，最终实现全域碳中和。

（5）湘西地区应该严格控制对环境的破坏，避免重污染产业向该地区转移。同时，可以通过制定优惠政策，吸引和扶持高技术、低碳产业的发展，以取代传统重污染产业。着力推动循环利用模式：湘西地区可以通过推动循环利用模式，提高废物利用率，形成低碳产业链。如农民可利用生物质能源，将农作物秸秆、牲畜粪便等转化为沼气，用于发电和热水供应，同时利用沼渣、沼液生产农产品和种植果树等，实现资源的最大化利用。建设特色优势产业发展集聚区：湘西地区可以建设特色优势产业发展集聚区，形成优势互补、合作共赢的产业链，提高经济的整体效益和市场竞争力。同时，应加强知识产权保护，鼓励科技创新，提高技术创新在整体行业中的比重，以推动产业发展的升级。总之，应兼顾"降碳"与扩大经济产出，通过发展低碳产业，推动循环利用模式和建设特色优势产业发展集聚区等措施，实现低碳经济和可持续发展。同时，要注重碳汇能力的建设，制定相应的碳汇阶段目标，推动碳交易市场的建立。

（6）湘南地区将利用连接湖南和广东的区位优势，加大清洁能源的投入和开发，如郴州以位于资兴县的东江水电站为基点，探索水资源的可持续利用。在加强水电、风电、光伏等清洁能源开发的同时，积极推广新能源汽车和智能电网等技术，加快传统产业绿色转型。此外，还应加强节能和能源利用效率提升，通过技术创新、设备升级和管理优化等措施实现能源消费的低碳化。在产业领域，湘南地区需要加强绿色制造、绿色建筑和绿色化工等产业的发展。通过加强技术创新，提升产业链的绿色水平，推广低碳生产方式和资源回收利用技术，实现产业绿色化和低碳化。另外，湘南地区还可以依托当地的优势产业，如化工、钢铁等，发展节能减排技术和新型绿色材料，以带动整个地区的绿色产业发展。在城市建设方面，湘南地区需要加强城市规划和管理，提高城市低碳化水平。例如，与株车所加强合作，发展新能源公共交通系统，并进一步修建完善自行车道、步行道，引导广大市民在日常生活中采用低碳出行方式；加强建筑节能，推广高效节能建筑技术和设备；优化城市垃圾处理和资源回收利用等。在农业领域，湘南地区可以加强生态农业的发展，积极推广有机农业、种植林果、生态养殖等低碳农业模式，提高农业生产和农村生活的低碳化水平。由于湘南地区森林覆盖率高、碳汇突出，可以通过碳交易市场，将碳汇交易给长株潭地区等碳汇能力弱且历史碳排放量较高的地区。湘南地区要挖掘碳汇潜力，优化土地利用方式，划定生态红线，留足绿化用地，借助"碳汇林"建设等方式创造绿色收入。总之，湘南地区应把握双碳目标背景下的机遇，加强政策引导和监管，建立长效机制，推动各项措施的落实和实施效果的监测和评估。

B.36

山地县域村镇空间扩展适宜性评价
与土地利用冲突识别*

——以邵阳市绥宁县为例

张旺 彭佳迪**

摘　要： 以湖南省邵阳市绥宁县为例，从自然因素和人文因素两个方面构建包含12个指标的适宜性评价体系，采用多因子加权评价模型和层次分析法，开展县域村镇空间扩展适宜性评价。在此基础上，再计算建设、农业、生态三类用地的倾向性强度，然后用自然断裂点法分成高、中、低三档，列出土地利用冲突识别矩阵，最后得到土地利用冲突识别成果。结果表明：绥宁县村镇空间扩展适宜性的空间差异显著，等级各异，空间集散特征的差异也大为不同；村镇空间扩展最适宜区、较适宜区、基本适宜区、较不适宜区和不适宜区的面积分别为148.17平方千米、577.91平方千米、890.51平方千米、834.68平方千米及75.73平方千米；村镇用地优势区主要分布在南部的寨市苗族侗族乡、长铺镇以及北部的水口乡、金屋塘镇等地；农业用地优势区主要分布在东北部的唐家坊、黄土矿、红岩等镇；生态用地优势区面积相对较大，呈分散分布的空间特征。潜在土地利用冲突明显的地区为冲突一般区和冲突激烈区，其中，冲突一般区最大，占总面积的近一半；冲突激烈区面积最小，村

---

* 本文系国家重点研发计划课题《村镇空间扩展的时空模拟关键技术》子课题4《县域村镇空间扩展适宜性评价技术》（课题编号：18YFD1100804-04）。

** 张旺，湖南工业大学城市与环境学院副教授、硕士生导师，主要研究方向为城乡规划与发展；彭佳迪，湖南大学设计研究院助理工程师，主要研究方向为人居环境设计方面。

镇与农业冲突激烈区、生态与农业冲突激烈区，面积都较小。

关键词： 山地县域　村镇空间扩展　适宜性评价　土地利用　绥宁县

近年来，国内外规划、地理、景观、农林和环境等专业学者们纷纷将区域用地空间扩展研究作为关注热点，新的分析方法、研究视角和评价模型不断涌现出来。因城镇化进程在发达国家早已完成，因而城镇建设用地的扩展适宜性评价领域成为国外研究的集中关注点，分别从城市基础设施建设选址[1]、居住区适宜性评价[2]、景观生态规划[3]等方面展开。国内诸多学者也从不同区域、不同尺度、不同方法视角开展了大量城镇建设用地适宜性评价方面的研究，并取得了一定成果：从研究区域来看，涉及西南山区[4]、湖南湘江新区[5]、喀斯特地区[6]、沈阳经济区[7]，研究范围由市县尺度逐渐缩小到经济开发区、园区等。就研究方法而言，蔡春英[8]基于 GIS（地理信息系统）

---

① Miller W，Collins W M G，Steiner F R，et al.，"An approach for greenway suitability analysis，" *Landscape and Urban Planning*，42（2/4）（1998）：pp. 91-105.

② Westman W E，"Ecological Impact Assessment and Environmental Planning，"（*New York*：*John Wiley and Sons*，1985），pp. 35-39.

③ Pham Duc Uy，Nobukazu Nakagoshi，"Application of land suitability analysis and landscape ecology to urban green space planning in Hanoi，Vietnam，" *Urban Forestry & Urban Greening*，7（1）（2008）：pp. 25-40.

④ 杨子生、王辉、张博胜：《中国西南山区建设用地适宜性评价研究：以云南芒市为例》，载杨子生主编《中国土地开发整治与建设用地上山研究》，社会科学文献出版社，2014。

⑤ 肖莉、李韦、冯长春等：《湖南湘江新区建设用地适宜性评价研究》，《地域研究与开发》2016 年第 4 期。

⑥ 韩会庆、杨广斌、郜红娟等：《仁怀市喀斯特地区建设用地适宜性评价》，《测绘科学》2014 年第 11 期。

⑦ 谭欣、杨晓青、黄大全等：《沈阳经济区建设用地开发适宜性评价》，《北京师范大学学报（自然科学版）》2017 年第 5 期。

⑧ 蔡春英、韩念龙、穆晓等：《基于 GIS 的海口市江东新区建设用地适宜性评价》，《亚热带资源与环境学报》2020 年第 2 期。

方法对海口市江东新区建设用地适宜性进行了评价；严惠明①运用适宜性指数评价法和短板效应评价法，对福建省土地资源建设与发展的适宜性评价方法进行了比较分析；姜晓丽等②聚焦于"三生"空间，结合最小累积阻力模型、坡向变率、坡形组合等方法，对建设用地的适宜性进行评价。比较少见的是关于农村居民点用地适宜性评价，有些学者对区县尺度农村居民点布局的合理性进行了有益探究，如都江堰市③、栖霞市④、房县⑤、慈利县⑥等。有关土地利用冲突研究，国外学者的分析较为深入和完善，主要集中在冲突的来源⑦、类型⑧、识别⑨、演变⑩与管制⑪等。国内则主要集中在土地利用

---

① 严惠明：《土地资源建设开发适宜性评价方法对比研究——以福建省为例》，《南方国土资源》2019 年第 5 期。

② 姜晓丽、杨伟：《基于三生空间视角的城市建设用地拓展适宜性》，《江苏农业科学》2019 年第 16 期。

③ 洪步庭、任平：《基于最小累积阻力模型的农村居民点用地生态适宜性评价：以都江堰市为例》，《长江流域资源与环境》2019 年第 6 期。

④ 秦天天、齐伟、李云强等：《基于生态位的山地农村居民点适宜度评价》，《生态学报》2012 年第 16 期。

⑤ 徐枫、王占岐、张红伟等：《随机森林算法在农村居民点适宜性评价中的应用》，《资源科学》2018 年第 10 期。

⑥ 汤昇、于婧、陈艳红等：《乡村振兴背景下农村居民点用地适宜性评价——以慈利县为例》，《湖北大学学报》（自然科学版）2020 年第 5 期。

⑦ Brown G, Raymond C M, "Methods for identifying land use conflict potential using participatory mapping" *Landscape and Urban Planning*", 12 (2) (2014)：pp. 196-208.

⑧ Pavón D, Ventura M, Ribas A, et al., "Land use change and socio-environmental conflict in the Alt Empordà County (Catalonia, Spain)," *Journal of Arid Environments*, 54 (3) (2003)：pp. 543-552.

⑨ Iojă C I, Niţă M R, Vânău G O, et al., "Using multi-criteria analysis for the identification of spatial land-use conflicts in the Bucharest Metropolitan Area," *Ecological Indicators*, 42 (2014)：pp. 112-121.

⑩ Adam Y O, Pretzsch J, Darr D, "Land use conflicts in central Sudan：Perception and local coping mechanisms," *Land Use Policy*, 42 (2015)：pp. 1-6.

⑪ Delgado-Matas C, Mola-Yudego B, Gritten D, et al., "Land use evolution and management under recurrent conflict conditions：Umbundu agroforestry system in the Angolan Highlands," *Land Use Policy*, 42 (2015)：pp. 460-470.

冲突的类型、识别等①②③。综上国内外研究，目前研究得较多的是山区县域土地适宜性评价，而对于村镇空间扩展适宜性评价方面的研究则尚未见到；另构建建设、农业和生态倾向性比较矩阵，识别土地利用的潜在冲突区域，并得出冲突识别成果，这方面也还不多见。

本研究选取典型山区绥宁县为研究区域，从自然因素和人文因素两大方面共12项指标因子确定评价指标体系，综合利用多因子加权评价模型、层次分析法和GIS空间分析等方法，开展评价村镇空间扩展的适宜性；再分别计算建设、农业、生态三类用地倾向性强度，然后用自然断裂点法分成高、中、低三档，再列出土地利用冲突识别矩阵，最后得到土地利用冲突识别成果。通过以上方法，使村镇土地开发、利用和保护之间的关系得到统一，冲突识别结果也在实际中得到更多的应用，以期为村镇国土空间规划编制提供理论依据和技术支撑，促进山区县域高质量可持续发展。

一 研究区概况

绥宁县地处湖南省邵阳市西部，行政区面积为2927平方千米，地形以山地为主，东南部和北部为山岳地带，东部和西部为低山区，山地、丘陵占区域总面积的96.5%。巫水属沅江支流，自东而入，穿越中部；蓼水属资水支流，贯穿东北。森林资源丰富，气候温和、日照充足、河水充沛，属中亚热带季风性湿润气候。全县现辖17个乡镇、215个村、16个居委会。2020年第七次全国人口普查数据显示辖区常住人口为29.07万人，其中有苗、侗、瑶等24个少数民族，少数民族人口占总人口的66.37%。县境内包茂高速、洞新高速连接线、武靖高速、省道S221、S319穿境而过。

① 谭术魁：《中国土地冲突的概念、特征与触发因素研究》，《中国土地科学》2008年第4期。
② 阮松涛、吴克宁：《城镇化进程中土地利用冲突及其缓解机制研究——基于非合作博弈的视角》，《中国人口·资源与环境》2013年第S2期。
③ 周德、徐建春、王莉：《近15年来中国土地利用冲突研究进展与展望》，《中国土地科学》2015年第2期。

二 资料来源及研究方法

（一）资料来源

绥宁县行政区、河流、湖泊、公路（国、省、县道）、铁路、景点等矢量资料来源于国家基础地理信息中心（https：//www.webmap.cn/）；该中心运用先进地球观测卫星（ALOS，2006年）相控阵型L波段合成孔径雷达（PALSAR）采集的数据，来源于图新云GIS平台，并用于数字高程（DEM）；从绥宁县自然资源局采集土地利用现状数据；采用ArcGIS10.6软件对以上所有数据进行地理配准、投影转换和裁剪等预处理，参与运算的统一基本评价单元为12米×12米的栅格空间数据，统一坐标为WGS_84_World_Mercator投影坐标系统。

（二）研究方法

1. 选取评价指标

村镇空间扩展一般多受自然地理、生态环境、社会环境、政府政策等因素的制约，基于城市和农村建设用地的文献资料[1][2][3]，结合绥宁县的区域特点，选取自然、人文两大因素类评价因子建立评价指标体系。自然因素类因子有高程、坡度、坡向、坡位、地表曲率、地质灾害、河流等数据。人文因素类因子有土地利用现状、基本农田保护区、交通通达度（与国省道、县乡道等交通线的距离）、重要景点等。

高程对可承受的开发强度和空间扩展的水平有一定的影响，在高海拔地区进行建设开发活动，生态环境将不易恢复，甚至周围的低海拔区域会受到

---

[1] 喻忠磊、张文新、梁进社等：《国土空间开发建设适宜性评价研究进展》，《地理科学进展》2015年第9期。
[2] 卢秀丽：《基于GIS的土地适宜性评价》，《北京测绘》2015年第6期。
[3] 曾敏、赵运林、张曦：《城乡一体化视角下县域土地多用途适宜性评价方法研究——以嘉禾县为例》，《湖南科技大学学报》（自然科学版）2014年第1期。

严重的影响；建设的空间拓展受到了坡度的限制，坡度越大工程量越大，甚至地质环境被破坏，居住的安全性也受影响；空间扩展的方向、建筑物的布局都受坡向影响，根据相关文献，将坡向分为平地（−1°）/南坡［157.5°，202.5°］、东南坡/西南坡［112.5°，157.5］或［202.5°，247.5］、东坡/西坡［67.5°，112.5°］或［247.5°，292.5°］、东北坡/西北坡［22.5°，67.5°］或［292.5°，337.5°］、北坡［0°，22.5°］或［337.5°，360°］等5个坡向；坡位影响建设工程的施工难度，坡位越高，施工难度越大，对地质环境的破坏越严重；地质灾害在空间扩展的过程中不仅会增加工程费用，还会导致次生地质灾害；河湖（水库）不但具有重要的水源地、景观走廊、生态走廊等功能，也是重要的生态因子；铁路、公路等交通干线对村镇空间扩展而言，不仅具有很强的吸引力，还极大程度地制约建设用地的扩展；土地利用现状则是当地土地整治工作难度的体现，基本农田保护区因其特殊性质限制建设空间的扩展，只有在国家重大项目建设时才能进行开发。

2. 评价模型的确立

本文在对绥宁县村镇空间扩展适宜性评价时，采用多因子加权评价模型方法，其过程为：根据选取的评价指标，按照1为不适宜区、2为较不适宜区、3为基本适宜区、4为较适宜区、5为最适宜区来划分等级（如表1）。评价指标性质分为刚性和弹性两大类，如自然保护区、基本农田保护区等禁止建设区不能作为建设用地的备选区刚性指标。统一量化处理弹性指标的等级，从而确定该指标的属性值，借助ArcGIS对数据进行栅格化处理，得以形成各个指标的栅格分布图。采用专家打分法将弹性指标进行两两比较，通过层次分析法来确定每个指标的权重。最后叠加计算各指标栅格分布图，则是采用栅格计算器，并划分等级且扣除禁止建设的区域部分。

模型评价公式为：

$$P_j = \sum_{i=1}^{n} F_{j,i}(g, w) \tag{1}$$

式中，P 为总分值，j 为第 j 个评价单元；i 为第 i 个指标；n 为指标总数；g 为指标得分值；w 为指标权重。

表1 村镇空间扩展适宜性评价指标体系及分级

目标层	因子层	指标层	权重	分级指标					指标性质
				最适宜区 适宜度值=5	较适宜区 适宜度值=4	基本适宜区 适宜度值=3	较不适宜区 适宜度值=2	不适宜区 适宜度值=1	
村镇空间扩展适宜性评价	自然因素	高程（米）	0.15	194~485	485~648	648~843	843~1094	≥1094	弹性
		坡度（度）	0.08	≤10	10~18	18~26	26~34	≥34	弹性
		坡向	0.05	平地/南坡	东南坡/西南坡	东坡/西坡	东北坡/西北坡	北坡	弹性
		坡位	0.08	下坡	/	中坡	/	上坡	弹性
		地表曲率	0.04	-1.3~1.3	-2.6~1.3 或1.3~2.6	-4.5~2.6 或2.6~4.5	-7~4.5 或4.5~7	≤-7或≥7	弹性
		地质灾害	0.12	不易发区	低易发区	中易发区	/	高易发区	弹性
		与河流距离（米）	0.08	≥2000	1500~2000	1000~1500	500~1000	≤500	弹性
	人文因素	与县（乡）道距离（米）	0.03	≤500	500~1000	1000~1500	1500~2000	≥2000	弹性
		与国（省）道距离（米）	0.04	≤1000	1000~1500	1500~2000	2000~2500	≥2500	弹性
		与重要景点距离（米）	0.05	≥2000	1500~2000	1000~1500	500~1000	≤500	弹性
		土地利用现状	0.15	建设用地	工矿用地、裸地	园地、池塘、草地、其他用地	河流（湖泊、水库）	耕地、林地	弹性
		基本农田保护区	0.13	否	否	否	否	是	刚性

3. 用地倾向性强度的计算

本文在 Carr M. H. 等[1]的土地利用冲突适宜性评价基础上[2][3]，针对建设、生态、农业三类空间，采用表1的村镇空间扩展适宜性评价指标和相应权重，进行重新分类：与省国道、县乡道等交通线的距离、与河流距离以及土地利用现状中的建设用地、工矿用地、裸地等，作为建设空间的适宜性指标；基本农田保护区及土地利用现状中的旱地、水田等，作为农业空间的适宜性指标；高程、坡度、坡向、坡位、地质灾害、地表曲率、重要景点以及土地利用现状中的林地、草地等，作为生态空间的适宜性指标。由此构建多目标倾向性评价模型，评价三类空间内用地的适宜性，再利用加权指数和该模型计算各评价单元的用地倾向强度。

公式为：

$$I = \sum W_{i1} \cdot W_{i2} \cdot W_{i3} \cdot V_i \tag{2}$$

式中：I 为某类空间用地倾向性强度，I 值越大，说明特定空间用地倾向性程度越高；W_{i1}、W_{i2}、W_{i3} 分别为某空间层、因子层、指标层的权重，V_i 为第 i 个分级指标的适宜性得分值。

4. 编制土地利用冲突识别矩阵

利用自然断裂点法将建设、农业、生态三大空间用地倾向性强度分为高、中、低3个等级。根据三类空间用地的不同倾向性强度等级进行排序组合，将其作为识别矩阵，确定各评估单元存在的土地利用冲突类型，并构建潜在土地利用冲突区分类表（见表2）。

① Carr M. H. , Zwick P. , "Using GIS suitability analysis to identify potential future land use conflicts in North Central Florida," *Journal of Conservation Planning*, 1（1）（2005）：pp. 89-105.

② 代亚强、陈伟强、高涵等：《基于用地倾向性评价的农村潜在土地利用冲突识别研究——以西峡县东坪村为例》，《长江流域资源与环境》2019 年第 10 期。

③ 赵小娜、宫雪、田丰昊等：《延龙图地区城市土地生态适宜性评价》，《自然资源学报》2017 年第 5 期。

表2　潜在土地利用冲突区分类

潜在土地利用冲突类型区(一级类)	潜在土地利用冲突类型区(二级类)	用地倾向性强度组合		
		建设	农业	生态
用地优势区(Y)	建设用地优势区(Y1)	高	中	中
		高	低	低
		中	低	低
	农业用地优势区(Y2)	低	高	低
		低	中	低
	生态用地优势区(Y3)	低	低	高
		低	低	中
冲突激烈区(J)	建设与农业激烈冲突区(J1)	高	高	中
		高	高	低
	建设与生态激烈冲突区(J2)	高	中	高
		高	低	高
	农业与生态激烈冲突区(J3)	低	高	高
		中	高	高
	三类用地激烈冲突区(J4)	高	高	高
冲突一般区(B)	建设与农业一般冲突区(B1)	中	中	低
		高	中	低
		中	高	低
	建设与生态一般冲突区(B2)	中	低	中
		中	低	高
		高	低	中
	农业与生态一般冲突区(B3)	低	中	中
		低	中	高
		低	高	中
	三类用地一般冲突区(B4)	中	中	中
		中	中	高
冲突微弱区(W)	冲突微弱区(W1)	低	低	低

三　结果与分析

依据绥宁县的适宜性评价指标体系各指标权重及分类赋值情况，采用

ArcGIS 来评价分析单因子指标，并利用公式（1）来开展综合评价，其值为 1.29~4.36，采用自然断点法将研究区划分为最适宜区、较适宜区、基本适宜区、较不适宜区和不适宜区。按照公式（2）计算建设、农业、生态 3 大空间用地倾向性强度，通过构建的识别矩阵，借助 ArcGIS10.6 对三类空间用地倾向强度进行叠加分析，得到绥宁县潜在土地利用冲突识别成果。

（一）单因子评价结果分析

借助 ArcGIS10.6 对 12 个评价因子进行空间分析，结果如图 1 和表 3 所示。

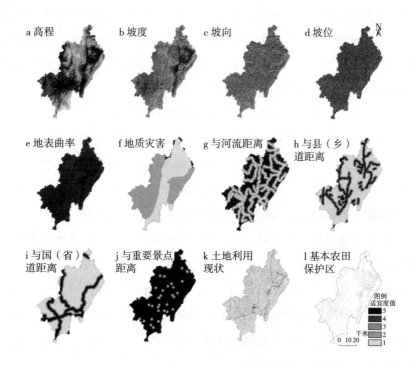

图 1　绥宁县村镇空间扩展适宜性的单因子评价结果

绥宁县高程最低处为 194 米，高程在 194~485 米的面积达 893.32 平方千米，占研究区面积的 30.52%，而在 485 米以上的约占 69.48% 的面积，总体上该县海拔相对较高，有较大的山地面积，城镇建设难度不小，村镇空间的扩展需合理安排（见图 1a）；占比为 18.04%的是坡度 10°以下面积，为 528.03 平方千米，主要分布在东北部流域两侧，占 81.96%的为大于 10°的面积，在西南部地区分布（见图 1b）；东坡/西坡、东南坡/西南坡、南坡/北坡、东北坡/西北坡的占比分别为 24.95%、24.64%、27.00%和 23.41%（见图 1c）；坡位分为上坡、中坡、下坡，占比分别为 20.63%、54.79%和 24.58%；占比达 70.56%的是地表曲率介于-1.3 和 1.3 之间的区域，面积为 2065.29 平方千米，说明整体评价单元内地表起伏较小（见图 1e）；地质灾害的不易发区和低、中、高易发区占比分别为 1.74%和 0.01%、54.67%、43.58%（见图 1f）；该县河流主要分布在东南部，河流沿线 500 米范围内的面积占比 33.92%，为 992.84 平方千米，较大程度地限制了东部的城镇空间扩展（见图 1g）。就自然因素而言，整体上该县海拔相对较高、地势连绵起伏、坡度较大，村镇空间扩展受到限制。

县内有 2 条高速、2 条省道和 5 条国道穿过（见图 1i），县（乡）道路虽分布不均衡，但较为密集（见图 1h），总体上，东北地区仅有一条省道联通，交通要道主要分布在西南地区，这不利于村镇空间的扩展；县内自然保护区或重要景点较多，较大影响了村镇空间的扩展，在重要景点 2 千米范围以外的区域占比 87.07%，面积为 2548.54 平方千米（见图 1j）；主要分布在东部和西南部的是建设用地，总面积为 81.96 平方千米，占比 2.80%，林地和耕地占比高达 90.97%，面积 2662.69 平方千米，这较大的制约了村镇空间的扩展（见图 1k）；总面积 305.29 平方千米的基本农田保护区分布零散，也较大地限制了建设用地的扩展（见图 1l）。对村镇空间扩展的人文因素类影响因子，主要在于土地利用现状的农业用地占比较大，一定程度上限制了村镇空间扩展的方向和范围。

（二）综合评价结果分析

运用 ArcGIS10.6 等软件进行处理，绥宁县各乡镇空间扩展适宜性的综合评价结果统计如表 4 所示。

表3 绥宁县村镇空间扩展适宜性评价的单因子评价情况

评价因子	最适宜区		较适宜区		基本适宜区		较不适宜区		不适宜区	
	面积（平方千米）	占比（%）	面积（平方千米）	占比（%）	面积（平方千米）	占比（%）	面积（平方千米）	占比（%）	面积（平方千米）	占比（%）
高程（米）	919.61	31.42	858.43	29.32	629.25	21.5	383.67	13.11	136.04	4.65
坡度（度）	544.37	18.6	800.48	27.35	829.46	28.33	556.95	19.03	195.74	6.69
坡向	544.42	18.6	743.16	25.39	752.23	25.7	705.99	24.12	181.2	6.19
坡位	708.91	24.22	0	0	1624.49	55.5	0	0	593.6	20.28
地表曲率	2125.64	72.63	572	19.54	182.7	6.24	42.5	1.45	4.16	0.14
地质灾害	48.8	1.67	0.29	0.01	1616.2	55.21	0	0	1261.71	43.11
与河流距离（米）	1022.41	34.93	372.31	12.72	437.01	14.93	486.47	16.62	608.8	20.8
与县（乡）道距离（米）	447.48	15.29	364.94	12.47	323.96	11.07	309.91	10.59	1480.71	50.58
与国（省）道距离（米）	487.64	16.66	184.99	6.32	179.72	6.14	169.47	5.79	1905.18	65.09
与重要景点距离（米）	2623.11	89.62	127.93	4.37	101.29	3.46	50.95	1.74	23.72	0.81
土地利用现状	84.31	2.88	1.76	0.06	75.52	2.58	24.29	0.83	2741.12	93.65
基本农田保护区	—	—	—	—	—	—	—	—	305.29	10.43

表4 绥宁县各乡镇空间扩展的适宜性分析

乡镇	最适宜区		较适宜区		基本适宜区		较不适宜区		不适宜区	
	面积（平方千米）	占比（%）	面积（平方千米）	占比（%）	面积（平方千米）	占比（%）	面积（平方千米）	占比（%）	面积（平方千米）	占比（%）
长铺子苗族侗族乡	20.52	3.69	83.96	15.10	156.41	28.13	178.55	32.12	116.49	20.95
长铺镇	3.06	22.90	2.76	20.66	5.05	37.80	1.73	12.95	0.76	5.69
寨市苗族侗族乡	20	4.82	82.07	19.78	107.72	25.97	95.78	23.09	109.28	26.34
武阳镇	6.89	3.81	33.94	18.76	51.51	28.47	49.86	27.56	38.74	21.41
瓦屋塘镇	3.93	2.26	8.57	4.93	36.08	20.75	81.18	46.69	44.11	25.37
唐家坊乡	4.37	4.35	15.75	15.70	38.14	38.01	35.04	34.92	7.05	7.03
水口乡	1.19	1.34	3.7	4.16	13.29	14.93	38.25	42.98	32.57	36.60
麻塘苗族瑶族乡	16.5	6.57	53.64	21.37	64.93	25.87	81.21	32.35	34.75	13.84
李熙桥镇	6.31	3.49	28.63	15.83	65.4	36.16	58.8	32.51	21.72	12.01
乐安铺苗族侗族乡	9.78	9.28	43.48	41.26	42.81	40.62	9.05	8.59	0.27	0.26
金屋塘镇	5.15	3.91	16.24	12.32	32.06	24.33	47.79	36.26	30.55	23.18
黄土矿镇	2.54	4.57	6.56	11.79	18.87	33.91	19.29	34.67	8.38	15.06
红岩镇	9.25	7.38	27.35	21.82	49.38	39.39	29.14	23.25	10.24	8.17
河口苗族乡	14.73	10.36	46.76	32.90	51.36	36.14	26.35	18.54	2.93	2.06
关峡苗族乡	11.94	5.50	59.15	27.27	74.91	34.53	54.01	24.90	16.93	7.80
鹅公岭侗族乡	6.21	8.50	27.84	38.10	27.15	37.16	11.38	15.57	0.49	0.67
东山侗族乡	5.8	4.98	37.51	32.20	55.44	47.59	17.27	14.83	0.47	0.40
合计	148.17	5.06	577.91	19.74	890.51	30.42	834.68	28.52	475.73	16.26

该县村镇空间扩展综合评价为：最适宜区、较适宜区、基本适宜区、较不适宜区和不适宜区面积分别为 148.17 平方千米、577.91 平方千米、890.51 平方千米、834.68 平方千米和 475.73 平方千米。其中，面积最大为基本适宜区，占总区域面积的 30.42%；面积最小的为最适宜区，占总区域面积的 5.06%；较不适宜、较适宜区和不适宜区分别占比为 28.52%、19.74%、16.26%。

由表 4 可知，该县村镇空间扩展适宜性差异明显，不同等级的空间差异分布特点较为突出。最适宜区面积较小且分布较为分散，主要分布在长铺镇、河口苗族乡、乐安铺苗族侗族乡等，由于这些地区海拔较低，地势相对平坦，现有城镇建成区集中，交通便利、经济发展水平较高且较少受其他禁止开发区域限制，适合进行建设活动；较适宜区和基本适宜区分布比较集中，如东山侗族乡、乐安铺苗族侗族乡、鹅公岭苗族侗族乡，在规划建设较适宜区和基本适宜区时，要结合生态保护需要和当地实际条件，避免开发过度；较不适宜区面积较大且分布比较集中，主要分布在中部、东部和南部坡度较大、海拔较高、交通不便的地区，这些地区开发建设受到基本农田保护区的限制；不适宜区主要分布在中部的长铺子苗族侗族乡、水口乡，东部的李熙桥镇以及南部的寨市苗族侗族乡等高海拔地区，该地区受自然、人文因素综合影响，不适宜开发为建设用地。

（三）潜在土地利用冲突精准识别

通过构建多目标倾向性评价模型，得出绥宁县村镇建设、农业、生态空间用地倾向强度分布。绥宁县建设用地低度倾向性、中度倾向性、高度倾向性分别占土地总面积的 43.29%、53.76%、2.95%；农业用地低度倾向性、中度倾向性、高度倾向性分别占土地总面积的 87.48%、10.43%、2.09%；生态用地低度倾向性、中度倾向性、高度倾向性分别占土地总面积的 24.28%、39.35%、36.37%。

使用土地利用冲突识别矩阵，得到绥宁县潜在土地利用冲突识别成果（见表 5）。

表5　潜在土地利用冲突类型区统计

类型区	面积 (平方千米)	比例(%)	类型区	面积 (平方千米)	比例(%)	类型区	面积 (平方千米)	比例(%)
Y1	257.168	8.786	J2	0.218	0.007	B1	146.625	5.009
Y2	125.488	4.287	J3	0.103	0.004	B2	1211.142	41.379
Y3	909.461	31.071	J区总计	0.321	0.011	B3	45.799	1.565
			W1	187.063	6.391	B4	43.933	1.501
Y区总计	1292.117	44.144	W区总计	187.063	6.391	B区总计	1447.501	49.454

　　绥宁县的用地优势区主要包括村镇建设用地优势区（Y1）、农业用地优势区（Y2）和生态用地优势区（Y3）。Y1主要分布在南部的寨市苗族侗族乡、长铺镇以及北部的水口乡、金屋塘镇等；Y2主要分布在东北部的唐家坊镇、黄土矿镇、红岩镇等，这些地区海拔低，适宜进行农业生产活动；Y3面积相对比较大，占土地总面积的31.07%，分布较为分散，生态优势比较明显；冲突微弱区（W1），分布比较集中，主要分布在南部的寨市苗族侗族乡和北部的麻塘苗族

　　瑶族乡、水口乡和长铺子苗族侗族乡三乡交界部。该县存在明显潜在土地利用冲突的类型区为冲突一般区和冲突激烈区，其中冲突一般区最大，占总土地面积49.45%，冲突激烈区最小，仅占0.01%。冲突一般区包括建设与农业一般冲突区（B1）、建设与生态一般冲突区（B2）、农业与生态一般冲突区（B3）和三类用地一般冲突区（B4）。其中，B2面积最大，占土地总面积的41.38%，分布比较分散，村镇建设用地扩张过程中与生态用地存在一定的冲突风险；B1面积次之，占土地总面积的5.01%，主要分布在东北部，由于这些地区农业优势区面积较大，村镇建设用地与农业用地之间存在少量的冲突；B3和B4面积相对比较小，土地利用冲突风险比较小。村镇建设与农业冲突激烈区J2、生态与农业冲突激烈区J3，面积都较小，土地利用冲突风险也最小。

四　结论与讨论

本文以湖南省邵阳市绥宁县为例，根据研究区的实际情况，选取了 12 个影响村镇空间扩展的评价指标，评价了绥宁县村镇空间扩展的适宜性；再由此计算建设、农业、生态三类用地的倾向性强度，然后用自然断裂点法分成高、中、低三档，列出土地利用冲突识别矩阵，最后得到土地利用冲突识别成果。结果表明：绥宁县村镇空间扩展适宜性的空间差异显著，等级各异，空间集散特征的差异也悬殊；村镇空间扩展最适宜区、较适宜区、基本适宜区、较不适宜区和不适宜区的面积分别为 148.17 平方千米、577.91 平方千米、890.51 平方千米、834.68 平方千米及 475.73 平方千米；各乡镇空间扩展适宜性差异明显；村镇建设用地优势区主要分布在南部的寨市苗族侗族乡、长铺镇以及北部的水口乡、金屋塘镇等地；农业用地优势区主要分布在东北部的唐家坊、黄土矿、红岩等镇；生态用地优势区面积相对比较大，分布较为分散；存在明显潜在土地利用冲突的类型区为冲突一般区和冲突激烈区，其中冲突一般区最大，占总土地面积 49.45%，冲突激烈区最小，仅占 0.01%；建设与农业冲突激烈区、生态与农业冲突激烈区，面积都较小。

村镇空间扩展特别是村庄的空间扩展相对城市而言，由于缺乏政府统一的规划与引导，在某种程度上是自发的、随机的进行建设发展，并未综合考虑自然、人文和生态等多种因素，这在某种程度上使得评价结果与实际的村镇扩展不一致。另由于受到数据可获得性和篇幅的影响，本研究未能融合多学科方法，探讨在各级国土空间规划体系整合下，村镇土地利用冲突的协调及权衡等问题，这也是后续研究的方向。

B.37

坚持底线思维　突出规划引领
筑牢国土空间生态屏障[*]

姚德懿　麻战洪　彭佳捷[**]

摘　要： 建立国土空间规划体系并监督实施，是党中央、国务院在生态文明改革背景下做出的重大部署。2022年，湖南省完成"三区三线"统筹划定和省级国土空间规划编制工作，基于空间现状问题的识别研判，顺应国土空间规划体系重构的形势和要求，通过科学评价、合理定位、总专协同、严格管控，优化生态保护格局，强化空间底线约束，全面提升湖南国土空间治理体系和治理能力现代化水平，推动形成安全和谐、富有竞争力和可持续发展的湖南国土空间格局。

关键词： 国土空间规划　底线思维　生态空间　生态保护红线

"构建以空间规划为基础、以用途管制为主要手段的国土空间开发保护制度，着力解决因无序开发、过度开发、分散开发导致的优质耕地和生态空间占用过多、生态破坏、环境污染等问题"是生态文明体制改革的重要目标之一。2019年5月，中共中央、国务院印发《关于建立国土空间规划体系并监督实施的若干意见》明确提出，国土空间规划是国家空间发展的指南、可持

* 本文为《湖南省国土空间规划（2021—2035年）》规划编制、湖南省重点领域研发计划"智慧湖南国土空间规划关键技术研究与示范"（项目编号：2019SK2101）的相关研究成果。
** 姚德懿，湖南省国土资源规划院规划工程师；麻战洪，湖南省国土资源规划院副院长、教授级高级工程师；彭佳捷，湖南省国土资源规划院规划研究与事务中心主任、高级工程师。

续发展的空间蓝图，是各类开发保护建设活动的基本依据。科学布局生产空间、生活空间、生态空间，是加快形成绿色生产方式和生活方式、推进生态文明建设、建设美丽中国的关键举措。2022 年，湖南省全面完成"三区三线"① 统筹划定，基本完成《湖南省国土空间规划（2021—2035 年）》编制工作，通过空间的整体谋划和系统布局，为开发保护活动提供空间引导和约束，增强国土空间安全韧性，构建支撑高质量发展的国土空间布局。

一　湖南生态空间现状与问题

　　湖南省东、南、西三面环山，北部为洞庭湖平原，地貌类型以山地、丘陵为主，地势西高东低、南高北低，形成从东、南、西三面向东北倾斜开口的不对称马蹄状。湘江、资水、沅江、澧水四水（以下简称"四水"）以及汨罗江、新墙河等从三面汇入洞庭湖，经城陵矶注入长江。山川合围，以水为脉，形成湖南"一江一湖三山四水"的生态格局。省内河网密布，水系发达，多年平均水资源总量 1695 亿立方米，人均水资源量高于全国平均水平。气候湿润，四季分明，植被丰茂，林地面积 1269.63 万公顷，自然资源丰富。以全国 2.2%的陆域国土面积，承载了全国 4.7%的人口和全国 4.0%的国内生产总值。② 近年来，湖南省全方位加速推进生态文明建设，国土空间开发保护成效显著。持续推进湘江流域和洞庭湖生态保护修复工程，完成五大矿区生态修复主体工程建设、长江干流湖南段和湘江干流 10 千米范围内露天废弃矿山生态修复。武陵山区、南岭山地、洞庭湖等重要生态区域自然保护地集中分布，生物多样性得到全面保护。"十三五"期间，全省森林蓄积量净增长 1.1 亿立方米，新增水土流失治理面积 8178 平方千米，重要江河湖泊水功能区水质达标率达到 96.6%。与此同时，仍存在一些问题和挑战。

---

① "三区三线"即农业、生态、城镇三类空间，以及耕地和永久基本农田保护红线、生态保护红线、城镇开发边界三条控制线。
② 根据 2022 年全国及湖南国民经济和社会发展统计公报数据计算。

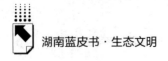
（一）多元主体分散管控，空间治理有待加强

主体功能区规划、土地利用规划、城乡规划等各级各类空间规划在促进国土空间合理利用和有效保护方面发挥了积极作用，但也存在规划类型过多、内容重叠冲突，审批流程复杂、周期过长，地方规划朝令夕改等问题。"山水林田湖草沙"等自然资源由不同部门分散管控，空间治理的权责边界不清，导致空间矛盾、交叉管理、管理缺位等现象。在新发展理念指导下，落实"守护好一江碧水"重要指示，如期实现碳达峰、碳中和，实现湖南高质量发展，需要从整体上系统谋划国土空间开发保护格局。

（二）资源环境约束趋紧，空间格局有待优化

湖南水资源丰富但时空分布不均，衡邵干旱走廊、洞庭湖北部地区等区域存在季节性资源型缺水、水质型缺水。湖南缺煤、无油、乏气，属能源匮乏省份，能源对外依存度超过80%，实现碳达峰、碳中和能源资源安全保障压力较大。湘江流域、武陵山区等区域存在重金属污染、水土流失、土地荒漠化等问题，生态系统服务功能有待增强。部分生态空间受到开发建设活动侵占，生态空间系统性、完整性有待提升，自然保护地、野生动物栖息地之间生态廊道连通性不足。

（三）气候变化风险加剧，空间韧性有待提升

近百年来，湖南年平均气温呈显著上升趋势，1961~2020年，全省年平均气温平均每十年升高0.19℃。气候变化对流域水循环影响持续增强，造成动植物栖息地转移，生物多样性保护难度增加。极端强降水事件、极端高温事件呈增多趋势，区域降水不均衡，更易造成洪涝、干旱等自然灾害，受地形地貌影响，地质灾害点多面广，综合防灾、减灾体系建设有待完善，国土空间开发保护面临潜在挑战。

二　国土空间规划的形势与要求

随着生态文明体制改革深入推进，国家层面《关于建立国土空间规划体系并监督实施的若干意见》《关于划定并严守生态保护红线的若干意见》《关于在国土空间规划中统筹划定落实三条控制线的指导意见》《关于建立以国家公园为主体的自然保护地体系的指导意见》等系列文件出台，"多规合一"的国土空间规划体系建设正同步推进。2020年8月，中共湖南省委、湖南省人民政府印发《关于建立全省国土空间规划体系并监督实施的意见》，全面构建湖南"四级"（省、市、县、乡镇）"三类"（总体规划、详细规划、专项规划）国土空间规划体系。在全面推进生态文明建设的背景下，国土空间规划体系的重构对空间治理提出新路径与新要求。

（一）保护优先，强化空间底线约束

通过空间的合理规划和有序管控从而调节人、地关系，在尊重、顺应、保护自然的基础上，达到人与自然和谐共生，是构建国土空间规划体系的题中之义。习近平总书记多次就国土空间规划做出重要论述并强调："要坚持底线思维，以国土空间规划为依据，把城镇、农业、生态空间和生态保护红线、永久基本农田保护红线、城镇开发边界作为调整经济结构、规划产业发展、推进城镇化不可逾越的红线，立足本地资源禀赋特点、体现本地优势和特色。"2022年，自然资源部在全国部署开展"三区三线"划定工作，湖南省相应出台《关于在全省开展"三区三线"划定工作的通知》，全力推进"三区三线"划定和国土空间规划编制工作，进一步明确划定及管控要求，为生态安全、粮食安全和经济社会高质量发展提供空间支撑。

其中，生态保护红线是在生态空间范围内划定的控制界线，围合区域具有特殊重要生态功能、必须强制性严格保护，是保障和维护国家生态安全的重要底线。划定过程需兼顾自然生态整体性和系统性，将生态功能重要区域和生态环境敏感脆弱区域划入生态保护红线并落实到国土空间。按照三线之间的优先级别，先行落实耕地和永久基本农田、生态保护红线，在划定城镇开发边界时，要守住自然生态安全边界，不得侵占和破坏山、水、林、田、湖、草的自然空间格局，避让重要山体山脉、河流湖泊、湿地、天然林草场等。2022 年 8 月，自然资源部、生态环境部、国家林业和草原局联合印发《关于加强生态保护红线管理的通知（试行）》，提出加强人为活动管控，对生态功能不造成破坏的有限人为活动类型，占用生态保护红线用地、用海、用岛审批要求予以规范明确，严格开展生态保护红线监管。在此基础上，湖南省正在同步研究拟定加强生态保护红线管理工作的通知，多部门联合进一步健全生态保护红线监管机制，加大协同监管力度。

（二）多规合一，整体谋划空间布局

将主体功能区规划、土地利用规划、城乡规划等空间规划融合为统一的国土空间规划，既是对原有各类规划经验成效的继承，又要破解不同规划体系之间的逻辑差异和空间矛盾冲突，保证国土空间的唯一性，实现"一张蓝图绘到底"。需要从顶层设计的角度加强整体谋划、系统思维，统筹保护和利用、安全和发展、当前与长远。在三条控制线不交叉、不重叠、不冲突的基础上，强化国土空间总体规划对各专项规划的指导约束作用，统筹推进各级各类空间规划高效衔接。平衡交通、能源、水利等重大基础设施的用地需求，发展空间不能挤占保护空间，保护空间也要充分考虑发展空间。通过空间合理布局，有序安排协同推进高水平保护和高质量发展。

（三）数字赋能，提升治理精度力度

自然资源部门通过全域、全要素的国土调查监测，掌握空间利用现状数据，为国土空间规划可落地、能实施提供基础支撑。2022 年 5 月，自然资源部办公厅印发《关于进一步加强国土空间规划"一张图"系统建设的通知》，按照"统一底图、统一标准、统一规划、统一平台"要求，建设国土空间规划"一张图"系统，有效支撑"三区三线"划定和规划编制、审批、修改和实施监督数字化管理。以国土变更调查数据成果为基础，叠加河流管

理范围线、土壤污染详查、饮用水水源一级保护区、省级以上生态公益林等空间矢量数据，形成统一的工作底数和底图。及时将各级国土空间规划数据逐级汇交至国土空间规划"一张图"系统，形成"数、线、图"一致，可考核、可审计、可追责的国土空间规划成果。充分发挥"一张图"系统在统一国土空间用途管制方面的作用，集成建设项目规划许可等功能，强化规划实施监督管理，确保"多规合一"落地落实。

三　湖南生态空间格局优化策略

顺应湖南山水自然，展现生态文明建设新作为，湖南省国土空间规划在开展 19 项重大专题研究的基础上，积极探索空间规划体系重构的经验与做法。"三区三线"统筹划定工作中妥善处理生态保护和城镇发展的矛盾，在生态保护功能增强、生态格局完整性提高的基础上，调整城镇发展及重大项目矛盾冲突面积 1.63 万公顷，划定成果于 2022 年 9 月 30 日在全国率先获批并予以正式启用。以"三区三线"为核心内容，湖南省国土空间规划持续优化完善，通过以下做法，促进湖南生态空间格局优化。

（一）科学评价，因地制宜研究空间分布

提高科学性是编制国土空间规划的内在要求，以资源环境承载能力和国土空间开发适宜性评价作为规划基础工作，确定生态、农业、城镇等不同开发保护利用方式的适宜程度。国土空间开发适宜性是针对特定国土空间，综合考虑资源环境要素和区位条件，在生态保护、农业生产、城镇建设方面的适宜程度。资源环境承载能力则是结合发展阶段、经济技术水平和生产生活方式，根据区域资源环境禀赋条件测算可支撑农业生产、城镇建设等人类生产生活的最大规模。

结合湖南省资源环境特点、数据获取情况，按科学性、协调性、差异性、可行性原则，加强基础研究和分析，逐步形成了适用于湖南的技术方法。省级层面划分 50 米×50 米的网格作为评价单元，按突出核心指标、问

题导向和目标导向为原则，选取 15 项指标，全面评价湖南省资源环境本底条件，识别国土空间开发利用问题和风险，提取生态系统服务功能极重要区域和生态极敏感区域，测算评判适宜农业生产、城镇建设的空间和规模。从而为主体功能区优化完善、三条控制线统筹划定、国土空间格局优化提供工作依据，以生态优先、绿色发展为导向，通过资源环境约束倒逼形成高质量发展新路子。

通过评价得出湖南省生态保护等级分布情况与地形重合度较高。生态保护等级较高的地区主要分布在湘西北的武陵山系、省境西部的雪峰山脉、省境南部的南岭山脉。按照第三次全国国土调查地类统计，生态保护极重要区域内，现状地类中林地占 89.14%，水域及水利设施用地为 9.31%，其他地类为 1.55%。根据生态保护、农业生产、城镇建设适宜性空间分布，相应优化调整规划空间布局。作为林业大省，湖南省自然资源厅、省林业局联合印发《湖南省造林绿化空间适宜性评估及上图入库工作方案》，组织开展造林绿化空间适宜性评估，形成规划造林绿化空间数据库成果，在国土空间规划中明确造林绿化空间。

（二）合理定位，明确生态保护重点区域

构建全省国土空间总体格局时，深入实施主体功能区战略，合理划分重点生态功能区、农产品主产区、城市化地区，通过配套政策的进一步完善，差异化配置国土空间资源。洞庭湖及湘、资、沅、澧"四水"沿线地区，武陵山区、雪峰山区、南岭山区、罗霄—幕阜山区等山水林田湖草沙生态资源集中分布的地区，作为全省重要生态屏障，以重点生态功能区为主，全省共设立国家级重点生态功能区 43 个。重点生态功能区在享有财政转移支付的基础上，注重创新生态保护模式，实施产业准入禁止限制目录制度，提高生态系统服务功能，确保生态安全。

按照布局更优、功能提升、完整性更强，划定并严守生态保护红线，筑牢生态安全屏障，对在重要水源涵养、水土保持、生物多样性维护等方面生态功能极重要区域，以及水土流失、石漠化等生态极脆弱区域，优先划入生

态保护红线。到 2035 年，全省生态保护红线面积不低于 4.18 万平方千米，占全省国土总面积的 19.74%，其中包括 2.54 万平方千米自然保护地。重点分布在洞庭湖区的重要水域及岸线区，湘、资、沅、澧"四水"的源头区和重要水域，以及武陵—雪峰、南岭、罗霄—幕阜等山区。

（三）总专协同，深化细化空间规划体系

湖南省国土空间规划作为省级层面的空间总体规划，从推进自然保护地体系建设、实施国土空间生态修复、建设生物多样性保护网络、巩固提升碳汇能力、维护洞庭湖区生态安全等方面对生态空间做出总体安排和系统谋划。将自然保护地整合优化成果纳入生态保护红线，统筹开展生态廊道建设，全力加强生物多样性保护，推进山水林田湖草沙保护修复，加强长江岸线湖南段及洞庭湖水生态保护修复，强化四水流域上游武陵山区、南岭山地重点生态功能区保护修复，系统提升生态空间质量，强化生态空间管控，有效提升生态系统碳汇能力。

在总体谋篇布局基础上，对于生态空间保护与修复的重点领域、重点区域，通过编制专项规划进行针对性的安排。《湖南省国土空间生态保护修复规划（2021-2035）》《湖南省天然林和公益林保护修复国土空间专项规划》《湖南省林草地和湿地保护国土空间专项规划》《湖南省江河湖岸线国土空间保护利用专项规划》《洞庭湖生态经济区国土空间专项规划（2021-2035）》等一系列专项规划在推进"一江一湖三山四水"的治理与生态修复，提升生态环境，强化环境安全保障，形成更加节约资源和保护生态环境的空间格局、生产方式和生活方式方面做出了相应规划。

（四）严格管控，推进全生命周期治理

湖南省国土空间规划中包含有生态保护红线管理规则，对划定的生态保护红线，未经批准，严禁擅自调整。其中的自然保护地核心保护区外不得进行开发性、生产性建设活动，遵循法律、法规，仅允许对生态功能不造成破坏的有限人为活动，确需占用生态保护红线的国家重大项目，加强新增建设

用地审批监管，严格落实生态环境分区管控要求。根据自然资源部《关于依据"三区三线"划定成果报批建设项目用地用海有关事宜的函》，经批准的"三区三线"划定成果正式启用，作为建设项目用地、用海组卷报批的统一底图，是否涉及生态保护红线是项目用地报批的重要审核因素。

按照省级独立建设、市县统分结合的模式，同步建设湖南国土空间规划"一张图"实施监督信息系统。基于第三次全国国土调查成果，整合现状数据、规划管控数据、管理数据、社会经济数据，实现各类空间管控要素精准落地，形成覆盖全域、坐标一致、边界吻合、上下贯通的一张底图。对各类管控边界、约束性指标等管控要求落实情况进行监测。建立生态保护红线卫星监测变化图斑核实整改工作机制，动态掌握生态保护红线内有限人为活动及建设占用等变化情况，及时发现和处置破坏生态保护红线行为。

在湖南省级规划编制完成的基础上，推动全省四级三类国土空间规划编制审批，全面推进国土空间规划实施监督体系建设，按照"多规合一"和节约集约用地要求等，在"一张图"上统筹各类国土空间开发保护需求，在协调解决各专项规划空间矛盾冲突后完成上图入库，确保"数、线、图"一致。国土空间治理兼顾规划、建设和管理三大环节，形成规划编制审批、实施监管、调整优化的闭环，确保规划落到实处、一以贯之、发挥效能，提升空间治理能力和水平，为生态文明建设提供空间保障。

参考文献

1. 中共中央、国务院印发《生态文明体制改革总体方案》，中华人民共和国中央人民政府门户网站，2015 年 9 月 21 日。
2. 中共中央、国务院：《关于建立国土空间规划体系并监督实施的若干意见》，中华人民共和国中央人民政府门户网站，2019 年 5 月 23 日。
3. 自然资源部：《资源环境承载能力和国土空间开发适宜性评价技术指南（试行）》，2020 年 1 月。
4. 朱翔：《湖南地理》，北京师范大学出版社，2014。

5. 刘冬荣、麻战洪：《"三区三线"关系及其空间管控》，《中国土地》2019 年第 7 期。

6. 湖南省气候中心：《2021 年湖南省气候变化监测公报》，2021。

7. 湖南省能源规划研究中心：《湖南省能源发展报告 2021》，中国电力出版社，2021。

8. 王伟、岳文泽、吴燕等：《到中流击水——国土空间规划青年笔谈》，《城乡规划》2021 年第 6 期。

9. 郝庆、梁鹤年、杨开忠等：《生态文明时代国土空间规划理论与技术方法创新》，《自然资源学报》2022 年第 11 期。

皮 书

智库成果出版与传播平台

❖ 皮书定义 ❖

皮书是对中国与世界发展状况和热点问题进行年度监测，以专业的角度、专家的视野和实证研究方法，针对某一领域或区域现状与发展态势展开分析和预测，具备前沿性、原创性、实证性、连续性、时效性等特点的公开出版物，由一系列权威研究报告组成。

❖ 皮书作者 ❖

皮书系列报告作者以国内外一流研究机构、知名高校等重点智库的研究人员为主，多为相关领域一流专家学者，他们的观点代表了当下学界对中国与世界的现实和未来最高水平的解读与分析。截至2022年底，皮书研创机构逾千家，报告作者累计超过10万人。

❖ 皮书荣誉 ❖

皮书作为中国社会科学院基础理论研究与应用对策研究融合发展的代表性成果，不仅是哲学社会科学工作者服务中国特色社会主义现代化建设的重要成果，更是助力中国特色新型智库建设、构建中国特色哲学社会科学"三大体系"的重要平台。皮书系列先后被列入"十二五""十三五""十四五"时期国家重点出版物出版专项规划项目；2013~2023年，重点皮书列入中国社会科学院国家哲学社会科学创新工程项目。

皮书网

（网址：www.pishu.cn）

发布皮书研创资讯，传播皮书精彩内容
引领皮书出版潮流，打造皮书服务平台

栏目设置

◆ **关于皮书**
何谓皮书、皮书分类、皮书大事记、
皮书荣誉、皮书出版第一人、皮书编辑部

◆ **最新资讯**
通知公告、新闻动态、媒体聚焦、
网站专题、视频直播、下载专区

◆ **皮书研创**
皮书规范、皮书选题、皮书出版、
皮书研究、研创团队

◆ **皮书评奖评价**
指标体系、皮书评价、皮书评奖

◆ **皮书研究院理事会**
理事会章程、理事单位、个人理事、高级
研究员、理事会秘书处、入会指南

所获荣誉

◆ 2008 年、2011 年、2014 年，皮书网均
在全国新闻出版业网站荣誉评选中获得
"最具商业价值网站"称号；
◆ 2012 年，获得"出版业网站百强"称号。

网库合一

2014 年，皮书网与皮书数据库端口合
一，实现资源共享，搭建智库成果融合创
新平台。

皮书网　　　"皮书说"　　　皮书微博
　　　　　微信公众号

权威报告·连续出版·独家资源

皮书数据库
ANNUAL REPORT(YEARBOOK)
DATABASE

分析解读当下中国发展变迁的高端智库平台

所获荣誉

- 2020年，入选全国新闻出版深度融合发展创新案例
- 2019年，入选国家新闻出版署数字出版精品遴选推荐计划
- 2016年，入选"十三五"国家重点电子出版物出版规划骨干工程
- 2013年，荣获"中国出版政府奖·网络出版物奖"提名奖
- 连续多年荣获中国数字出版博览会"数字出版·优秀品牌"奖

皮书数据库

"社科数托邦"
微信公众号

成为用户

登录网址www.pishu.com.cn访问皮书数据库网站或下载皮书数据库APP，通过手机号码验证或邮箱验证即可成为皮书数据库用户。

用户福利

- 已注册用户购书后可免费获赠100元皮书数据库充值卡。刮开充值卡涂层获取充值密码，登录并进入"会员中心"—"在线充值"—"充值卡充值"，充值成功即可购买和查看数据库内容。
- 用户福利最终解释权归社会科学文献出版社所有。

社会科学文献出版社 皮书系列
SOCIAL SCIENCES ACADEMIC PRESS (CHINA)

卡号：444952897348
密码：

数据库服务热线：400-008-6695
数据库服务QQ：2475522410
数据库服务邮箱：database@ssap.cn
图书销售热线：010-59367070/7028
图书服务QQ：1265056568
图书服务邮箱：duzhe@ssap.cn

S 基本子库
UB DATABASE

中国社会发展数据库（下设 12 个专题子库）

　　紧扣人口、政治、外交、法律、教育、医疗卫生、资源环境等 12 个社会发展领域的前沿和热点，全面整合专业著作、智库报告、学术资讯、调研数据等类型资源，帮助用户追踪中国社会发展动态、研究社会发展战略与政策、了解社会热点问题、分析社会发展趋势。

中国经济发展数据库（下设 12 专题子库）

　　内容涵盖宏观经济、产业经济、工业经济、农业经济、财政金融、房地产经济、城市经济、商业贸易等 12 个重点经济领域，为把握经济运行态势、洞察经济发展规律、研判经济发展趋势、进行经济调控决策提供参考和依据。

中国行业发展数据库（下设 17 个专题子库）

　　以中国国民经济行业分类为依据，覆盖金融业、旅游业、交通运输业、能源矿产业、制造业等 100 多个行业，跟踪分析国民经济相关行业市场运行状况和政策导向，汇集行业发展前沿资讯，为投资、从业及各种经济决策提供理论支撑和实践指导。

中国区域发展数据库（下设 4 个专题子库）

　　对中国特定区域内的经济、社会、文化等领域现状与发展情况进行深度分析和预测，涉及省级行政区、城市群、城市、农村等不同维度，研究层级至县及县以下行政区，为学者研究地方经济社会宏观态势、经验模式、发展案例提供支撑，为地方政府决策提供参考。

中国文化传媒数据库（下设 18 个专题子库）

　　内容覆盖文化产业、新闻传播、电影娱乐、文学艺术、群众文化、图书情报等 18 个重点研究领域，聚焦文化传媒领域发展前沿、热点话题、行业实践，服务用户的教学科研、文化投资、企业规划等需要。

世界经济与国际关系数据库（下设 6 个专题子库）

　　整合世界经济、国际政治、世界文化与科技、全球性问题、国际组织与国际法、区域研究 6 大领域研究成果，对世界经济形势、国际形势进行连续性深度分析，对年度热点问题进行专题解读，为研判全球发展趋势提供事实和数据支持。

法律声明

"皮书系列"（含蓝皮书、绿皮书、黄皮书）之品牌由社会科学文献出版社最早使用并持续至今，现已被中国图书行业所熟知。"皮书系列"的相关商标已在国家商标管理部门商标局注册，包括但不限于LOGO（ ）、皮书、Pishu、经济蓝皮书、社会蓝皮书等。"皮书系列"图书的注册商标专用权及封面设计、版式设计的著作权均为社会科学文献出版社所有。未经社会科学文献出版社书面授权许可，任何使用与"皮书系列"图书注册商标、封面设计、版式设计相同或者近似的文字、图形或其组合的行为均系侵权行为。

经作者授权，本书的专有出版权及信息网络传播权等为社会科学文献出版社享有。未经社会科学文献出版社书面授权许可，任何就本书内容的复制、发行或以数字形式进行网络传播的行为均系侵权行为。

社会科学文献出版社将通过法律途径追究上述侵权行为的法律责任，维护自身合法权益。

欢迎社会各界人士对侵犯社会科学文献出版社上述权利的侵权行为进行举报。电话：010-59367121，电子邮箱：fawubu@ssap.cn。

社会科学文献出版社